高等职业教育本科教材

化工原理课程设计

HUAGONG YUANLI KECHENG SHEJI

周长丽　任珂　刘涛◎主编

U0739165

化学工业出版社
·北京·

内容简介

化工原理课程设计是化工类、环境保护类及相关专业化工原理实践教学的重要环节。该课程是综合运用化工原理课程及有关先修课程所学知识，完成以化工单元操作为主的设计任务，旨在培养学生的化工单元操作基本设计技能，树立工程设计理念，提升学生运用化工原理知识分析解决工程实际问题的能力，全面锻炼学生的设计思维与计算能力，达到学以致用的目的。

全书按章节编排，包括绪论、化工设计计算基础、化工设计绘图基础、列管式换热器的设计、板式塔的工艺设计及填料吸收塔的设计等。本书内容体系完整、结构严谨、论述翔实，注重理论性、实践性、综合性，突出工程实用性，理论与实践相结合，不仅可作为高等院校化工类、环境保护类及相关专业的化工原理课程设计教材，也可供从事科研、设计和生产的技术人员参考。

图书在版编目（CIP）数据

化工原理课程设计 / 周长丽，任珂，刘涛主编.
北京 ：化学工业出版社，2025. 8. --（高等职业教育本科教材）. -- ISBN 978-7-122-48067-5

Ⅰ. TQ02-41

中国国家版本馆CIP数据核字第2025XM5108号

责任编辑：提　岩　熊明燕　　　文字编辑：陈立璞　张瑞霞
责任校对：张茜越　　　　　　　　装帧设计：王晓宇

出版发行：化学工业出版社
　　　　　（北京市东城区青年湖南街13号　邮政编码100011）
印　　装：三河市君旺印务有限公司
787mm×1092mm　1/16　印张16½　字数410千字
2025年9月北京第1版第1次印刷

购书咨询：010-64518888　　　　售后服务：010-64518899
网　　址：http://www.cip.com.cn
凡购买本书，如有缺损质量问题，本社销售中心负责调换。

定　　价：48.00元　　　　　　　　版权所有　违者必究

本书编审人员

主　　编　周长丽　河北工业职业技术大学

　　　　　任　珂　河北工业职业技术大学

　　　　　刘　涛　河北石油职业技术大学

副 主 编　左晓冉　河北工业职业技术大学

　　　　　李文红　河北工业职业技术大学

　　　　　田　明　河北科技工程职业技术大学

参　　编　吴鹏飞　河北工业职业技术大学

　　　　　李国峰　新疆应用职业技术学院

　　　　　郭东萍　河北工业职业技术大学

　　　　　陈翠娜　河北工业职业技术大学

　　　　　胡文娜　河北工业职业技术大学

　　　　　赵　军　河北工业职业技术大学

　　　　　张　琼　河北工业职业技术大学

　　　　　李胜利　山西宏源富康新能源有限公司

主　　审　张香兰　中国矿业大学（北京）

前　言

　　化工原理课程设计是化工类、环境保护类及相关专业化工原理实践教学的重要环节。本书紧密围绕化工原理的核心内容，从培养学生综合运用基础知识分析和解决问题的能力及工程设计能力出发，按照专业人才培养方案及化工原理课程教学体系的基本要求，结合化工企业岗位需求及完成毕业设计能力的要求撰写。

　　全书按章节编排，包括绪论、化工设计计算基础、化工设计绘图基础、列管式换热器的设计、板式塔的工艺设计及填料吸收塔的设计等。主要单元设备的设计均包含设备选型、设计方案确定、工艺尺寸设计、结构设计及附属设备的设计等内容，并附有典型的设计示例和设计任务书数则，设计示例步骤完整、计算过程详细、计算方法多样，便于读者自学。相关章节和附录均附有设计所需的大量公式、图表和数据，便于学生参考查阅。

　　本书内容体系完整、结构严谨、论述翔实，注重理论性、实践性、综合性，突出工程设计示例的实用性。读者可通过典型工程设计示例的自学领悟，综合运用化工原理课程及有关先修课程所学知识，在解决实际工程问题的过程中完成以化工单元操作为主的课程设计任务。本书旨在培养学生的化工单元操作基本设计技能，树立工程设计理念，全面提升学生的工程素养、创新能力及运用化工原理知识分析解决工程实际问题的能力，达到学以致用的目的。

　　全书由周长丽统稿，中国矿业大学（北京）张香兰教授主审。

　　由于编者水平所限，书中不足之处在所难免，敬请广大读者批评指正。

编　者

2025 年 1 月

目　录

第四章　板式塔的工艺设计　　　　　　095

第五章　填料吸收塔的设计　177

附录　224

参考文献　256

二维码资源目录

绪论

工程设计不仅是工程建设的精髓所在，更是科研成果向产业化转化的关键桥梁与纽带，其质量决定了工业现代化发展的水平。对于工程设计人员而言，追求先进的设计理念、运用科学的设计方法以及创作出卓越的设计作品，是他们探索与不懈追求的目标。

化工过程设计、化工设备设计以及化工厂总体设计是化工设计的三大支柱。化工原理课程设计作为学生们初涉化工设计领域的启蒙环节，不仅为学生搭建了理论与实践相结合的桥梁，还深入融合了化工过程设计与化工设备设计两大核心要素，可为学生后续深入学习及其未来职业生涯的发展奠定坚实的基础。

一、化工原理课程设计的性质和目的

1. 化工原理课程设计的性质

"化工原理"是化工类、环境保护类及相关专业必修的一门基础核心课程，包括理论教学、实验教学和课程设计三个教学环节。其中，课程设计是化工原理课程教学中综合性和实践性较强的环节，是理论联系实际的桥梁，是化工原理课程知识的一次全面检验和综合运用，是使学生体察工程实际复杂性、学习化工设计基本知识、增强工程观念、提高独立工作能力的有效途径。

2. 化工原理课程设计的目的

化工原理课程设计要求学生将所学的单元操作、设备选型、工艺计算等知识有机地结合起来，形成一个完整的设计方案。这种综合性的训练有助于全方位提升学生的专业素养与综合能力，具体如下：

（1）深化专业知识理解　通过课程设计，可使学生深入理解并掌握化工生产中常见单元设备的设计精髓，包括设计内容、步骤、高效方法及遵循的技术规范。

（2）强化信息检索与数据处理能力　旨在培养学生独立查阅资料、精准获取并有效分析数据的能力。这是现代工程师不可或缺的技能之一，有助于他们在复杂多变的工程环境中迅速找到解决方案。

（3）提升计算机应用技能　鼓励学生运用先进的计算机软件工具进行关键设备的工艺计算。这不仅能提高计算精度与效率，还能促使学生掌握现代化工设计所需的信息技术手段。

（4）培养工程设计实践能力　基于计算结果与实际生产条件的紧密结合，引导学生设计既符合理论要求又贴近生产实际的设备结构，这一过程将极大地增强学生的工程实践能力和问题解决能力。

（5）增强文档编制与沟通技能　通过编写详尽的设计说明书，可提高学生准确表达设计思路与计算结果的能力以及绘图技巧、文字表达能力和技术文件撰写能力，这对未来工作中的技术交流、项目管理至关重要。

（6）激发工程创新意识与职业素养　课程设计过程中融入工程理念与创新思维的培养，鼓励学生勇于探索、敢于创新，同时树立严谨的科学态度和强烈的工程责任感，可为其职业生涯的长远发展奠定坚实的基础。

二、化工原理课程设计的基本内容及步骤

1. 化工原理课程设计的基本内容

课程设计的题目源于实际生产案例，是以化工单元操作的典型设备为设计对象，对接专业人才培养方案和企业岗位需求。完整的课程设计由论述、计算和绘图三个部分组成，其基本内容包括：

（1）设计方案的确定　细心阅读设计任务书，通过对现有资料分析对比或对生产现场调查研究，选定适宜的工艺路线和设备类型，初步确定生产工艺流程简（草）图，以便于进行物料衡算、热量衡算和有关设备的工艺计算，并对选定的工艺流程、主要设备的型式进行必要的论述。

（2）工艺过程和主要单元设备的工艺计算　包括工艺参数的选定、物料衡算、热量衡算、设备的工艺尺寸计算（如换热器的传热面积、塔设备的塔高和塔径等）。

（3）主体设备的结构设计　即在工艺计算的基础上，根据设备常用结构，参考有关资料和规范，详细设计设备各零部件的结构尺寸，如板式塔塔板结构的设计等。

（4）典型辅助设备的设计　包括典型辅助设备的主要工艺尺寸计算和型号规格的选定，如塔主体接管的设计、塔总体高度的设计、换热器的设计及泵的选型等。

（5）工艺流程图和主体设备图的绘制　工艺流程图包括方案流程图、工艺物料流程图和带控制点的工艺流程图，主体设备图包括主体设备工艺条件图和主体设备装配图，根据课程设计的具体要求可选择其中的一种或几种。

（6）设计说明书的撰写　它是课程设计的重要组成部分，要求学生用精炼的语言、简洁的文字、清晰的图表来表达自己的设计思想和计算结果。设计说明书的编排顺序为封面、设计任务书、目录、中英文摘要和关键词、设计方案、主要设备的工艺计算、典型辅助设备的选型和计算、设计结果、参考文献、致谢、附录等内容，每部分详细的编排要求见表0-1。

表0-1　化工原理课程设计说明书的编排格式和要求

序号	项目	呈现的内容	要求	备注
1	封面	学校名称、课程名称、设计题目、系别、年级专业、学生姓名及学号、指导教师及职称、完成时间等	设计题目应简明扼要，一般不宜超过20个字；课程名称用小初号黑体，学校名称和设计题目用小一号楷体，其余信息用三号楷体；封面无页码	封面示例见"设计说明书撰写示例汇总"

序号	项目	呈现的内容	要 求	备注
2	设计任务书	设计题目、操作条件、设计内容、设计要求、基础数据等	大标题用三号宋体，其余内容用小四号宋体，标题加粗。设计任务书无页码	设计任务书示例见"设计说明书撰写示例汇总"
3	目录	应包括课程设计中的全部内容，如摘要、关键词、设计结果、参考文献、致谢、附录等	目录应包含三级标题及页码，其中的标题应与正文中的标题一致 目录二字用三号宋体，其余内容用小四号宋体，行距20磅	目录示例见"设计说明书撰写示例汇总"
4	中英文摘要与关键词	①摘要一般应说明设计目的、设计方法、主要设计内容和最终设计结果等 ②关键词是用来表示全文主题内容信息款项的单词或术语	①摘要中一般不出现图、表、公式等内容，为一段100～300字的文字；位于标题下方，首行缩进，字体为小四号或五号宋体，行距适中 ②关键词一般选取3～5个，用分号分隔，最后一个词后不加标点符号；位于摘要下方，空一行，首行缩进，字体与摘要相同 ③Abstract的字体一般为Times New Roman小四号或五号，首行缩进，行距适中	中英文摘要与关键词示例见"设计说明书撰写示例汇总"
5	正文	1 引言 ×××××××××××× 1.1××××× ×××××××××× 1.1.1×××××××× （1）×××××××× ①××××××× a.××××××××× 2 工艺设计计算 2.1××××× 2.1.1××××× 设计结果 参考文献 致谢 附录	一级标题另起一页，小三号黑体，居中 内容首行缩进，小四号宋体，行距20磅 二级标题首行缩进，四号黑体 内容首行缩进，小四号宋体，行距20磅 三级标题首行缩进，小四号黑体 首行缩进，小四号宋体，行距20磅 首行缩进，小四号宋体，行距20磅 首行缩进，小四号宋体，行距20磅 另起一页，小三号黑体，居中 同上 同上 另起一页，小三号黑体，居中 同上 同上 同上	图、表、公式编写详见"设计说明书撰写示例汇总"
6	版式要求	纸张	A4纸张，纵排	正文为小四号宋体，行距20磅
		页边距	上下2.5cm，左3.0cm，右2.0cm（参考）	
		打印装订	双面打印，左侧装订	
		页眉	从摘要开始，上部居中，五号宋体，并印有课程名称或学校名称等信息	
		页脚	底部居中，五号宋体，阿拉伯数字	

注：字号大小可灵活运用，层次清楚美观即可。

2. 化工原理课程设计的步骤

（1）布置设计任务　设计任务由教师根据教学计划和科研、生产实际的需要确定。设计任务书2～3则，每则任务书设计参数不同，分出多个子任务书，尽量做到一人一题。

（2）学生选择子任务完成设计　学生根据选择的子任务书在规定时间内按照化工原理课

程设计的基本内容和要求逐项完成设计任务，包括查阅资料、选择流程、确定方案、进行工艺和设备计算等。

（3）编写设计说明书　按设计说明书的编排要求编写，力求内容完整，文字简练、准确，论证充分，图表规范，步骤清晰，数据来源可靠等。设计说明书详细的编排要求见表0-1。

（4）考核和答辩

① 考核内容与标准　文献查阅深度和宽度、方案设计的合理性和可行性、工艺计算的准确性、图纸绘制和设计说明书编写的规范性等。

② 考核方式　通常包括设计说明书的评审、答辩等环节。评审老师会根据学生的设计说明书、图纸、计算过程等进行评分，同时还会通过答辩环节了解学生的设计思路、问题解决能力和表达能力等。

三、化工原理课程设计的要求

每位学生需完成设计说明书一份、图纸两张，各部分的具体要求如下。

1. 设计理念先进

工程设计本身是一个多维度的项目，不仅涉及经济效益、技术革新、安全环保以及法律法规等多重因素，还涉及多专业、多学科的交叉和相互协调。化工原理课程设计亦应结合生产实际，遵守行业设计规范和标准，突出技术先进性、可靠性、可持续性、经济合理性、可操作性与可调控性、安全与环保等。

2. 设计内容创新

课程设计应由学生本人独立完成。其内容要求条理清晰、层次分明、文字简练、内容准确，论证充分，公式、图、表规范，步骤清晰，数据来源可靠，同时应有所创新，而不是重复、模仿、抄袭前人的工作。

3. 设计结果合理准确

每个设计步骤都应认真细致，设计结果应满足设计任务的要求，并经过反复地分析、比较和论证，以确保其科学性和合理性。

4. 设计说明书的编排规范

化工原理课程设计说明书的编排通常包括多个方面，从纸张选择到内容编排均需遵循一定的规范，以确保其规范性、完整性和可读性。

（1）设计说明书应采用最新颁布的汉语简化字，符合《出版物汉字使用管理规定》，由学生编排，要求使用A4纸进行排版，建议双面打印，左侧装订成册。

（2）设计说明书的编排顺序详见表0-1。

（3）设计说明书的字数不少于3000字（包括英文文字部分以及插图、表、公式、程序段等）。

（4）图表应有编号，要求整洁美观、布局合理，符合国家规定的绘图标准以及表格要求。图表示例见"设计说明书撰写示例汇总"。正文中的公式应使用公式编辑器编辑，每个公式必须注明编号，所有的符号必须注明意义和单位。

（5）参考文献至少 5 篇，要求格式规范。参考文献的格式参考本书的参考文献。

5. 图纸绘制符合国家化工制图标准

（1）工艺流程图　本设计要求画"带控制点的工艺流程图"一张。采用 A2（594mm×420mm）或 A3（420mm×297mm）图纸，以单线图的形式绘制，并标出主体设备和辅助设备的物料流向、物流量、能流量和主要化工参数测量点。带控制点的工艺流程图示例详见图 2-4。

（2）主体设备工艺条件图　本设计要求画"主体设备工艺条件图"一张。采用 A2（594mm×420mm）或 A3（420mm×297mm）图纸，一般按 1∶100 的比例绘制，图面上应包括设备的主要工艺尺寸、技术特性表和接管表及组成设备的各部件名称等。主体设备工艺条件图示例详见图 2-22 和图 2-23。

图纸要求布局美观、图面整洁、图表清楚、尺寸标识准确、字迹工整，各部分线型粗细符合国家化工制图标准。本设计涉及的所有图都要求采用 AutoCAD 绘制。

总之，一位优秀的化工设计者必须具有扎实的理论基础、丰富的实践经验、熟练的专业技术、自如运用先进设计工具及手段的能力。

四、设计软件的应用

化工原理课程设计所涵盖的公式纷繁复杂且计算量庞大，传统的手工计算方式耗时耗力。随着计算机技术的飞速发展，若能巧妙借助计算机软件进行辅助设计，不仅能为学生注入前沿的设计思维，还可减轻他们的计算负担，使得计算过程更加高效快捷，极大地提升学生的设计能力和效率，为其未来的职业生涯奠定坚实的基础。

1. AutoCAD 绘图软件的应用

随着大学生计算机水平的提高，AutoCAD 已成为化工原理课程设计中绘图的首选工具。从流程图、设备工艺条件图到装配图，AutoCAD 以其强大的绘图功能，不仅简化了绘图流程，提高了绘图精度与美观度，还增强了学生将计算机技术应用于化工过程的能力，促进了学生工程素养的全面发展。

2. Excel 软件的应用

Excel 作为微软 Office 套件中的核心组件，其内置的单变量求解器、简易函数库及自动填充功能极大地简化了原本烦琐的编程或迭代计算过程，使之转化为直观易用的菜单与工具栏操作。凭借其卓越的数据分析与处理能力，在解决复杂工程问题时展现出广泛应用价值，尤其是在回归分析、数据统计、非线性方程组、定量预测及经济可行性分析等领域。以精馏塔设计为例，借助 Excel 的这些强大功能，学生能够迅速而准确地计算出二元理想物系的泡点、露点、平衡组成、漏液点孔速、回流比、理论板数以及各板的气液相组成等关键参数。这一方法不仅操作简便快捷，且计算结果的精度亦令人满意，即便是计算机基础一般的学生也能轻松上手。

3. Aspen Plus 软件的应用

Aspen Plus 作为业界领先的通用过程模拟软件，凭借其贴近工业实际的庞大物性数据库、完善的热力学计算体系、全面的单元操作模块、友好的用户界面及详尽的帮助系统，成为化工原理课程设计中不可或缺的工具。Aspen Plus 的引入使得学生能够进行实际物系及非理想物系的模拟计算，从而显著提升了设计效率，使设计结果更加可靠且贴近工程实际。此外，Aspen Exchanger Design and Rating（Aspen EDR）模块可在工艺计算的基础上进行换热器的设计与校核，而 Aspen Plus 9.0 及以上版本支持塔设备的流体力学校核，进一步拓宽了其在化工设计中的应用范围。

五、设计说明书撰写示例汇总

1. 封面示例

×××大学

化工原理课程设计
说明书

设计题目　苯 - 氯苯浮阀精馏塔设计
_____

系　　　别_____××××××院系___

年级专业_____××年级××专业___

学生姓名_____学号_____

指导教师_____职称_____

完成日期_____年　月　日___

2. 设计任务书示例

化工原理课程设计任务书

一、设计题目

试设计一座苯-氯苯连续精馏塔，要求生产纯度为 99.8% 的氯苯，年处理原料量为 65000 吨，塔顶馏出液中氯苯含量不高于 2%。原料液中氯苯含量为 38%（以上均为质量分数）。

二、操作条件

1. 塔顶压强 4kPa（表压）；
2. 进料热状况，泡点进料；
3. 回流比，自选；
4. 塔釜加热蒸汽压力 0.5MPa（表压）；
5. 单板压降不大于 0.7kPa；
6. 年工作日 300 天，每天 24 小时连续运行。

三、设计内容

1. 设计方案的确定及工艺流程的选择；
2. 精馏塔的工艺计算；
3. 塔和塔板主要工艺结构的设计计算；
4. 流体力学性能的设计计算；
5. 塔板负荷性能图的绘制；
6. 辅助设备的设计计算；
7. 塔的工艺计算结果汇总一览表；
8. 生产工艺流程图及精馏塔工艺条件图的绘制；
9. 对本设计的评述或对有关问题的分析与讨论。

四、设计要求

设计理念先进、内容创新、查重率低于 30%、设计结果合理准确、设计说明书的编排规范且符合要求、CAD 绘图且符合国家化工制图标准。设计成果如下：

要求每位学生完成设计说明书一份、图纸两张。

"带控制点的工艺流程图"一张。采用 A2（594mm×420mm）或 A3（420mm×297mm）图纸。

"主体设备工艺条件图"一张。采用 A2（594mm×420mm）或 A3（420mm×297mm）图纸，一般按 1∶100 的比例绘制，图面上应包括设备的主要工艺尺寸、技术特性表和接管表及组成设备的各部件名称等。

五、基础数据

1. 组分的饱和蒸气压 p_i^0（mmHg）

温度 /℃		80	90	100	110	120	130	131.8
p_i^0	苯	760	1025	1350	1760	2250	2840	2900
	氯苯	148	205	293	400	543	719	760

2. 组分的液相密度 ρ（kg/m³）

温度 /℃		80	90	100	110	120	130
ρ	苯	817	805	793	782	770	757
	氯苯	1039	1028	1018	1008	997	985

纯组分在任何温度下的密度都可由下式计算：

苯：$\rho_A=912-1.187t$（推荐 $\rho_A=912.13-1.1886t$）

氯苯：$\rho_B=1127-1.111t$（推荐 $\rho_B=1124.4-1.0657t$）

式中，t 为温度，℃。

3. 组分的表面张力 σ（mN/m）

温度 /℃		80	85	110	115	120	131
σ	苯	21.2	20.6	17.3	16.8	16.3	15.3
	氯苯	26.1	25.7	22.7	22.2	21.6	20.4

双组分混合液体的表面张力 σ_m 可按下式计算：

$$\sigma_m = \frac{\sigma_A \sigma_B}{\sigma_A x_B + \sigma_B x_A}（x_A、x_B 为A、B组分的摩尔分数）$$

4. 氯苯的汽化潜热

常压沸点下的汽化潜热为 35.3×10^3 kJ/kmol。纯组分的汽化潜热与温度的关系可用下式表示：

$$\frac{r_2}{r_1^{0.38}} = \left(\frac{t_c - t_2}{t_c - t_1}\right)^{0.38}（氯苯的临界温度 t_c=359.2℃）$$

5. 其他物性数据

可查阅本书附录。

3. 目录示例

目　录

4. 中英文摘要与关键词示例

摘　要

本文设计了一种用于苯和氯苯连续精馏分离的塔设备。氯苯作为一种重要的基本有机合成原料，在生产中应用广泛，但由苯液相氯化法制得的氯苯中常含有一定量的苯。本设计采用连续精馏的方法，通过板式精馏塔实现了易挥发的苯和不易挥发的氯苯的有效分离。设计中选用了综合性能较好的筛板塔，该塔具有结构简单、造价低廉、生产能力大、传质效率高等优点。通过详细的工艺计算和设备设计，确定了塔径、塔高、塔板结构等关键参数，并完成了筒体、封头、接管等部件的选材和尺寸设计。最终，通过流体力学校核和强度稳定性计算，验证了设计的合理性和可靠性，确保了塔体在设计压力下能够满足运行要求。

关键词： 苯；氯苯；连续精馏塔；筛板塔；工艺计算

Abstract

This paper presents the design of a distillation column for the continuous separation of benzene and chlorobenzene. Chlorobenzene，as an essential raw material for organicsynthesis，is widely used in various industrial applications. However，chlorobenzene produced by the liquid-phase chlorination of benzene often contains a certain amount of benzene. To address this issue，a continuous distillation method utilizing a plate column is adopted in this design. Specifically，a sieve tray column，which exhibits superior overall performance，is selected due to its simple structure，low cost，high production capacity，and efficient mass transfer. Through detailed process calculations and equipment design，key parameters such as column diameter，height，and tray structure are determined. Furthermore，material selection and dimensional design for the shell，heads，and connecting pipes are completed. Finally，the design's rationality and reliability are verified through fluid mechanics verification，strength，and stability calculations，ensuring that the column meets operational requirements under the design pressure.

Keywords：Benzene； Chlorobenzene； Continuous Distillation Column； Sieve Tray Column； Process Calculation

5. 图、表、公式示例

（1）表格要求　三线表，表题按章编号，横排于表上方，五号宋体居中，示例如下。

表 ×-×　苯和氯苯的表面张力

温度 /℃		80	85	110	115	120	131
σ /（mN/m）	苯	21.2	20.6	17.3	16.8	16.3	15.3
	氯苯	26.1	25.7	22.7	22.2	21.6	20.4

（2）图要求　符合技术制图及相应专业制图的规定，具有"自明性"，即只看图、图题和图例，不阅读正文就可理解图意。图题按章编号，横排于图下方，五号宋体居中，示例如下。

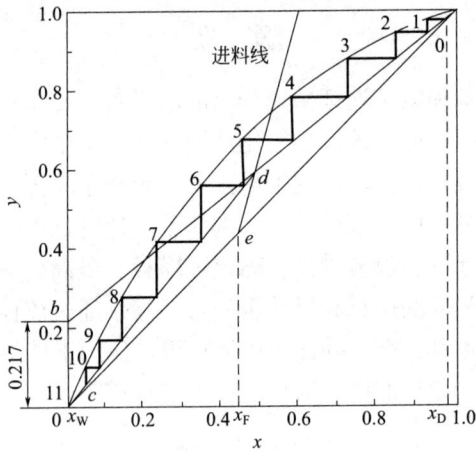

图 ×-×　图解法求理论塔板数示意图

（3）公式要求　公式的编写都应使用"公式编辑器"，居中排列，按章编号（位于公式右侧），示例如下。

$$\frac{R_{\min}}{R_{\min}+1}=\frac{x_D-y_q}{x_D-x_q}\qquad(\text{×-×})$$

6. 图纸绘制示例

（1）带控制点的工艺流程图示例详见图 2-4。

（2）主体设备的工艺条件图示例详见图 2-22 ～图 2-24。

（3）主体设备的装配图示例详见图 2-25 ～图 2-27。

第一章

化工设计计算基础

化工设计的核心内容是化工工艺设计，包括生产方法选择、生产工艺流程设计、工艺计算、设备选型、车间布置设计以及管道布置设计等。化工设计计算是化工设计过程中不可或缺的一部分，它涉及多个方面的计算和分析，以确保设计的合理性和可行性。化工设计计算主要包括物性数据的查取和估算、物料衡算、热量衡算等内容。

第一节

物性数据的查取和估算

化工设计计算中的物性数据应尽可能使用实验测定值或从有关手册和文献中查取。有时手册上也以图表的形式提供某些物性的推算结果。常用的物性数据可从《化工原理》附录、《物理化学》附录、《化学工程手册》、《化工工艺设计手册》、《石油化工设计手册》等工具书中查阅。从物性手册中收集到的物性数据，常常是纯组分的数据，如密度、定压比热容、汽化潜热、表面张力、黏度、热导率、饱和蒸气压等，而设计中所遇到一般为混合物，通常采用一些经验混合规则做近似处理，从而获得混合物的物性参数。经验混合规则是基于大量实验数据总结出来的，用于预测混合物性质的公式或方法。这些规则通常具有一定的适用范围和局限性，因此在应用时需要谨慎。常规物系的经验混合规则可参阅相关专著或文献。

由于化学工业中化合物品种极多，更要考虑不同温度、压力和浓度下物性值的变化。实测值远远不能满足需要，估算求取化工数据成为极重要的方法。

一、密度

1. 气体混合物的密度 ρ_{gm}

压力不太高的气体混合物，其密度可由下列两式求得。

$$\rho_{gm} = \sum_i \rho_{gi} y_i \tag{1-1}$$

或

$$\rho_{gm} = \frac{p M_m}{RT}, \quad M_m = \sum_i M_i y_i \tag{1-2}$$

式中　ρ_{gi}，y_i，M_i——气体混合物中组分 i 的密度、摩尔分数和摩尔质量；

　　　　　M_m——气体混合物的平均摩尔质量，对压力较高的气体混合物应引入压缩因子 Z_i 进行校正；

　　　　　p——系统压力，Pa；

　　　　　T——系统热力学温度，K。

2. 液体混合物的密度 ρ_{Lm}

$$\frac{1}{\rho_{Lm}} = \sum \frac{w_i}{\rho_{Li}} \tag{1-3}$$

式中　ρ_{Li}，w_i——液体混合物中组分 i 的密度和质量分数。

二、黏度

1. 气体混合物的黏度 μ_{gm}

压力不太高的气体混合物，其黏度可由下式求得。

$$\mu_{gm} = \frac{\sum\limits_i \mu_{gi} M_i^{1/2} y_i}{\sum\limits_i M_i^{1/2} y_i} \tag{1-4}$$

式中　μ_{gi}，y_i，M_i——气体混合物中组分 i 的黏度、摩尔分数和摩尔质量。

式（1-4）不适合用于 H_2 含量较高的气体混合物（误差高达 10%）。

2. 液体混合物的黏度 μ_{Lm}

互溶液体混合物的黏度可由 Kendall-Mouroe 混合规则求得，具体如下：

$$\mu_{Lm}^{1/3} = \sum_i \mu_{Li}^{1/3} x_i \tag{1-5}$$

式中　μ_{Li}，x_i——液体混合物中组分 i 的黏度和摩尔分数。

式（1-5）适用于非电解质、非缔合性，且两组分的摩尔质量及黏度相差不大（$\Delta \mu_{Li} <$ 15mPa·s）的液体。对于油类，其计算误差为 2% ~ 3%。对于非缔合性互溶液体混合物，也可用式（1-6）求黏度，简单估算可用式（1-7）。

$$\mu_{Lm} = \sum_i \lg \mu_{Li} x_i \tag{1-6}$$

$$\mu_{Lm} = \sum_i \mu_{Li} x_i \tag{1-7}$$

三、热导率

1. 气体混合物的热导率 λ_{gm}

（1）非极性气体混合物 可由 Broraw 法则估算，具体如下：

$$\lambda_{gm} = 0.5(\lambda_{sm} + \lambda_{rm}) \tag{1-8}$$

$$\lambda_{sm} = \sum_i \lambda_{gi} y_i \tag{1-9}$$

$$\lambda_{rm} = \frac{1}{\sum_i \dfrac{y_i}{\lambda_{gi}}} \tag{1-10}$$

式中 λ_{gi}，y_i——气体混合物中组分 i 的热导率和摩尔分数。

（2）一般气体混合物 压力不太高的一般气体混合物，其热导率可由下式求得。

$$\lambda_{gm} = \frac{\sum_i \lambda_{gi} M_i^{1/3} y_i}{\sum_i M_i^{1/3} y_i} \tag{1-11}$$

式中 λ_{gi}，y_i，M_i——气体混合物中组分 i 的热导率、摩尔分数和摩尔质量。

2. 液体混合物的热导率 λ_{Lm}

（1）有机液体混合物的热导率

$$\lambda_{Lm} = \sum_i \lambda_{Li} w_i \tag{1-12}$$

式中 λ_{Li}，w_i——液体混合物中组分 i 的热导率和质量分数。

（2）有机物 - 水的热导率

$$\lambda_{Lm} = 0.9 \sum_i \lambda_{Li} w_i \tag{1-13}$$

式中 λ_{Li}，w_i——液体混合物中组分 i 的热导率和质量分数。

（3）胶体分散液和乳液的热导率

$$\lambda_{Lm} = 0.9 \lambda_c \tag{1-14}$$

式中 λ_c——连续相组分的热导率。

（4）电解质水溶液的热导率

$$\lambda_{Lm} = \lambda_w \frac{C_p}{C_{pw}} \left(\frac{\rho}{\rho_w} \right)^{4/3} \left(\frac{M_w}{M} \right)^{1/3} \tag{1-15}$$

式中 C_p，ρ，M——电解质水溶液的摩尔比热容、密度和摩尔质量；

λ_w，C_{pw}，ρ_w，M_w——纯水的热导率、摩尔比热容、密度和摩尔质量。

四、比热容

气体或液体混合物的比热容可由式（1-16）和式（1-17）估算。

$$C_{pm} = \sum_i C_{pi} x_i \tag{1-16}$$

$$c_{pm} = \sum_i c_{pi} w_i \tag{1-17}$$

式中 C_{pm}，C_{pi}——混合物和组分 i 的摩尔比热容，kJ/（kmol·K）；

c_{pm}，c_{pi}——混合物和组分 i 的比热容，kJ/（kg·K）；

x_i，w_i——混合物中组分 i 的摩尔分数和质量分数。

式（1-16）适用于压力不太高的气体混合物或非理想性不强的液体混合物。

五、汽化潜热

气体或液体混合物的汽化潜热可由式（1-18）和式（1-19）估算。

$$r_m = \sum_i r_i x_i \tag{1-18}$$

$$r'_m = \sum_i r'_i w_i \tag{1-19}$$

式中 r_m，r_i——混合物和组分 i 的摩尔汽化潜热，kJ/kmol；

r'_m，r'_i——混合物和组分 i 的质量汽化潜热，kJ/kg；

x_i，w_i——混合物中组分 i 的摩尔分数和质量分数。

六、表面张力

1. 非水溶液混合物的表面张力

$$\sigma_m = \sum_i \sigma_i x_i \tag{1-20}$$

式中 σ_i，x_i——混合物中组分 i 的表面张力和摩尔分数。

式（1-20）只适用于系统压力小于或等于大气压的条件，大于大气压条件时则参考有关数值手册。

2. 含水溶液混合物的表面张力

有机物分子中的烃基具有较强的疏水性，倾向于在水溶液表面富集，因而当少量的有机物溶于水时，足以影响水的表面张力。若有机物在水溶液中的摩尔分数不超过 1%，溶液的表面张力可用 Szyszkowski 公式计算，具体如下：

$$\frac{\sigma}{\sigma_w} = 1 - 0.411 \lg\left(1 + \frac{x}{a}\right) \tag{1-21}$$

式中　σ——含水溶液混合物的表面张力；

　　　σ_w——纯水的表面张力；

　　　x——有机物在水溶液中的摩尔分数；

　　　a——特性常数，见表1-1。

表 1-1 特性常数 a 值

有机物	丙酸	正丙醇	异丙醇	乙酸甲酯	正丙胺
$a/10^4$	26	26	26	26	19
有机物	甲乙酮	正丁酸	异丁酸	正丁醇	异丁醇
$a/10^4$	19	7	7	7	7
有机物	甲酸丙酯	乙酸乙酯	丙酸甲酯	二乙酮	丙酸乙酯
$a/10^4$	8.5	8.5	8.5	8.5	3.1
有机物	乙酸丙酯	正戊酸	异戊酸	正戊醇	异戊醇
$a/10^4$	3.1	1.7	1.7	1.7	1.7
有机物	丙酸丙酯	正己酸	正庚酸	正辛酸	正葵酸
$a/10^4$	1.0	0.75	0.17	0.034	0.0025

二元有机物-水溶液的表面张力在宽浓度范围内可用式（1-22）求取。

$$\sigma^{1/4} = \varphi_{sw}\sigma_w^{1/4} + \varphi_{so}\sigma_o^{1/4} \tag{1-22}$$

其中，　　　$\varphi_{sw} = \dfrac{x_{sw}V_w}{x_{sw}V_w + x_{so}V_o}$ ，　　　$\varphi_{so} = \dfrac{x_{so}V_o}{x_{sw}V_w + x_{so}V_o}$

式中　σ_w，σ_o——纯水和纯有机物的表面张力；

　　　x_{sw}，x_{so}——水和有机物在溶液表面的摩尔分数；

　　　V_w，V_o——纯水和纯有机物的摩尔体积。

由于水和有机物在溶液表面的摩尔分数 x_{sw} 和 x_{so} 不易获取，故 φ_{sw} 和 φ_{so} 可用下列关联式求出。

$$\varphi_{sw} + \varphi_{so} = 1 \tag{1-23}$$

$$\lg\frac{\varphi_{sw}^q}{\varphi_{so}} = \lg\frac{\varphi_w^q}{\varphi_o} + 0.441\frac{q}{T}\left(\sigma_o V_o^{2/3} q - \sigma_w V_w^{2/3}\right) \tag{1-24}$$

$$\varphi_w = \frac{x_w V_w}{x_w V_w + x_o V_o} \tag{1-25}$$

$$\varphi_o = \frac{x_o V_o}{x_w V_w + x_o V_o} \tag{1-26}$$

式中　x_w，x_o——水和有机物在溶液中的摩尔分数；

　　　T——热力学温度，K；

　　　q——与分子结构有关，取决于有机物的类型和分子大小，见表1-2。

表 1-2　q 值的确定

物质	q 值	示例
脂肪酸、醇类	碳原子数	乙酸，q=2
酮类	碳原子数 -1	丙酮，q=2
脂肪酸的卤代衍生物	碳原子数 × $\dfrac{\text{卤代衍生物的摩尔体积}}{\text{原脂肪酸的摩尔体积}}$	氯代乙酸，$q = 2\dfrac{V_\text{o}(\text{氯代乙酸})}{V_\text{o}(\text{乙酸})}$

若用于非水溶液，q 值为溶质的摩尔体积和溶剂的摩尔体积之比。本方法对 14 个水系统、2 个醇 - 醇系统，当 q 值小于 5 时，误差小于 10%；当 q 值大于 5 时，误差小于 20%。

七、液体的饱和蒸气压

液体的饱和蒸气压可由安托万（Antoine）方程计算。Antoine 方程的一般形式为

$$\ln p^0 = A - \frac{B}{t + C} \tag{1-27}$$

式中　　p^0——温度 t 时的饱和蒸气压，mmHg（1mmHg=133.322Pa）；

A，B，C——Antoine 常数，常见物质的 Antoine 常数见附录三。

第二节

物料衡算和热量衡算

一、物料衡算

物料衡算是化工设计计算中最基本、最重要的内容之一。在设计设备尺寸之前，先要确定出所处理的物料量。整个化工过程或其中某一步骤中原料、产物、中间产物、副产物等物料之间的关系可以通过物料衡算来确定。

1. 物料衡算的目的

物料衡算有两种情况：一种是对已有的生产设备或装置，利用实际测定的数据，算出另一些不能直接测定的物料量，并用计算结果对生产情况进行分析、做出判断、提出改进措施；另一种是设计，对一种新的设备或装置，根据设计任务，先进行物料衡算，求出进出各设备的物料量，然后再进行热量衡算，求出设备或过程的热负荷，从而确定设备尺寸及整个工艺流程。

2. 物料衡算的原理

物料衡算的理论依据是质量守恒定律，即在一个孤立物系中，无论物质发生任何变化，它的质量始终不变（不包括核反应，因为核反应的能量变比非常大，此定律不适用）。

物料衡算是研究某一个体系内进、出物料量及组成的变化。根据质量守恒定律，对某一个体系，输入物料量应该等于输出物料量与体系内积累量之和。所以，物料衡算的基本关系式应该表示为

$$\sum G_I = \sum G_O + \sum G_A \tag{1-28}$$

式中　$\sum G_I$——输入物料的总和；

　　　$\sum G_O$——输出物料的总和；

　　　$\sum G_A$——累积的物料量。

式（1-28）为总物料衡算式。当过程没有化学反应时，它也适用于物料中任一组分的衡算。但有化学反应时，它适用于任一元素的衡算。采用式（1-28）对反应物做衡算时，由反应而消耗的量应取减号；对生成物做衡算时，由反应而生成的量应取加号。

当系统中累计量不为零时称为非稳定状态过程，为零时称为稳定状态过程。化工原理课程设计中的常见单元操作均是无化学反应的稳定状态过程，其物料衡算关系式为

$$\sum G_I = \sum G_O \tag{1-29}$$

3. 物料衡算的步骤

进行物料衡算时，为了避免错误，必须采用正确的解题方法和步骤。尤其是对复杂的物料衡算题，更应如此，这样才能获得准确的计算结果。

（1）画物料流程简图。首先根据给定的条件画出流程简图，确定物料衡算的范围。图中可用简单的方框表示过程中的设备，用线条和箭头指明进出物流。另外，应标出已知变量（如流量、组成）及单位，一些未知的变量可用符号表示。

（2）如果有化学方程式，需要写出。

（3）选择计算基准。进行物料衡算时，必须选择一个计算基准。对于连续操作的设备，过程达到稳定后，往往以单位时间为计算基准；对于间歇过程，所有条件经常变化，因此应以整个周期为计算基准。计算基准如果选择得恰当，计算可简化，从而避免错误。

对于不同的化工过程，采用什么计算基准适宜，需视具体情况而定。根据不同过程的特点，选用计算基准时，应该注意以下几点：应选择已知变量数最多的流股作为计算基准；对于液体或固体的体系，常选取单位质量作为计算基准；对于连续流动的体系，以单位时间为计算基准较方便；对于气体物料，如果环境条件（如温度、压力）已定，则可选取体积作为计算基准。

（4）查找计算所需的物理、化学、工艺常数及数据。

（5）列方程，确定设计变量，检查方程的个数是否等于未知量的个数，判断方程是否可解。

（6）求解方程式。

【例1-1】　丙烷充分燃烧时，要供入的空气量为理论量的125%，反应式为

$$C_3H_8 + 5O_2 \longrightarrow 3CO_2 + 4H_2O$$

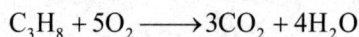

问每 100mol 燃烧产物需要多少摩尔空气?

解: 由题意可知,该体系共有三个流股:丙烷、空气、燃烧产物。从原则上说,其中任何一个物料均可作为计算基准。但是,解题的复杂程度却相差很大。下面采用三种不同的计算基准进行了求解,旨在分析选择计算基准时的技巧及注意事项。

(1)计算基准:1mol C_3H_8。

按反应式,1mol C_3H_8 完全燃烧需要的氧气量为 5mol;

实际供氧量:$1.25 \times 5 = 6.25 (\text{mol})$;

实际供空气量(空气中的氧含量为 21%):$6.25 / 0.21 = 29.76 (\text{mol})$;

氮气量:$29.76 \times 0.79 = 23.51 (\text{mol})$;

物料衡算结果如例表 1-1 所示。

例表 1-1　物料衡算结果(一)

组分	输入 mol	g	组分	输出 mol	g
C_3H_8	1	44	CO_2	3	132
O_2	6.25	200	H_2O	4	72
N_2	23.51	658.28	O_2	1.25	40
			N_2	23.51	658.28
总计	30.76	902.28	总计	31.76	902.28

所以,每 100mol 燃烧产物所需的空气量为

$$\frac{100\text{mol烟道气} \times (6.25 + 23.51)\text{mol空气}}{31.76\text{mol烟道气}} = 93.7\text{mol}$$

(2)计算基准:1mol 空气。

按题意供入的空气量为理论量的 125%,1mol 空气中的氧气量为 0.21mol,所以,供 C_3H_8 燃烧的氧气量为 0.21mol / 1.25,则燃烧的 C_3H_8 量为

$$\frac{0.21}{1.25} \times \frac{1}{5} = 0.0336 (\text{mol})$$

物料衡算结果如例表 1-2 所示。

例表 1-2　物料衡算结果(二)

组分	输入 mol	g	组分	输出 mol	g
C_3H_8	0.0336	1.48	CO_2	0.101	4.44
空气	(1)	(28.84)	H_2O	0.135	2.43

续表

输入			输出		
组分	mol	g	组分	mol	g
O_2	0.21	6.72	O_2	0.042	1.34
N_2	0.79	22.12	N_2	0.79	22.12
总计	1.0336	30.32	总计	1.068	30.33

所以，每 100mol 燃烧产物所需的空气量为

$$\frac{100\text{mol烟道气} \times 1\text{mol空气}}{1.068\text{mol烟道气}} = 93.6\text{mol}$$

（3）计算基准：1mol 烟道气。

设 N 为烟道气中 N_2 的量，M 为烟道气中 O_2 的量，P 为烟道气中 CO_2 的量，Q 为烟道气中 H_2O 的量，A 为入口空气的量，B 为入口 C_3H_8 的量。

共有 6 个未知量，因此必须列出 6 个独立方程，具体如下。

C 平衡：

$$3B = P \tag{1}$$

H 平衡：

$$4B = Q \tag{2}$$

O 平衡：

$$0.21A = M + P + Q/2 \tag{3}$$

N 平衡：

$$0.79A = N \tag{4}$$

烟道气总量：

$$M + N + P + Q = 100 \tag{5}$$

过剩氧量：

$$0.21A \times 0.25 / 1.25 = M \tag{6}$$

按照反应式的化学计量关系，还可列出另外几个线性方程，但是都与上述 6 个式子相关，独立方程只有式（1）～式（6）。其中共含 6 个未知量，有确定解。

由式（1）、式（2）得

$$P = \frac{3}{4}Q \tag{7}$$

将式（7）、式（4）、式（6）代入式（3）得

$$0.21A = 0.042A + \frac{3}{4}Q + \frac{Q}{2}$$

$$Q = 0.1344A \tag{8}$$

将式（7）、式（4）、式（6）代入式（5）得

$$0.76A + 0.042A + \frac{3}{4}Q + Q = 100 \tag{9}$$

将式（8）代入式（9）得 A=93.7 mol；

由式（4）得 N=74.02 mol；

由式（8）得 Q=12.59 mol；

由式（2）得 B=3.148 mol；

由式（1）得 P=9.445 mol；

由式（5）得 M=3.945 mol。

从上述三种解法可看出，第三种解法虽然避免了将物料流转换为规定的计算基准，但是其工作量比第二种解法大得多。从题意要求来看，第一、第二种解法选定的计算基准较恰当。

二、热量衡算

化工生产中所需的能量以热能为主，用于改变物料的温度与相态以及提供反应所需的热量等。若操作中有几种能量相互转化，则它们之间的关系可以通过能量衡算来确定。化工设计只涉及热量，因此能量衡算可简化为热量衡算。

1. 热量衡算的目的

工艺设计中，热量衡算的目的在于定量地表示出工艺过程各部分的能量变化，确定需要加入或可供利用的能量，确定过程及设备的工艺条件和热负荷。热量衡算的主要任务如下：

（1）确定工艺单元中物料输送机械（如泵）所需的功率，以便于进行设备的设计和选型；

（2）确定精馏等单元操作中所需的热量或冷量以及传递速率，计算换热设备的尺寸，确定加热剂和冷却剂的消耗量，为后续的供汽、供冷、供水等设计提供设备条件；

（3）确定为保持一定反应温度所需移除或者加入的热传递速率，指导反应器的设计和选型；

（4）提高热量内部集成度，充分利用余热，提高能量利用率，降低能耗；

（5）最终计算出总需求能量及其费用，并由此确定工艺过程在经济上的可行性。

2. 热量衡算的原理

热量衡算的依据是热力学第一定律，其表达式为

$$\sum E_{输入} = \sum E_{输出} + \sum E_{累积} \tag{1-30}$$

式中 $\sum E_{输入}$——输入系统的能量；

$\quad\quad\sum E_{输出}$——输出系统的能量；

$\quad\quad\sum E_{累积}$——系统中累计的能量。

对于稳态过程，系统内累积的能量为零时

$$\sum E_{输入} = \sum E_{输出} \tag{1-31}$$

在热力学中，通常用"焓"表示物流所处的热状态，则式（1-30）可改写为

$$\sum H_{输出} - \sum H_{输入} = Q + W \tag{1-32}$$

式中 $\sum H_{输入}$——输入系统的各物流的焓之和；

$\quad\quad\sum H_{输出}$——输出系统的各物流的焓之和；

$\quad\quad Q$——系统与外界交换的热量，当不计热损失时为系统的热负荷；

$\quad\quad W$——系统与外界交换的功，如机械功或电功。

3. 几个与热量衡算有关的重要物理量

（1）热量 Q 温度不同的两物体相接触或靠近，能量就会从热（温度高）的物体向冷（温度低）的物体流动。这种由于温度差而引起交换的能量，称为热量。

对于热量要明确两点：第一，热量是一种能量的形式，是传递过程中的能量形式；第二，一定要有温度差或温度梯度，才会有热量的传递。

（2）功 W 功是力与位移的乘积。在化工中常见的有体积功（体系的体积变化时，由于反抗外力作用而与环境交换的功）、流动功（物系在流动过程中为推动流体流动所需的功）以及旋转轴的机械功等。以环境向体系做功为正，反之为负。

功和热量是能量传递的两种不同形式，它们不是物系的性质，因此不能说体系内或某物体有多少热量或功。

功和热量的单位在 SI 制中为 J（焦耳）。除此以外，cal（卡）或 kcal（千卡）、Btu 也常有使用，应注意它们之间的换算关系。

（3）焓 H 焓是在热量衡算中经常遇到的一个变量，它的定义是

$$H = U + pV \tag{1-33}$$

式中 p——压力，Pa；

$\quad\quad V$——容积，m^3。

对于纯物质，焓可表示成温度和压力的函数：$H = H(T, p)$。对 H 全微分，则

$$dH = \left(\frac{\partial H}{\partial T}\right)_p dT + \left(\frac{\partial H}{\partial p}\right)_T dp \tag{1-34}$$

式中，$\left(\frac{\partial H}{\partial T}\right)_p$ 为定压比热容，以 C_p 表示。在多数实际场合，$\left(\frac{\partial H}{\partial p}\right)_T$ 很小，故式（1-34）右边第二项可以忽略，因此焓差可表示成

$$H_2 - H_1 = \int_{T_1}^{T_2} C_p dT \tag{1-35}$$

（4）比热容　比热容是一定量的物质改变一定的温度所需的热量，可以看作温度差 ΔT 和引起温度变化的热量 Q 之间的比例常数，即

$$Q = mC\Delta T \tag{1-36}$$

式中　Q——热量，J；

m——物质的质量，kg；

C——物质的比热容，J/(kg·℃)；

ΔT——温度差，℃。

4. 热量衡算的步骤

（1）画物料流程图，建立衡算范围（同物料衡算）。

（2）物料衡算是热量衡算的基础，物料衡算的最终结果——物料平衡表就是热量衡算的依据。计算时以单位时间为基准较方便。

（3）根据物料平衡表建立热量衡算式。

（4）选定计算基准温度和基准状态。这是一个相对基准，例如，以0℃的液体焓为基准，就是说输入系统的能量和输出系统的能量均以之为基础进行计算。该基准可以任意规定，以计算方便为原则。由于文献上查到的热力学数据多是298K时的数据，故选298K为基准温度计算较为方便。

（5）计算后列出热量衡算表。

【例1-2】　25℃的空气以标准状态、2500m³/h 的流量进入一增湿器，与91℃、流量为33500kg/h 的热水接触得到增湿，并带出水蒸气2010kg，增湿后的空气出口温度是84℃，热损失为83760kJ/h，求热水出口温度。

解：（1）画流程示意图，如例图 1-1 所示。

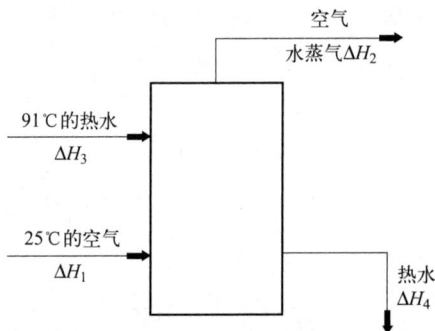

例图 1-1　增湿器流程

（2）物料平衡，求出未知的流量。

热水流出量：33500-2010=31490(kg/h)；

空气进出的质量流量（空气的平均分子量为28.8）：2500×28.8/22.4=3210(kg/h)。

（3）热量衡算。设 ΔH_1、ΔH_2、ΔH_3、ΔH_4 分别代表空气进口温度、混合气出口温度、热水进口温度及热水出口温度与基准温度的焓差。

以0℃为基准温度，并查（算）出空气的平均比热容为1.006kJ/(kg·K)，水的平均比热容为4.1868kJ/(kg·K)，则

$$\Delta H_1 = 3210 \times 1.006 \times (25 - 0) = 80900(\text{kJ / h})$$

$$\Delta H_2 = 3210 \times 1.006 \times (84 - 0) + 2010 \times 2300 + 2010 \times 4.1868 \times (84 - 0) = 5.6 \times 10^6 (\text{kJ / h})$$

式中，2300kJ/kg 是水在 84℃、1atm（1atm=101325Pa）时的相变热。

$$\Delta H_3 = 33500 \times 4.1868 \times (91 - 0) = 12.78 \times 10^6 (\text{kJ / h})$$

$$\Delta H_4 = 31490 \times 4.1868t = 0.132 \times 10^6 t(\text{kJ / h})$$

按热量衡算式可得

$$\Delta H_1 + \Delta H_3 = \Delta H_2 + \Delta H_4 + Q_{损}$$

$$80900 + 12.78 \times 10^6 = 5.6 \times 10^6 + 0.132 \times 10^6 t + 83760$$

$$t = 54.3(℃)$$

在实际工作中，按上述步骤做完物料衡算再做热量衡算的办法有时行不通，这时唯一的办法就是把热量衡算方程也写出来，与物料平衡式一起联立求解。

第二章

化工设计绘图基础

在化工工程领域，绘图不仅是技术交流的媒介，更是设计与实践的桥梁。化工设计绘图基础作为化工原理课程设计的重要组成部分，旨在培养学生绘制化工工艺流程图和化工设备图的核心技能，为其后续的专业学习和职业生涯奠定坚实基础。

一般大中型工程项目，在可行性研究报告和项目建议书得到主管部门认可并下达设计任务书后，设计部门常把设计划分为三个阶段，即初步设计阶段、过程开发研究阶段和施工图设计阶段。对于在校学习的学生来说，限于专业和时间的局限，原则上只做初步设计。初步设计的程序及内容可用图 2-1 来表示。对于仅有 1 ～ 2 周时间的化工原理课程设计来说，主要以某一单元操作为研究对象，所以仅需对某一单元操作的工艺流程和主体设备进行设计计算。

工艺流程图作为化工设计的核心成果之一，是工艺设计人员根据特定产品的生产需求和技术参数所绘制的。它不仅直观展现了从原料到成品的完整生产工艺流程，还详细标注了物料流动、化学反应及单元操作间的复杂关系。工艺流程图一般包括设备的简单图形，管道、阀门、管件、仪表控制点等图形符号，设备位号及名称、管道编号、物料走向、仪表控制点代号、图例说明和标题栏等。它不仅是工艺安装的直接指导，更是跨部门协作的沟通平台，化工工艺人员可以此为依据，向化工设备、土建采暖通风、给排水、电气、自动控制及仪表等专业人员提出要求。在化工原理课程设计中，我们特别注重工艺流程图、设备布置图和管道布置图的绘制，通过这些基础训练，学生将学会如何将理论知识转化为实际可行的生产方案。

设备图则是另一类至关重要的技术文件，它详细描绘了化工设备的结构、形状、尺寸和技术要求。常用的图样有设备总图、装配图、部件图、条件图、管口方位图、表格图及预焊接件图。这些图纸不仅是设备设计、制造和安装的依据，也是后续使用和维护的重要参考。在化工原理课程设计中，我们着重训练学生绘制主体设备工艺条件图，以此作为设备选型、工艺优化及操作维护的重要依据。

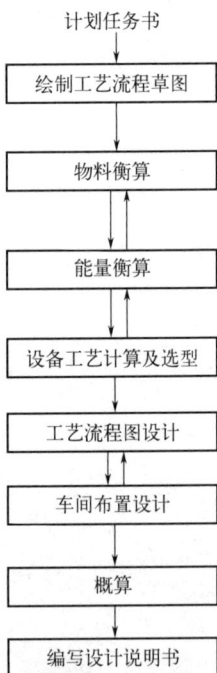

图 2-1　初步设计的
程序及内容

计划任务书

绘制工艺流程草图

物料衡算

能量衡算

设备工艺计算及选型

工艺流程图设计

车间布置设计

概算

编写设计说明书

第一节

工艺流程图

一、工艺流程图的分类

工艺流程图用于表示出由原料到成品的整个生产过程中物料被加工的顺序以及各股物料的流向，同时表示出生产中所采用的化学反应、化工单元操作及设备之间的联系，据此可进一步制定化工管道流程和计量控制流程。它是化工过程技术经济评价的依据。化工工艺流程图一般以工艺装置的工段或工序为单元绘制，也可以以装置（车间）为单元绘制。根据所处的阶段和目的，工艺流程图可分为方案流程图、工艺物料流程图和带控制点的工艺流程图。

1. 方案流程图

方案流程图亦称流程示意图或流程简图，是工程领域中一种重要的图示工具，旨在清晰地展现从原料到成品或半成品的整个工艺路径。它不仅涵盖了整个工厂或特定车间内的生产流程布局，还详细描绘了所涉及的设备与机器配置情况。其图幅一般不作规定，图框和标题栏也可省略，且不列入设计文件。

方案流程图在工艺设计的初期阶段扮演着关键角色，不仅便于工艺方案的讨论与优化，还为后续设计（如工艺物料流程图及带控制点的工艺流程图）奠定了坚实基础。其主要包括以下两方面的内容。

（1）设备表示　设备通常以细实线描绘其示意图，以直观展示生产过程中所使用的各类机器与设备。在流程图的下方或图纸的其他空白处应列出各设备的位号和名称。通过文字、字母或数字的组合，对每台设备进行明确的名称与位号标注，确保信息准确无误与易于识别。

（2）工艺流程展示　工艺流程则通过粗实线来描绘。这些线条可展示出原料从起始点经过一系列加工处理，最终转化为成品或半成品的完整路径。在管线的上方或右方应用文字注明物料的名称，在流程线的起始和终了处应注明物料的名称、来源及去向，而物料的流动方向则由箭头明确指示，确保工艺流程清晰可读。图 2-2 为粗甲醇三塔精馏系统工艺方案流程图。

2. 工艺物料流程图

工艺物料流程图作为工程设计方案的重要组成部分，是在方案流程图的基础上，采用图形与表格融合的方式，直观展示物料衡算和热量衡算结果的综合图表。它不仅为设计审查提供了关键资料，还为实际生产操作的指导与后续深化设计奠定了坚实基础。物料流程图主要用来描述界区内主要工艺物料的种类、流向、流量以及主要设备的特性数据等，具体应包括以下几个方面。

（1）设备　采用示意性图形表示生产流程中涉及的各种机器与设备，无须追求精确，但需遵循行业标准的简化表示方法，部分设备可简化为易于识别的符号。设备尺寸比例可根据实际情况调整，但应确保各设备间的相对大小关系合理，外形轮廓尽量符合实际比例。设备上需明确标注其名称、位号等标识信息，以便识别与查阅。

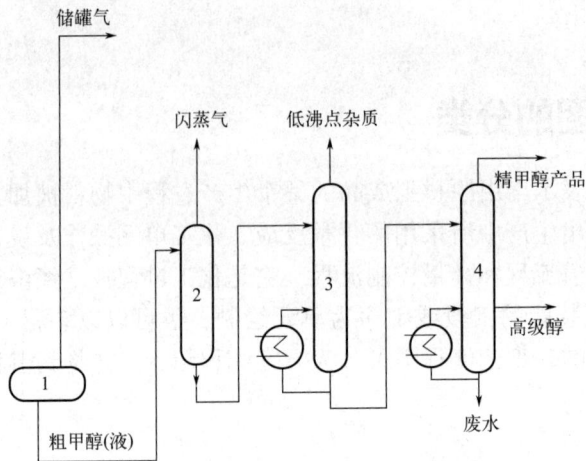

图 2-2　粗甲醇三塔精馏系统工艺方案流程图

1—粗甲醇槽；2—预精馏塔；3—加压精馏塔；4—常压精馏塔

（2）工艺流程　利用工艺流程线结合文字说明，可定性描述从原料输入到产品（或半成品）输出的整个生产过程，直观展现物料的转化与流向。

（3）设备特性数据或参数　在设备位号及名称下方应加注设备特性数据或参数，譬如换热器的换热面积，塔设备的直径、高度，储罐的容积，机器的型号等。

（4）物料平衡表　物料流程图中最为核心的部分，它详细列出了工艺流程中各环节物料的种类、质量流量、摩尔流量、摩尔分数等关键参数，以及这些参数的总量或总和。物料平衡表通常设置在工艺流程的起始点及物料状态发生显著变化的设备之后，以便于追踪物料变化过程。另外，表中还可能包含物料在特定工艺条件下的温度、压力等参数信息。这些信息通常标注在相应的流程线旁侧。物料平衡表的绘制应遵循统一的格式要求，使用细实线绘制表格线与指引线，确保信息清晰可读。物料平衡表的格式见表 2-1，某工段物料流程图如图 2-3 所示。

表 2-1　物料平衡表

名称	单位			
	kg/h	%（质量分数）	kmol/h	%（摩尔分数）
物料 1				
物料 2				
物料 3				
合计				

	名称	kg/h	(质量分数)%	kmol/h	(摩尔分数)%
1	乙苯	191	18	1.8	18
2	对二甲苯	191	18	1.8	18
3	间二甲苯	424	40	4.0	40
4	邻二甲苯	254	24	2.4	24
	合计	1060	100	10.0	100

	名称	kg/h	(质量分数)%	kmol/h	(摩尔分数)%
1	乙苯	191	18	1.8	18
2	对二甲苯	191	18	1.8	18
3	间二甲苯	424	40	4.0	40
4	邻二甲苯	254	24	2.4	24
	合计	1060	100	10.0	100

	名称	kg/h	(质量分数)%	kmol/h	(摩尔分数)%
1	乙苯	191	18	1.8	18
2	对二甲苯	191	18	1.8	18
3	间二甲苯	424	40	4.0	40
4	邻二甲苯	254	24	2.4	24
	合计	1060	100	10.0	100

设备及标注：

- R-101a-b 原料储槽 $V=50m^3$
- B-101 原料泵
- H-101 原料预热器 $F=5.7m^2$ $t=161\sim162℃$
- Z16 $Q=87000$ kcal/h
- H-102 再沸器 $F=200m^2$ $Q=147000$kcal/h $T=188\sim189℃$ $p=2.1$表压 Z25
- B-102a-b 乙苯塔中间泵
- B-103 乙苯塔中间泵
- T101a 乙苯塔(浮阀塔) $f1600\times52600$ $n=120$
- T101b 乙苯塔(浮阀塔) $f1600\times52600$ $n=120$
- T101c 乙苯塔(浮阀塔) $f1600\times52600$ $n=120$ $t=136℃$ $p=$常压
- H-103 乙苯塔冷凝器 $F=100m^2$ XS' $t=40℃$ $Q=1500000$ kcal/h $t=131℃$
- R-102 乙苯塔回流槽 $V=8m^3$ XS $t=30℃$
- B-104a-b 乙苯塔回流泵
- H-104 XS' $t=40℃$ $Q=8870$ kcal/h $t=20℃$
- R-104 乙苯储槽 $V=50m^3$
- B-106 乙苯输送泵
- H-105 釜液冷却器 $F=13m^2$ XS' $t=40℃$ XS $t=30℃$ $Q=7500$kcal/h $t=40℃$
- R-103 二甲苯储槽 $V=50m^3$
- B-105 二甲苯输送泵
- 原料混合 二甲苯 乙苯
- 乙苯去×××
- 二甲苯去氧化工段

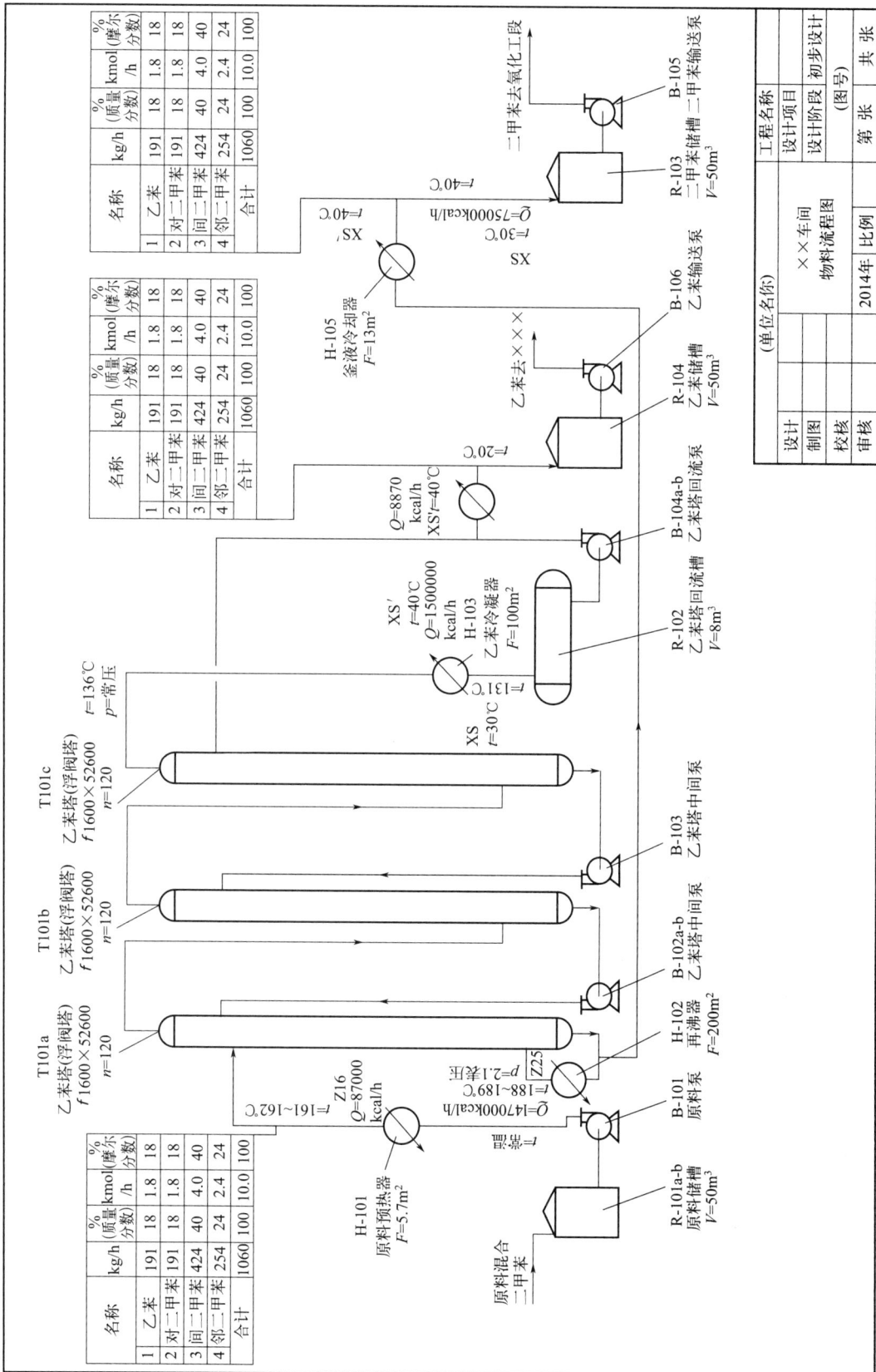

图 2-3 某工段物料流程图

工程名称		设计项目	
设计阶段		初步设计	
×× 车间			
物料流程图		(图号)	
(单位名称)			
设计		2014年	比例
制图			
校核			
审核		第 张	共 张

3. 带控制点的工艺流程图

带控制点的工艺流程图作为工艺流程的可视化表达，通常以工段、工序或车间为单位进行绘制，全面反映了工艺生产的完整流程。其构成核心包括物料流程线、控制点标注以及图例说明三大要素。这一绘图工作需由工艺设计专家与自动控制专家紧密协作完成，以确保技术细节的准确性与实用性。带控制点的工艺流程图是一种示意性的图样，它以图形、符号、代号表示出化工设备、管路、附件和仪表自控等，借以表达出一个生产流程中物料及能量的变化始末。它是在物料流程图的基础上绘制出来的，是设计与施工的关键文件，常作为设计成果列入初步设计阶段的设计文件中。图 2-4 是焦化厂煤气净化车间冷凝鼓风工段带控制点的工艺流程图。

化工原理课程设计只需绘制带控制点的工艺流程图，并编入设计说明书中。方案流程图、工艺流程图、工艺物料流程图在设计说明书中根据需要可以示意表示。

4. 管道仪表流程图

管道仪表流程图作为施工设计阶段的关键文档，是带控制点的工艺流程图的细化与综合体现，它全面融合了工艺流程设计、设备选型设计、管道布局规划以及自动化仪表控制系统的设计成果。此图详尽展示了所有工艺设备、工艺物料管线及辅助管线的布局，同时，也涵盖了为应对开车准备、停车操作、紧急事故处理、日常维护、样品采集、备用状态以及设备再生等特定需求而特别设计的管线与配套阀门、管件。

在管道仪表流程图中，不仅需要精确绘制出所有管线的走向与连接，还需要详细标注各类测量仪表、调节阀及控制器的安装位置，并附上其对应的功能代号，以确保自动化控制系统精准配置与高效运行。因此，管道仪表流程图不仅是施工安装过程中的重要指导文件，也是后续设备维护、系统运行管理及故障排查不可或缺的档案性资料。图 2-5 是管道仪表流程图的一个示例。

值得注意的是，虽然化工原理课程设计的具体要求中未涵盖管道仪表流程图的绘制，但理解其重要性及其所承载的综合设计信息对于全面把握工艺流程设计的精髓具有至关重要的意义。

二、工艺流程图的绘制

1. 图样内容

（1）工艺物料流程图（PFD） 工艺物料流程图的图样内容包括：

① 图形 包括设备示意图形、各种仪表示意图形及各种管线示意图形；

② 标注 主要标注设备的位号、名称及特性数据，工艺流程中物料的组分、流量等；

③ 设备一览表 包括名称、图号、设计阶段等；

④ 物料性质表 这是工艺物料流程图中最重要的部分，也是人们读图时最为关心的内容。应在流程下方用物料表的形式分别列出物料的名称、质量流量、质量分数以及摩尔流量、摩尔分数等。

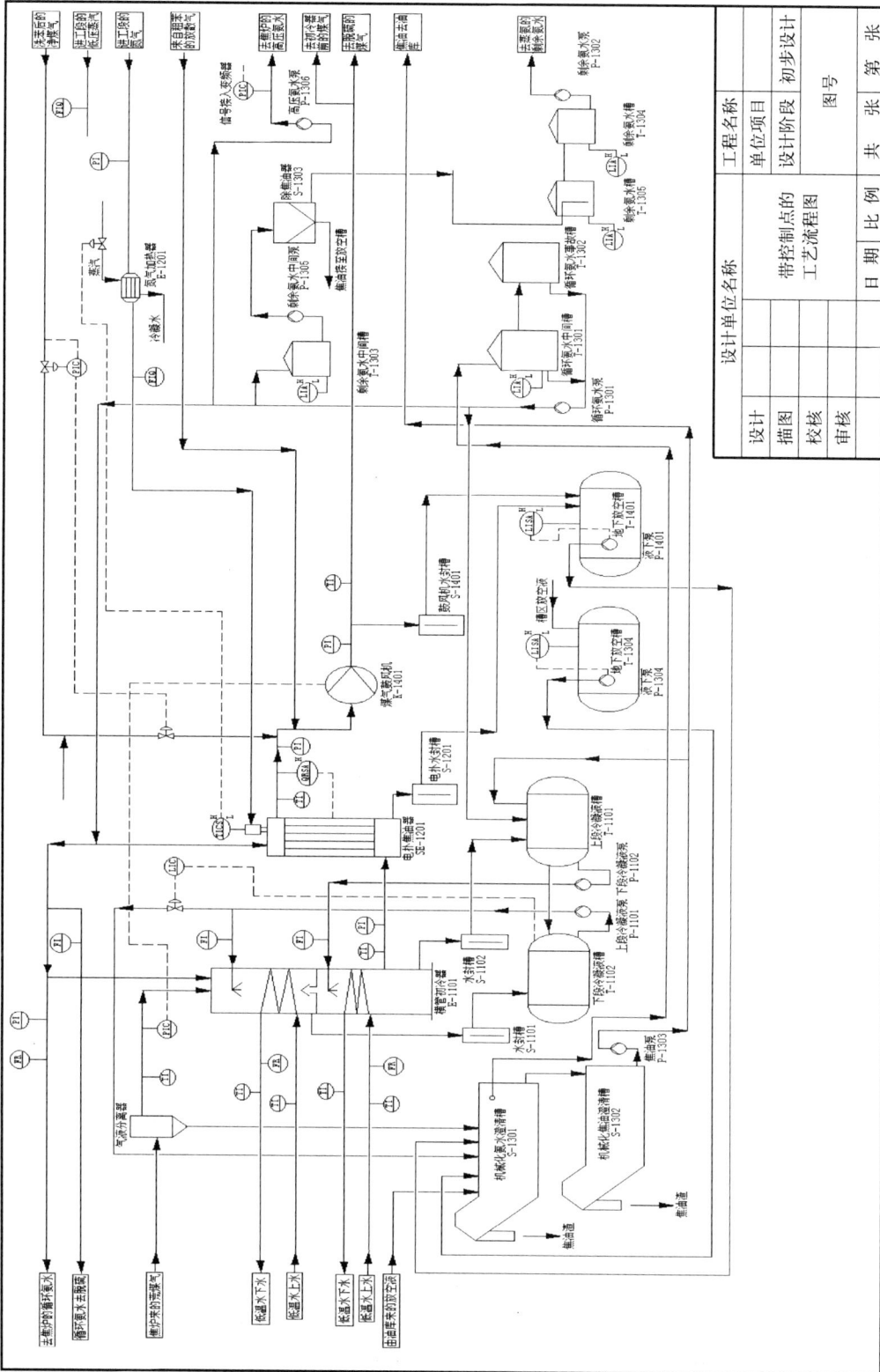

图 2-4 焦化厂煤气净化车间冷凝鼓风工段带控制点的工艺流程图

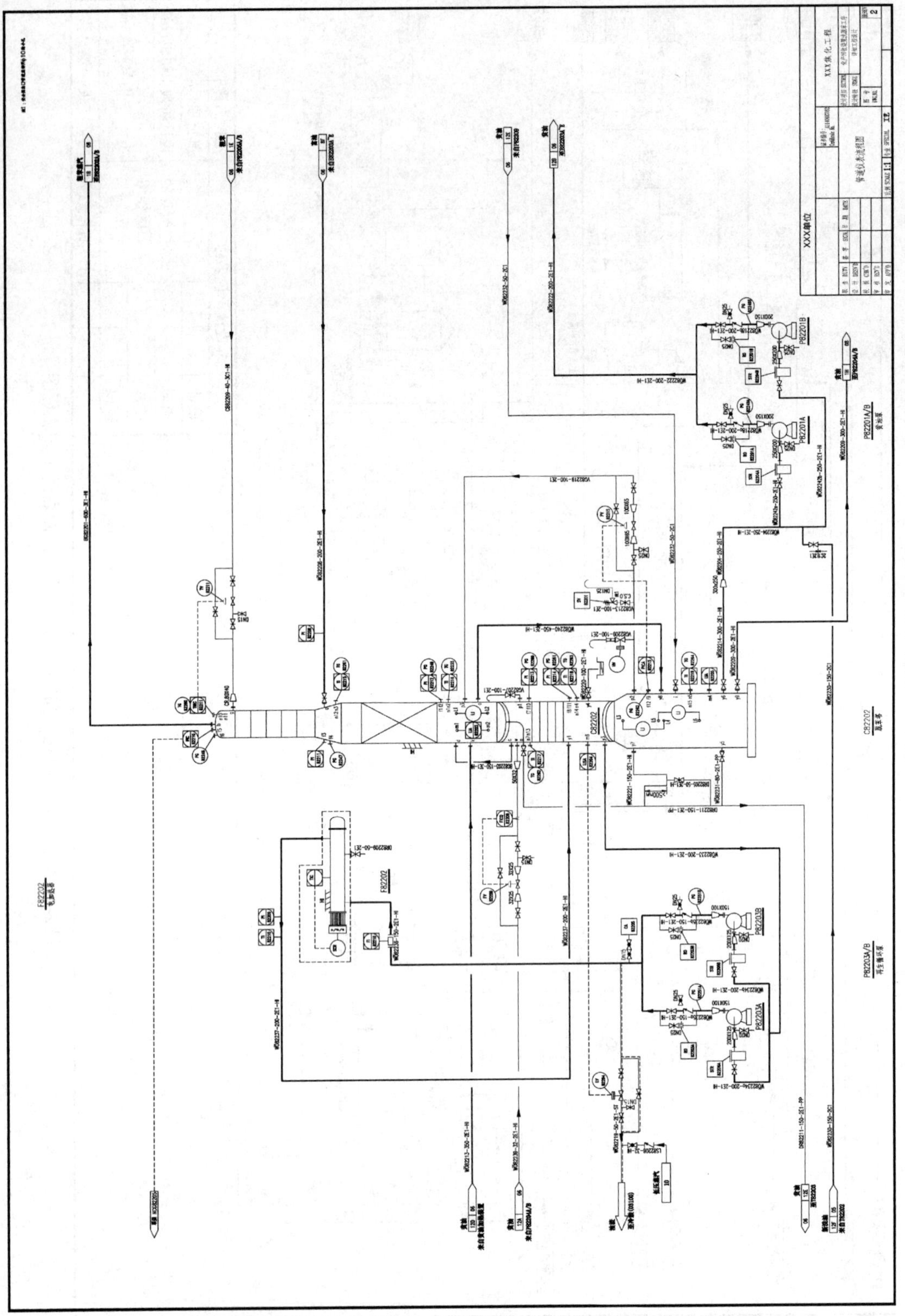

图 2-5　管道仪表流程图

（2）带控制点的工艺流程图（PID） 带控制点的工艺流程图的图样内容包括：

① 图形 按工艺流程次序将各设备的简单形式展示在同一平面上，再配以连接的主辅管线及管件、阀门、仪表控制点符号等；

② 标注 包括设备位号及名称、管道标号、控制点代号、必要的尺寸和数据等；

③ 图例 包括代号、符号及其他标注的说明，有时还有设备位号的索引等；

④ 标题栏 注写图名、图号、设计阶段等。

2. 绘图范围

工艺流程图必须反映全部工艺物料和产品所经过的设备，全面且精确地展现主要物料管路的布局，清晰标示出物料进出装置界区的流向，具体如下：

（1）冷却水、冷冻盐水、工艺用的压缩空气、蒸汽（不包括副产品蒸汽）及蒸汽冷凝系统等的整套设备和管线不在图内表示，仅示意工艺设备使用点的进、出位置。

（2）标注有助于用户确认及上级或有关领导审批用的一些工艺数据（例如，温度、压力、物流的质量流量或体积流量、密度、换热量等）。

（3）应有必要的说明和标注，并按图签规定签署。

（4）带控制点的工艺流程图（PID）还必须标注工艺设备、工艺物流线上的主要控制点及调节阀等。这里说的控制点包括被测变量的仪表功能（如调节、记录、指示、积算、连锁、报警、分析、检测等）。

3. 绘图步骤

在绘制工艺流程图的过程中，需遵循一系列标准化的步骤，以确保图纸的准确性和规范性。具体步骤如下：

（1）确定设备位置与布局 根据生产流程的顺序，从左至右横向布局，使用细点画线标出各工艺设备的中心位置以及它们之间的相对距离，形成清晰的设备布置框架。

（2）绘制主要设备图例 根据标准图例，采用细实线逐一绘制出主要设备的图例及其内部必要的构件。这一步骤应确保设备的图形表达准确，易于识别。

（3）添加辅助与附属设备 按照生产流程的顺序和标准图例，采用细实线补充绘制其他相关的辅助设备和附属设备图例，完善整个工艺流程的设备体系。

（4）描绘物流线 以细实线为基础，严格遵循流程顺序和物料种类，逐一分类绘制出各主要物流线，并清晰标示出物流的流向。这一步骤是展现物料流动路径的关键。

（5）添加控制元件与仪表 按照流程顺序和标准图例，采用细实线绘制出相应的控制阀门、重要管件、流量计及其他检测仪表的图例，同时连接好自动控制系统所需的信号线，并确保控制逻辑清晰表达。

（6）审核与修正 在完成初步绘制后，应对照流程草图和当前流程图图面，逐项检查是否存在漏画或错画的情况，并及时进行必要的修改与补充。特别是从框图转换到详细流程图时，需特别注意补充实际生产中不可或缺的泵、风机、分离器等辅助设备及装置，以及相应的控制阀门、管件、计量装置和检测仪表。

（7）加粗物流线与箭头 待所有内容确认无误后，按照标准规定，将物流线改画成粗实线，并在适当位置添加表示流向的标准箭头，以增强图面的可读性和专业性。

（8）标注信息 在图中详细标注设备位号、管道号、检测仪表的代号与符号以及任何必要的文字说明，以确保图纸信息的完整性和准确性。

（9）编制图例与说明　提供集中图例与代号、符号的详细说明，以帮助读者快速理解图中各元素的意义。

（10）绘制标题栏并添加说明　按照标准格式绘制标题栏，并填入相应的文字说明（包括图纸名称、编制人、审核人、日期等必要信息）。至此，整个工艺流程图的绘制工作就完成了。

4. 绘图比例和图幅及图框

（1）绘图比例　工艺流程图不按比例绘制，一般设备（机器）图例只取相对比例。允许实际尺寸过大的设备（机器）比例适当缩小，实际尺寸过小的设备（机器）比例可以适当放大。因此，标题栏中的"比例"一栏不予注明。工艺流程图中可以相对示意出各设备位置的高低。整个图面要协调、美观。

（2）图幅　图纸幅面尺寸应符合 GB/T 14689—2008 的规定。绘制技术图样时，优先采用图 2-6 规定的基本幅面。必要时，也允许选用符合规定的加长幅面。这些幅面的尺寸是由基本幅面的短边成整倍数增加后得出的，见表 2-2。

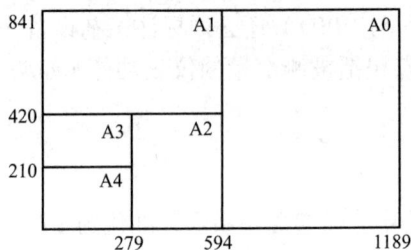

图 2-6　图纸的基本幅面（单位：mm）

表 2-2　必要时的图纸加长幅面尺寸　　　　单位：mm

幅面代号	A3×3	A3×4	A4×3	A4×4	A4×5
尺寸 $B×L$	420×891	420×1189	297×630	297×841	297×1051

（3）图框　在图纸上必须用粗实线画出图框，其格式分为不留装订边和留有装订边两种，但需要统一格式。不留装订边的图纸，其图框格式如图 2-7 所示；留有装订边的图纸，其图框格式如图 2-8 所示。图框格式的尺寸见表 2-3。

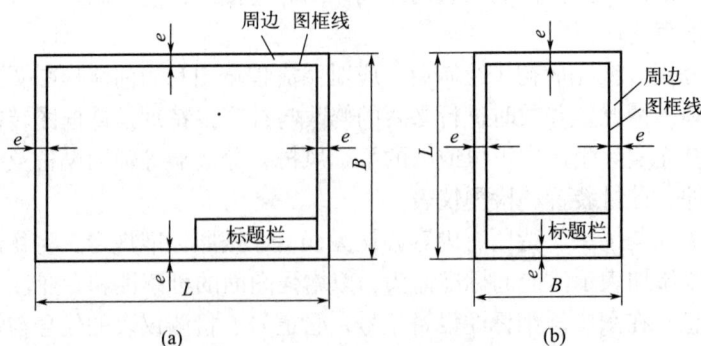

图 2-7　不留装订边的图框格式

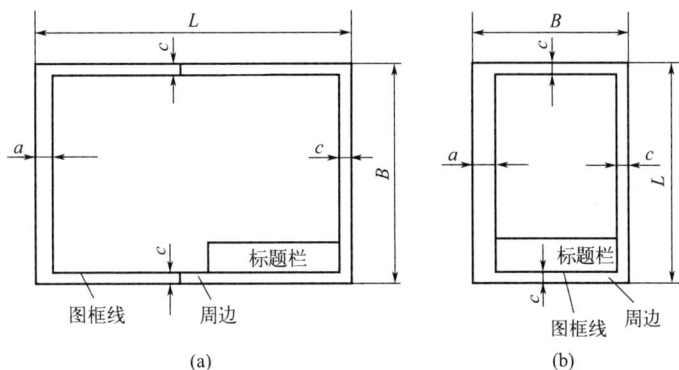

图 2-8　留有装订边的图框格式

表 2-3　图框格式的尺寸　　　　　　　　　　　　　　　　　　　　　单位：mm

幅面代号	A0	A1	A2	A3	A4
$B×L$	841×1189	594×841	420×594	297×420	210×297
a	25				
c	10			5	
e	20		10		

加长幅面的图框尺寸，按所选用的基本幅面大一号的图框尺寸确定。例如 A2×3 的图框尺寸，按 A1 的图框尺寸确定，即 e 为 20mm（或 c 为 10mm），而 A3×4 的图框尺寸，按 A2 的图框尺寸确定，即 e 为 10mm（或 c 为 10mm）。

5. 标题栏和明细栏

（1）标题栏　在技术图纸的绘制过程中，每张图纸均应包含标题栏部分，其格式与尺寸需严格遵循国家标准 GB/T 10609.1—2008 的规定。标题栏通常位于图纸的右下角区域，以确保阅读图纸的方向与浏览标题栏的方向保持一致。这样的布局便于读者快速定位并获取信息。

标准的标题栏通常由几个关键区域组成，包括但不限于更改区（用于记录图纸的修改历史）、签字区（供设计单位、设计人、制图人及审核人等签名确认）、其他区（可根据需要灵活使用）以及名称及代号区（明确标注图纸的名称、代号等重要信息），如图 2-9 所示。标题栏的核心功能在于明确标识图纸的基本信息，如图名、设计责任方、绘图比例、图号等，确保图纸的规范性与可追溯性。

值得注意的是，针对学生学习阶段的练习图纸，为简化绘制流程，建议采用标题栏的简化版本，如图 2-10 所示。这种简化格式保留了必要的信息元素，同时减少了复杂度，有助于学生将更多精力集中在绘图技能与图纸内容的掌握上。

（2）明细栏　在装配图的绘制中，明细栏是一个重要的组成部分，它通常被安排在标题栏的上方位置。明细栏的填写遵循由下至上的原则，其格数则根据实际需要灵活确定，以确保能够清晰、完整地列出所有装配部件的信息。明细栏应严格依照国家标准 GB/T 10609.2—

化工原理课程设计

2009 的规定进行编排，如图 2-11 所示，以保证图纸的规范性和统一性。

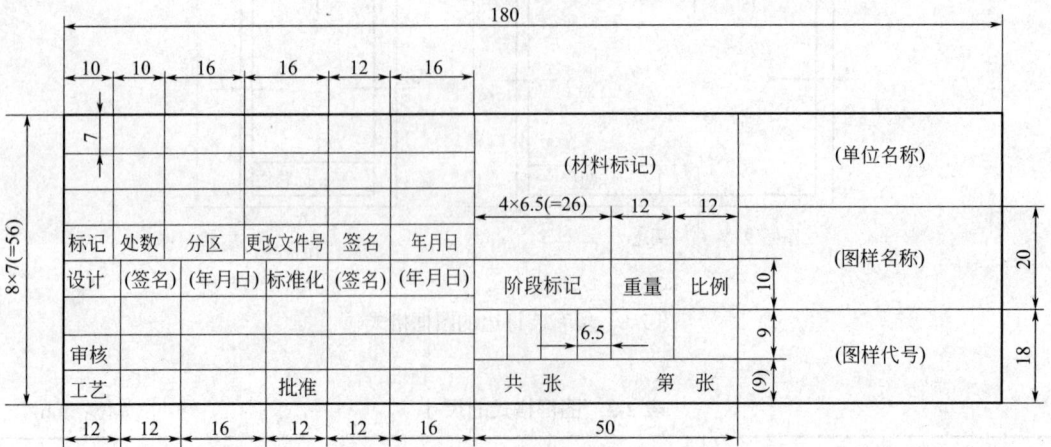

标记	处数	分区	更改文件号	签名	年月日			
设计	(签名)	(年月日)	标准化	(签名)	(年月日)	阶段标记	重量	比例
审核								
工艺			批准			共 张		第 张

图 2-9 标题栏的格式

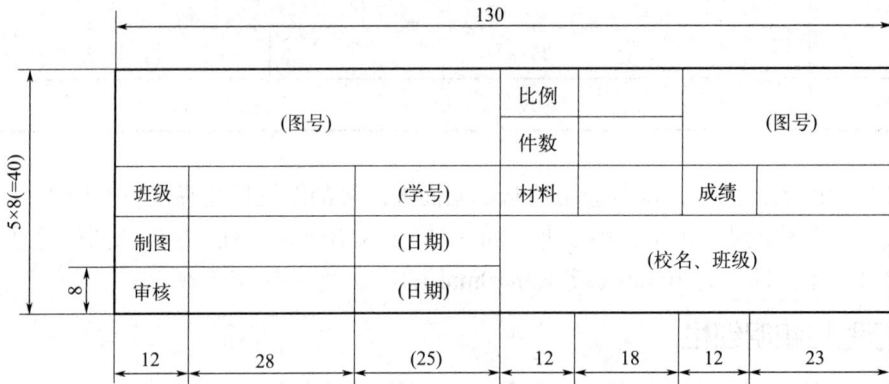

(图号)			比例		(图号)	
			件数			
班级		(学号)	材料		成绩	
制图		(日期)	(校名、班级)			
审核		(日期)				

图 2-10 标题栏的简化格式

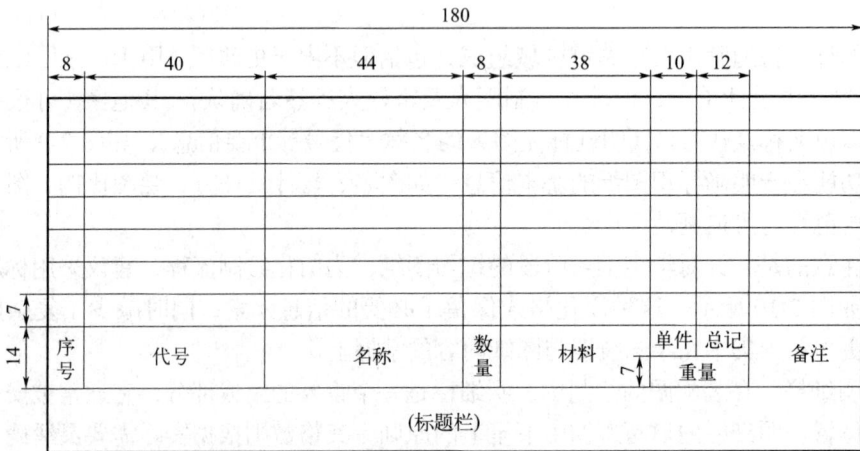

| | | | | | 单件 | 总记 | |
| 序号 | 代号 | 名称 | 数量 | 材料 | | 重量 | 备注 |

(标题栏)

图 2-11 明细栏

034

若遇到明细栏在标题栏上方由下而上延伸时空间不足的情况，可以灵活调整，将其紧靠在标题栏的左侧继续自下而上填写。这样的布局调整旨在充分利用图纸空间，确保信息完整呈现。

在某些特殊情况下，若装配图中标题栏上方无法配置足够的空间给明细栏，可以采取续页的方式处理。此时，明细栏可作为装配图的一部分，在单独的 A4 幅面图纸上继续列出。其填写顺序改为由上而下。若信息量仍超出单页范围，还可继续加页，但需注意在续页或加页的明细栏下方应配置标题栏，并在其中填写与装配图主图一致的名称和代号，以确保图纸之间的关联性和可追溯性。这样的处理方式有助于维护图纸的完整性和清晰度，便于后续的查阅和管理。

6. 字体

在图样中除了表示物体形状的图形外，还必须用文字、数字和字母表示物体的大小及技术要求等内容。图样中书写的字体必须做到：字体端正、笔画清楚、排列整齐、间隔均匀。汉字应尽可能采用长仿宋体或者正楷体，并要以我国正式公布推广的《汉字简化方案》中规定的简化字为标准，不准任意简化、杜撰。常用字体字高见表 2-4。其中外文字母必须全部大写，不得书写草体。

表 2-4 常用字体字高

书写内容	推荐字高 /mm
图表中的图名及视图符号	5 ～ 7
工程名称	5
图纸中的文字说明及轴线号	5
图纸中的数字及字母	2 ～ 3
图名	7
表格中的文字	5
表格中的文字 (格高小于 6mm 时)	3

三、工艺流程图中常见的图形符号及其标注

1. 常见设备的图形符号及其标注

（1）常见的设备图例 化工工艺流程中，常用细实线（0.3mm）画出设备的简略外形和内部特征。目前，常用装备、设备的图形已有统一的规定，可按 HG/T 20519—2009 标准绘制。常用的标准装备、设备图例见表 2-5。对未规定图形的设备（机械），可绘出其象征性的简单外形（只按相对大小，不按实物比例），表明设备（机械）的特征。

表 2-5 工艺流程图中的装置和设备图例及代号

类型	代号	图例
容器	V	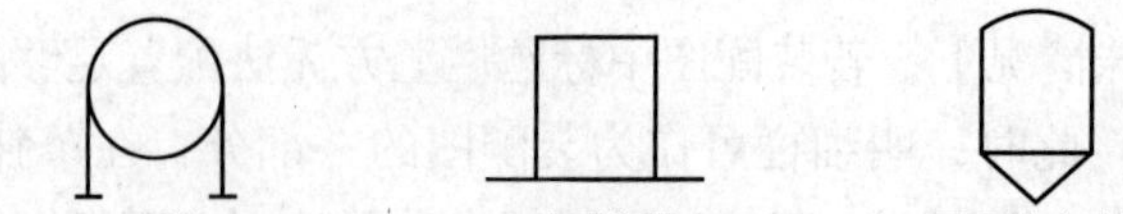 球罐　　　平顶容器　　　圆顶锥底容器 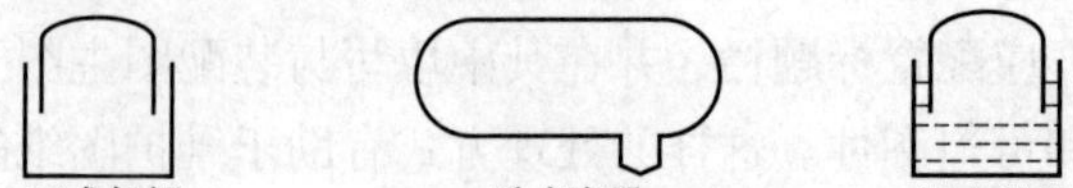 干式气柜　　　卧式容器　　　湿式气柜 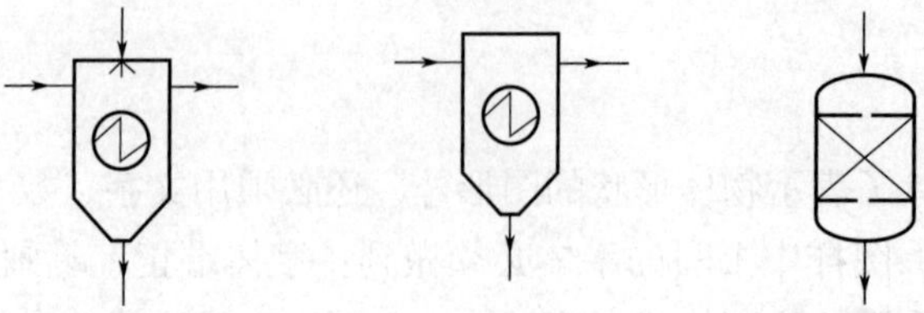 湿式电除尘器　　　干式电除尘器　　　固定床过滤器 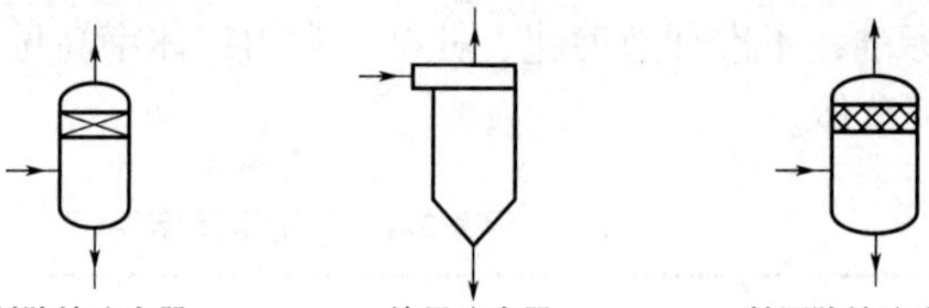 填料除沫分离器　　　旋风分离器　　　丝网除沫分离器
反应器	R	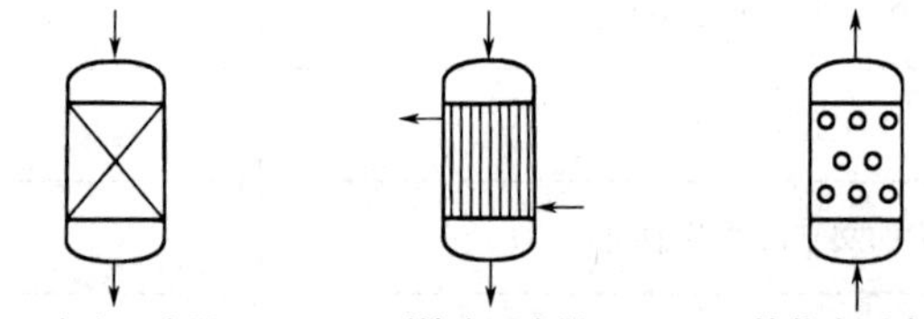 固定床反应器　　　列管式反应器　　　流化床反应器 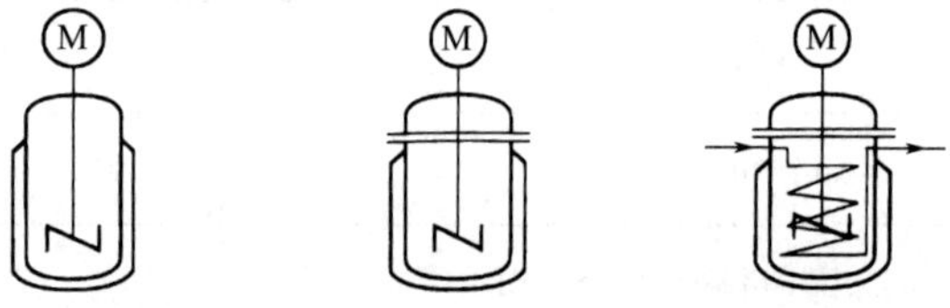 反应釜(闭式、带搅拌、夹套)　　　反应釜(开式、带搅拌、夹套)　　　反应釜(开式、带搅拌、夹套、内盘管)
塔	T	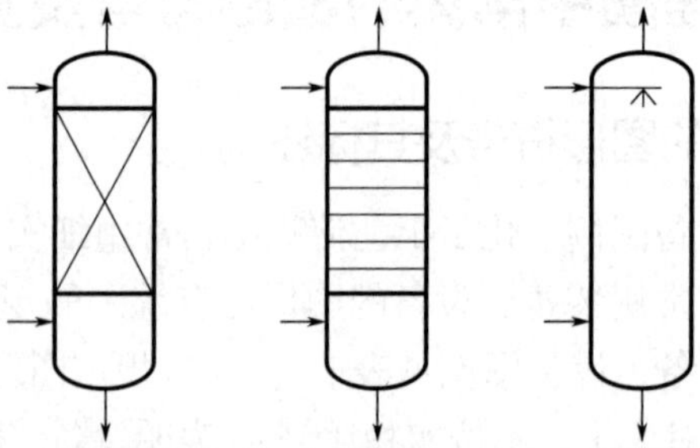 填料塔　　　板式塔　　　喷洒塔

续表

类型	代号	图例
塔内件		降液管　　受液盘　　浮阀塔塔板 泡罩塔塔板　　格栅板　　升气管 筛板塔塔板　　分配(分布)器、喷淋器　　填料除沫层 湍球塔　　(丝网)除沫层
换热器	E	换热器(简图)　　固定管板式列管换热器　　U形管式换热器 浮头式列管换热器　　釜式换热器　　套管式换热器 喷淋式冷却器　　送风式空冷器　　抽风式空冷器
工业炉	F	箱式炉　　圆筒炉　　圆筒炉
压缩机	C	(卧式)　(立式) 旋转式压缩机　　离心式压缩机　　往复式压缩机　　二段往复式压缩机 (L型)

类型	代号	图例
泵	P	离心泵　　齿轮泵、旋转泵　　水环式真空泵 旋涡泵　　往复泵　　螺杆泵 隔膜泵　　喷射泵　　液下泵
其他 机械	M	压滤机　　转鼓式(转盘式)过滤机　　有孔壳体离心机 无孔壳体离心机　　螺杆压滤机　　混合机

（2）设备分类代号　设备分类代号见表 2-6。

表 2-6　设备分类代号

设备类别	代号	设备类别	代号
塔	T	火炬、烟囱	S
泵	P	容器（槽、罐）	V
压缩机、风机	C	起重运输设备	L
换热器	E	计量设备	W
反应器	R	其他机械	M
工业炉	F	其他设备	X

（3）设备的标注

① 标注的内容　在图上应标注设备的名称和位号。设备位号在整个系统内不得重复，且在所有工艺图上设备位号需一致。

② 标注的方式　设备位号应在两个地方进行标注：一是在图的上方或下方，标注的位号要排列整齐，尽可能地排在相应设备的正上方或正下方，并在设备位号线下方标注设备的名称；二是在设备内或其近旁，此处仅注位号，不注名称。流程简单、设备较少时，也可用细实线直接从设备上引出，标注设备位号。

③ 位号的组成　每台设备只编一个位号，由四个单元组成，如图 2-12 所示。

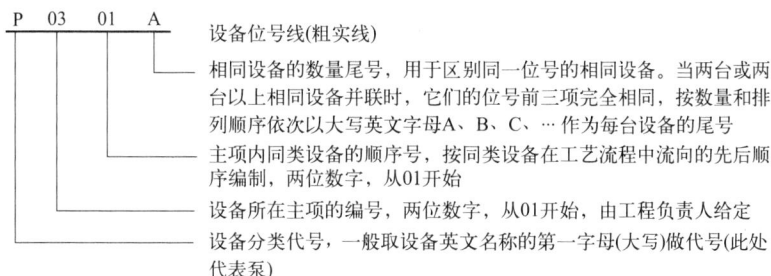

图 2-12　设备位号的组成

2. 管道表示方法

在编制工艺流程图时，为确保信息的全面性与准确性，需详尽描绘出涉及工艺操作的物料管道以及不可或缺的辅助管道系统（比如，蒸汽供应、冷却水循环、冷冻盐水输送等），同时应清晰标示出各类仪表控制线路。对于流程间相互连接的管道，为了增强图纸的连贯性与可读性，需在管道的起止点处附加特定标识，即使用 30mm×6mm 的矩形框标注连续图纸的图号，并在该矩形框的上方明确写出该管道来源或去向的设备编号或管道识别号。

（1）管道画法　在线条绘制方面，应遵循严格的视觉规范。工艺物料管道采用粗实线，以突显其重要性；辅助管道使用中实线，以区分主次；仪表控制线路则细化为虚线或细实线，以确保图面清晰、不杂乱。此外，对于设有保温层或伴热系统的管道，除按标准线型绘制外，还会特别示意画出一小段（约 10mm）保温层外观，以便于识别。

HG/T 20519—2009 详细列出了各类常用管道的标准化线型绘制方法，可作为绘图过程中的重要参考依据，见表 2-7。在布局管线时，应遵循美观与实用的原则，尽量保持管线走向横平竖直，减少斜线的使用。若确需绘制斜线，也应控制其长度，以保持图面的整洁与有序。同时，应尽量避免管线穿越设备或产生不必要的交叉。当此类情况难以避免时，应采取断开画法予以处理，并遵循"细让粗"的原则，以及同类物料管道交叉时的统一方向规则（如"横让竖"或"竖让横"）。

此外，所有管道上的特殊接口，如取样口、放气口、排液管、液封管等，均需完整绘制，尤其是 U 形液封管，应尽可能按照实际长度比例进行表示，以确保工艺流程图的精准性与实用性。

表 2-7　工艺流程图中的管道图例

名称	图例	备注
主物料管道		粗实线
次要物料管道，辅助物料管道		中粗线
引线、设备、管件、阀门、仪表图形符号和仪表管线等		细实线
原有管道（原有设备轮廓线）		管线宽度与其相接的新管线宽度相同
地下管道（埋地或地下管沟）		
蒸汽伴热管道		
电伴热管道		
夹套管		夹套管只表示一段
管道绝热层		绝热层只表示一段
翅片管		
柔性管		
管道相接		

（2）管道标注　在工艺流程图的绘制中，每一段管道都必须配备清晰、准确的标注信息，以确保图纸的阅读者能够迅速掌握管道的详细信息。一般情况下，水平管道标注在管线的上方，垂直管道标注在管线的左方，也可分别标注在管线的上下（左右）方。若标注位置不够时，可在引出线上标注。标注内容一般包括四个部分，即管段号（由 3 个单元组成）、管径、管道等级及绝热或隔声代号，见图 2-13。管段号和管径为一组，用一短横线隔开；管道等级和绝热或隔声代号为另一组，用一短横线隔开。两组间留适当的空隙。

当工艺流程简单、管道品种规格不多时，管道组合号中的管道等级及绝热或隔声代号可省略。管道尺寸可直接填写管子的外径×壁厚，并标注工程规定的管道材料代号。

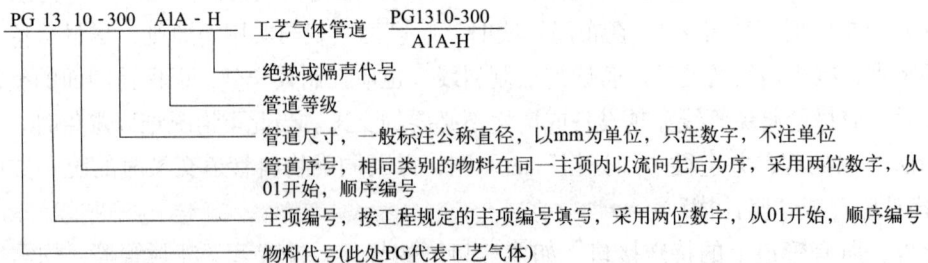

图 2-13　管道标注

① 管道尺寸　标注管道尺寸时，一般标注公称直径，有时也注明管径、壁厚。公称直

径以 mm 为单位，只注数字，不注单位。英制管径以英寸为单位，需标注英寸的符号 in。但在标注公制管径时，必须标注外径 × 壁厚，如 PG0201-50×2.5。

② 物料代号　按物料的名称和状态取其英文名词的字头组成代号。常用的物料代号见表 2-8。

表 2-8　常用的物料代号

物料名称	代号	物料名称	代号
工艺气体	PG	润滑油	LO
气液两相流工艺物料	PGL	原油	RO
气固两相流工艺物料	PGS	密封油	SO
工艺液体	PL	气氨	AG
液固两相流工艺物料	PLS	液氨	AL
工艺固体	PS	气体乙烯或乙烷	ERG
工艺水	PW	液体乙烯或乙烷	ERL
空气	AR	氟利昂气体	FRG
压缩空气	CA	工艺空气	PA
仪表空气	LA	高压蒸汽（饱和或微过热）	HS
燃料气	FG	高压过热蒸汽	HUS
液体燃料	FL	低压蒸汽（饱和或微过热）	LS
固体燃料	FS	低压过热蒸汽	LUS
天然气	NG	中压蒸汽（饱和或微过热）	MS
热水回水	HWR	中压过热蒸汽	MUS
热水上水	HWS	蒸汽冷凝水	SC
原水、新鲜水	RW	伴热蒸汽	TS
软水	SW	锅炉给水	BW
生产废水	WW	化学污水	CSW
污油	DO	循环冷却水回水	CWR
燃料油	FO	循环冷却水上水	CWS
填料油	GO	脱盐水	DNW
饮用水、生活用水	DW	火炬排放气	FV
消防水	FW	氢	H
氟利昂液体	FRL	加热油	HO
气体丙烯或丙烷	PRG	惰性气	IG

物料名称	代号	物料名称	代号
液体丙烯或丙烷	PRL	氮	N
冷冻盐水回水	RWR	氧	O
冷冻盐水上水	RWS	泥浆	SL
排液、导淋	DR	真空排放气	VE
熔盐	FSL	放空	VT

③ 管道序号　相同类型的物料在同一主项内以流向先后为序，顺序编号。采用两位数字，从01开始，至99为止。

④ 管道等级　按温度、压力、介质腐蚀性等情况，可预先设计各种不同管材规格，作出等级规定，见图2-14。其中A～G用于ASME标准压力等级代号，H～Z用于国内标准压力等级代号。

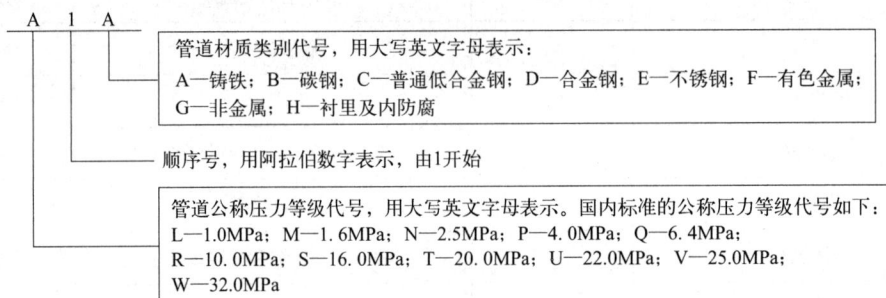

A　1　A

管道材质类别代号，用大写英文字母表示：
A—铸铁；B—碳钢；C—普通低合金钢；D—合金钢；E—不锈钢；F—有色金属；
G—非金属；H—衬里及内防腐

顺序号，用阿拉伯数字表示，由1开始

管道公称压力等级代号，用大写英文字母表示。国内标准的公称压力等级代号如下：
L—1.0MPa；M—1.6MPa；N—2.5MPa；P—4.0MPa；Q—6.4MPa；
R—10.0MPa；S—16.0MPa；T—20.0MPa；U—22.0MPa；V—25.0MPa；
W—32.0MPa

图2-14　管道等级

3. 管件与阀门的图形符号

管道上的阀门、管件可按 HG/T 20519—2009 的规定用细实线绘出。管道之间的一般连接件，如弯头、法兰、三通等，若无特殊需要，均不绘出（为安装和检修等原因所加的法兰、螺纹连接等仍需绘出）。常用管件和阀门的图形符号见表2-9。

表2-9　常用管件与阀门的图形符号

名称	图例	名称	图例
Y型过滤器		漏斗	（敞口）　（封闭）
T型过滤器		喷淋管	
锥形过滤器		视镜、视钟	
阻火器		截止阀	

续表

名称	图例	名称	图例
文氏管		闸阀	
节流阀		角式截止阀	
球阀		三通截止阀	
蝶阀		四通截止阀	
隔膜阀		减压阀	
旋塞阀		疏水阀	
消声器		角式节流阀	
喷射器		角式球阀	
放空管（帽）	（帽）　（管）	三通球阀	

4. 常见的仪表参量代号及仪表图形表示方法

在绘制工艺管道及其仪表流程图时，需以细实线详尽无遗地描绘出与工艺过程紧密相关的检测仪表、调节控制系统、分析取样点及相应的取样阀。对于控制点的表示，应明确采用统一的符号体系。这些符号既包含直观的图形元素，也融合了字母代码，两者相辅相成，可精准传达仪表的具体功能、所监测的变量类型以及所采用的测量方法。控制点的符号应从其实际安装位置延伸而出，以确保图纸清晰可读性及其准确性。

（1）检测仪表系统

① 图形符号　测量点（包括检出元件、取样点）是由工艺设备轮廓线或工艺管线引到仪表圆圈的连接引线的起点，一般无特定的图形符号，如图 2-15 所示。

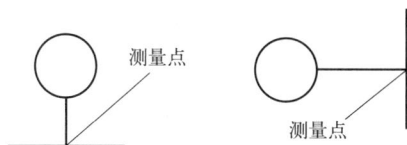

图 2-15　测量点的表示方法

② 连接线　仪表圆圈与过程测量点的连接引线，通用的仪表信号线均以细实线表示。当通用的仪表信号线为细实线可能造成混淆时，可在细实线上加斜短划线（斜短划线与细实线成 45°）。仪表连接线图形符号见表 2-10 所示。

表 2-10　仪表连接线图形符号表

序号	类别	图形符号
1	仪表与工艺设备、管道上测量点的连接线或机械连动线	—————————— （细实线，下同）
2	通用的仪表信号线	———————————
3	连接线交叉	——————|——————
4	连接线相接	———●—●|————
5	表示信号的方向	—————————▶

③ 仪表的图形符号　仪表的图形符号用于表示检测、显示、控制等功能，通常采用直径为 12mm（或 10mm）的细实线圆圈来表示。当仪表位号包含较多字母或阿拉伯数字，导致圆圈内部无法完整容纳时，允许将位号断开以适应圆圈空间，如图 2-16（a）所示。对于能够处理两个或多个变量，或处理单一变量但具备多重功能的复式仪表，可用多个相切的细实线圆圈组合来表示，如图 2-16（b）所示。这种方式清晰地展示了仪表的复杂性和多功能性。在特殊情况下，若一台复式仪表同时接收来自两个测量点的数据，且这两个测量点在图纸上相距较远或分布在不同的图纸上，为了保持图面清晰与连接关系的明确，可以采用两个相切的圆圈来表示，如图 2-16（c）所示。其中一个为实线圆圈，代表仪表本身；另一个为虚线圆圈，用于远程指示或连接第二个测量点。这样的表示方法既保留了仪表的完整性，又清晰地呈现了远距离测量的连接关系。

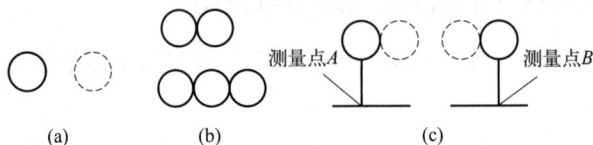

图 2-16　仪表的图形符号

不同安装位置下仪表的图形符号如表 2-11 所示。

表 2-11　不同安装位置下仪表的图形符号

序号	安装位置	图形符号	序号	安装位置	图形符号
1	就地安装仪表	○	4	嵌在管道中的就地安装仪表	○
2	集中仪表盘面安装仪表	⊖	5	集中仪表盘后面安装仪表	⊖（虚线）
3	就地仪表盘面安装仪表	⊜	6	就地仪表表盘后面安装仪表	⊖（虚线）

执行机构的图形符号如表 2-12 所示。

表 2-12　执行机构的图形符号

符号					
意义	带弹簧的薄膜执行机构	不带弹簧的薄膜执行机构	电动执行机构	数字执行机构	电磁执行机构
符号					
意义	带手轮的气动薄膜执行机构	带气动阀门定位器的气动薄膜执行机构	带电气阀门定位器的气动薄膜执行机构	活塞执行机构单作用	活塞执行机构双作用

（2）被测变量和仪表功能的字母代号　在控制流程中，用来表示仪表的圆圈上半圆内，一般写有两位（或两位以上）字母，第一位字母表示被测变量，后继字母表示仪表的功能。常用被测变量和仪表功能的字母代号见表 2-13。

表 2-13　被测变量和仪表功能的字母代号

字母	首位字母		后继字母	
	被测变量或引发变量	修饰词	功能	修饰词
A	分析		报警	
C	电导率		控制	
D	密度	差		
E	电压（电动势）		检测元件	
F	流量	比率（比值）		
G	毒性气体或可燃气体		视镜、观察	
H	手动		高	高
I	电流		指示	
J	功率	扫描		
L	物位		灯	低
M	水分或湿度	瞬动		中、中间
P	压力或真空		连接或测试点	
Q	数量或件数			
R	核辐射		记录	
S	速度或频率	安全	开关、联锁	
T	温度		传送（变送）	

（3）连接和信号线　仪表的连接和信号线见图 2-17。

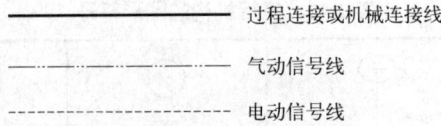

图 2-17　连接和信号线示例

（4）仪表位号　在监测与控制系统架构中，为确保每个仪表（或元件）在回路中的唯一性与可追溯性，赋予了它们特定的位号。这一位号由两个主要部分组成：字母代号与阿拉伯数字编号。其格式如图 2-18 所示。字母代号的功能及含义已在前文详尽说明，它负责标识仪表的种类或特性。而阿拉伯数字编号则位于圆圈的下半区域，遵循特定的编码规则。其首位数字代表工段号，用于区分不同的生产或处理区域；后继数字（即第二位或根据需要扩展至第三位）则作为仪表序号，用于在同一工段内唯一标识每一个仪表。这样的设计既便于系统化管理，也确保了操作与维护过程高效和准确。

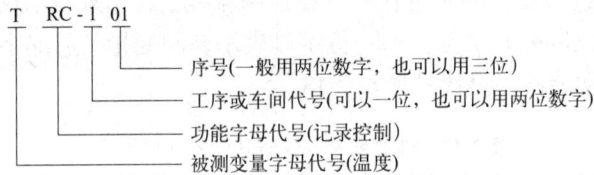

图 2-18　仪表位号的组成

根据图形符号、文字代号以及仪表位号表示方法，可以绘制仪表系统图，如图 2-19 所示。

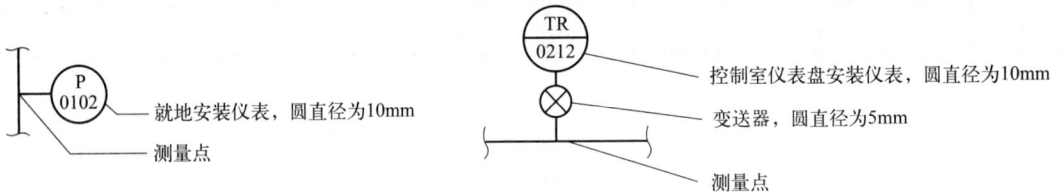

图 2-19　仪表的图形符号表示方法示例

（5）调节控制系统　调节控制系统，依据其具体的构建布局，需要详尽地描绘出构成系统的所有关键组件，包括但不限于管道、阀门、管件以及管道附件等。在绘制这些组件的同时，还需逐一标注出它们各自所承担的调节控制任务、实现的功能、在系统中的具体位置，以及调节装置本身的特性，比如是气动驱动还是电动驱动，是气开式还是气闭式操作模式等。流量调节控制系统示例如图 2-20 所示。这一系统图不仅直观地展示了流量控制过程中所涉及的所有硬件元素，还通过标注清晰地传达了每个元素的作用、位置及其特定的调节机制，有助于掌握整个控制系统的运行逻辑与性能表现。

（6）分析取样点　分析取样点在选定的位置标注和编号，如图 2-21 所示。图中 A 表示人工取样点，1301 为取样点编号（其中 13 为主项代号，01 为取样点序号）。

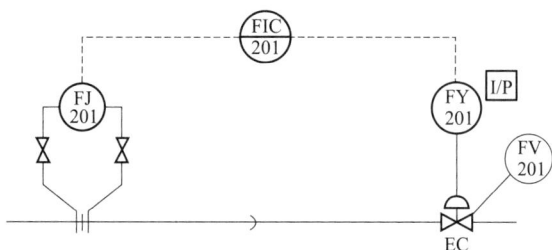

图 2-20 流量调节控制系统示例

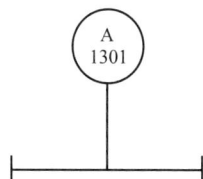

图 2-21 分析取样点示例

第二节

主体设备图

在化工工艺中，主体设备指的是在特定单元操作过程中占据核心位置，对过程效率与效果具有决定性影响的关键装置。例如，在传热过程中发挥核心作用的换热器，蒸馏和吸收单元内不可或缺的塔设备，以及在干燥流程中至关重要的干燥器等。值得注意的是，单元设备的主体地位具有相对性，即同一设备在不同单元操作中的地位可能会发生变化。例如，换热器在传热单元内无疑是主体设备，其性能直接关联到热量传递的效率，然而，在精馏过程中，换热器则转变为辅助设备，服务于精馏塔内的气液分离与传质过程，其重要性虽然不减，但已非核心。这种角色转换体现了化工单元操作中设备功能的多样性与灵活性，要求工程师在设计、选型及操作控制时，充分考虑设备在不同工艺背景下的具体作用与定位，以确保整体工艺流程高效与稳定。

一、主体设备工艺条件图

1.图样内容

主体设备工艺条件图可将设备的结构设计和工艺尺寸的计算结果表示出来。图面上应包括下列内容。

（1）设备图形　主要尺寸（外形尺寸、结构尺寸、连接尺寸）、接管、人孔等。

（2）技术特性　装置的用途、生产能力、最大允许压力、最高介质温度、介质的毒性和爆炸危险性。

（3）接管口表　注明各管口的符号、用途、公称尺寸和连接面形式等。

（4）设备组成一览表　注明组成设备的各部件名称等。

2.图样示例

图 2-22 ～图 2-24 分别是焦化厂化产车间脱酸蒸氨塔工艺条件图、二氧化碳填料吸收塔工艺条件图和浮阀精馏塔工艺条件图。

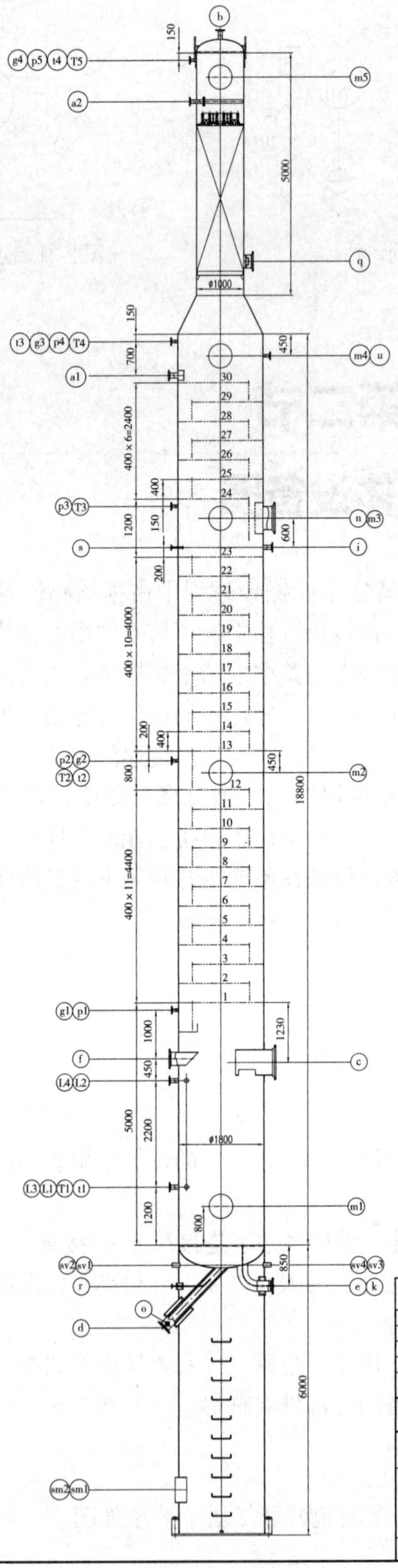

管　口　表

符号	公称尺寸 DN	公称压力 PN	连接标准	法兰形式	连接面形式	用途或名称	外接管法兰面至设备中心距离	备注
a1	100					氨水入口		
a2	65					冷氨水入口		
n	450					氨气侧采口		
e	500					丙沸器气相入口		
d	150/200					排焦油渣口		
e	150					蒸氨废水出口		
n1~5	500					人孔		
b	80					气汽出口		
i	80					氨水回流口		
f	250					直接蒸汽入口		
k	200					循环氨水入口		
p1~5	50					自控压力出口		
g1~4	25					就地压力计口		
T1~5	50					自控温度计口		
t1~4	25					就地温度计口		
L1~2	80					自控液位计口		
L3~4	25					就地液位计口		
sm1~2	500					裙座检查孔		
sv1~4	80					裙座排气孔		
q	250					卸料孔		
r	15					套管蒸汽入口		
o	15					蒸汽冷凝液出口		
u	200					备用口		
s	25					加碱口		

件号	图号或标准号	名　称	数量	材料	单重	总重(kg)	备注
△							
△							
△							
△							
版次		说　明			设计 校核 审核 审定 日期		

图纸名称	脱酸蒸氨塔 DN1000/1800 条件图	厂家名称	
		项目名称	
		图　号	
天津	专业	比例	第1张共1张	版次	0

图 2-22　焦化厂化产车间脱酸蒸氨塔工艺条件图（企业图纸）

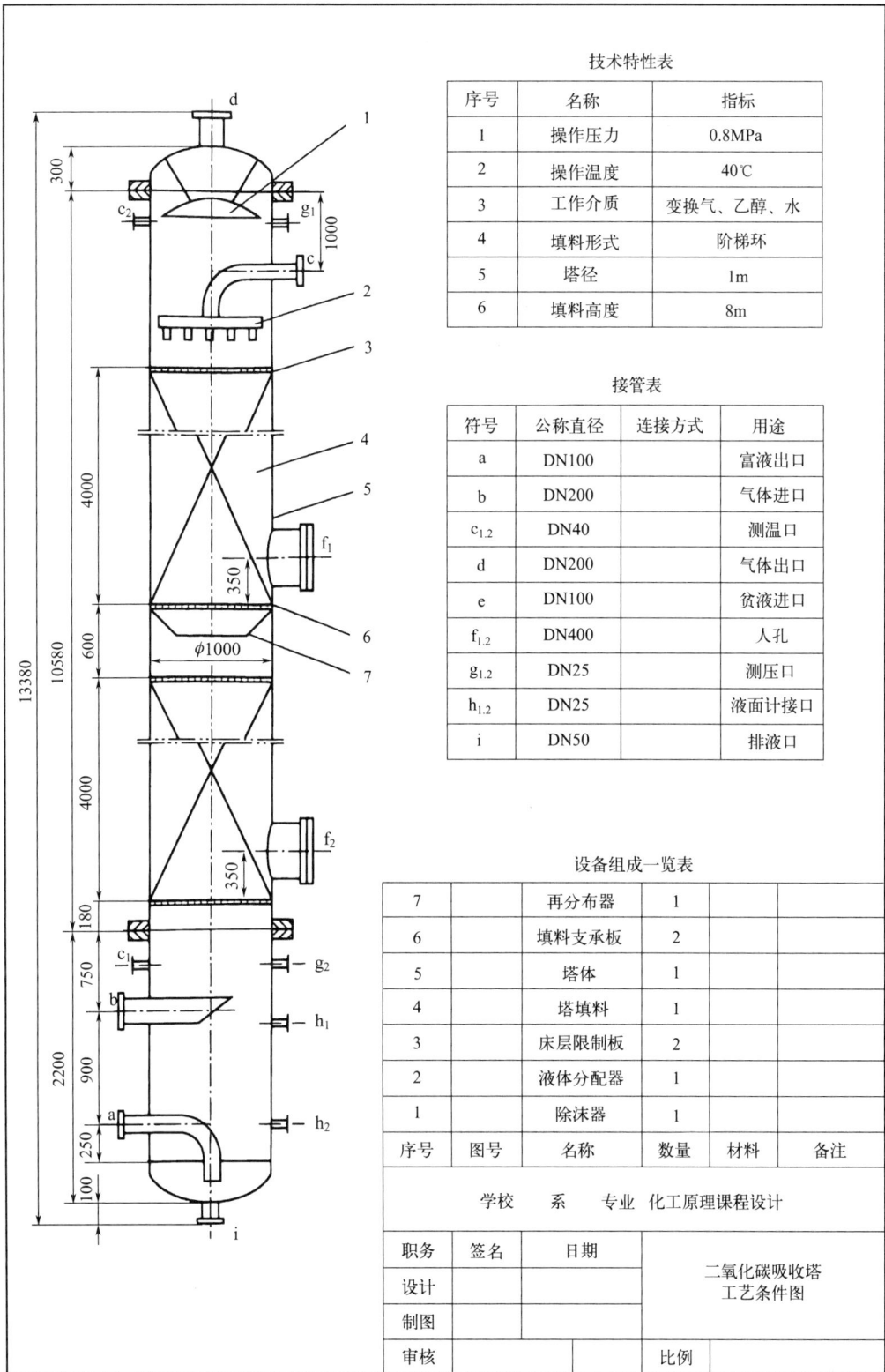

技术特性表

序号	名称	指标
1	操作压力	0.8MPa
2	操作温度	40℃
3	工作介质	变换气、乙醇、水
4	填料形式	阶梯环
5	塔径	1m
6	填料高度	8m

接管表

符号	公称直径	连接方式	用途
a	DN100		富液出口
b	DN200		气体进口
$c_{1,2}$	DN40		测温口
d	DN200		气体出口
e	DN100		贫液进口
$f_{1,2}$	DN400		人孔
$g_{1,2}$	DN25		测压口
$h_{1,2}$	DN25		液面计接口
i	DN50		排液口

设备组成一览表

7		再分布器	1		
6		填料支承板	2		
5		塔体	1		
4		塔填料	1		
3		床层限制板	2		
2		液体分配器	1		
1		除沫器	1		
序号	图号	名称	数量	材料	备注
学校　系　专业 化工原理课程设计					
职务	签名	日期	二氧化碳吸收塔工艺条件图		
设计					
制图					
审核		比例			

图 2-23 二氧化碳填料吸收塔工艺条件图

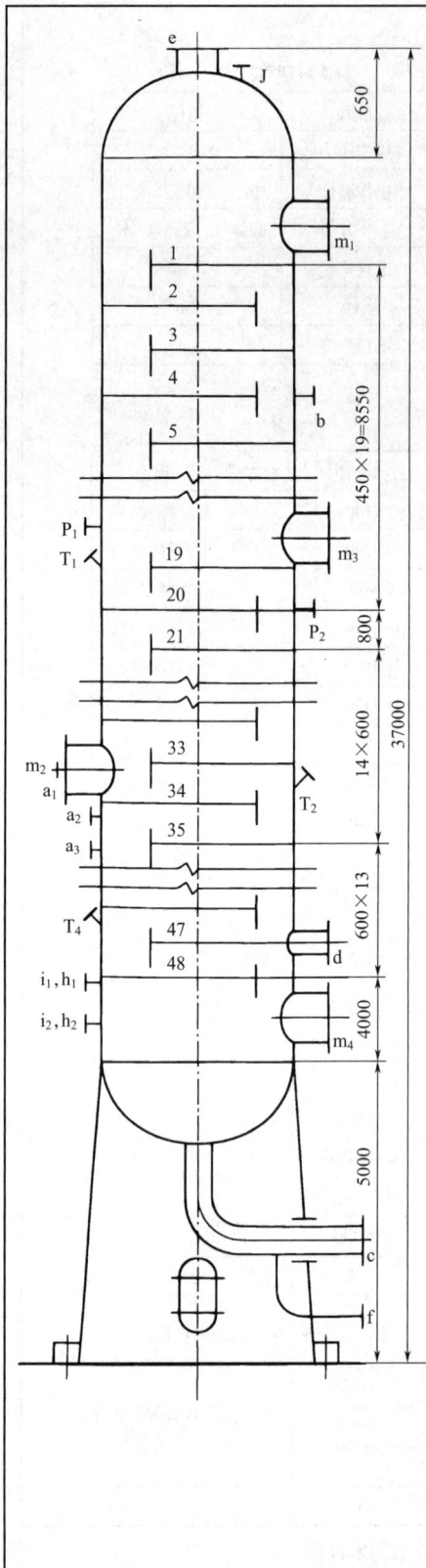

1.本设备按(压力容器)(GB/T 150)进行制造、试验和验收,并符合《压力容器安全技术监察规程》的规定。

2.塔体弯曲度应小于1/1000塔高,塔高总弯曲度小于30mm,塔体安装垂直偏差不得超过塔高的1/1000,且不大于15mm。

3.裙座螺栓中心圆直径偏差±3mm,任意两孔间距离偏差±3mm。

4.管口方位见本图。

技术特性表

名称	指标
操作温度/℃	160
操作压力/MPa	0
工作介质	苯,甲苯
塔板块数	48
浮阀形式	浮阀F1Z-3B
许用应力/MPa	148

接管方位图

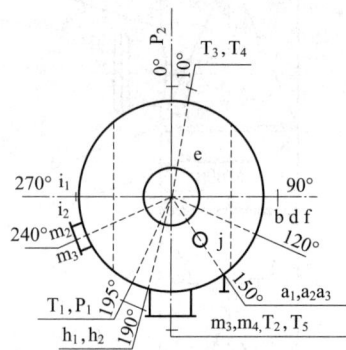

注:其余的辅助接管由机械设计酌定

接管符号	说明	公称直径/mm	公称压力/MPa
T_1-T_5	测温接管	25	0.6
P_1,P_2	测压接管	25	0.6
m_1-m_4	人孔	600	
j	排空管	50	0.6
i_1,i_2	自控液位接管	25	0.6
h_1,h_2	液位指示接管	20	0.6
f	排液管	80	0.6
e	塔顶蒸汽出口管	300	0.6
d	塔底蒸汽返回	300	0.6
o	釜液循环管	80	0.6
b	回流接管	80	0.6
a_1-a_3	接管进料管	125	0.6
接管符号	说明	公称直径/mm	公称压力/MPa
浮阀精馏塔工艺条件图			
设计者	指导者	(日期)	班号	备注

图 2-24 浮阀精馏塔工艺条件图

二、主体设备装配图

1. 图样内容

主体设备装配图的图样内容包括：

（1）视图 根据设备的复杂程度，采用一组视图，从不同的方向表示清楚设备的主要结构形状和零部件之间的装配关系。视图采用正投影方法，按国家标准《机械制图》的要求绘制。视图是图样的主要内容。

（2）尺寸 图中应注明必要的尺寸，作为设备制造、装配、安装检验的依据。这些尺寸主要有表示设备总体大小的总体尺寸、表示规格大小的特性尺寸、表示零部件之间装配关系的装配尺寸、表示设备与外界安装关系的安装尺寸。注写这些尺寸时，除数据本身要绝对正确外，标注的位置、方向等都应严格按规定来执行。如尺寸线应尽量安排在视图的右侧和下方，数字在尺寸线的左侧或上方。不允许标注封闭尺寸，参考尺寸和外形尺寸例外。尺寸标注的基准面一般从设计要求的结构基准面开始，并应考虑所注尺寸是否便于检查。

（3）零部件编号和明细栏 将视图上组成该设备的所有零部件依次用数字编号，并按编号顺序在明细栏（位于主标题栏上方）中由下向上逐一填写每个零部件的名称、规格、材料、数量、质量和有关图号或标准号等内容。

（4）管口符号和管口表 设备上的所有管口均需用英文小写字母依次在主视图和管口方位图上对应注明符号，并在管口表中由上向下逐一填写每个管口的尺寸、连接尺寸和标准、连接面形式、用途和名称等内容。

（5）技术特性表 用表格形式表达设备的主要制造检验数据。

（6）技术要求 用文字形式说明图样中不能表示出来的要求。

（7）标题栏 位于图样右下角，用来填写设备名称、主要规格、制图比例、设计单位、设计阶段、图样编号以及设计、制图、校审等有关责任人签字等内容。

化工设备图必须按比例绘制。画图时尽可能采用 1:1 的比例。当机件过大时，可缩小比例，如 1:1.5、1:2.5、1:3、1:4、1:6 等。当机件过小时，可放大比例，如 2.5:1、4:1、10:1 等。

如果一张图纸上有些图形与基本视图的绘图比例不同，则必须在这些图形名称的下方注明它们采用的比例，中间用水平细实线隔开，如 $\dfrac{1}{5:1}$、$\dfrac{A-A}{2:1}$。若图形不按比例画时，则在标注比例的位置上注明"不按比例"的字样。

2. 装配图的绘制方法和步骤

在化工设备的设计与制造过程中，装配图的绘制是至关重要的一环。它不仅详细展示了各零部件之间的装配关系与空间位置，还是后续加工、安装、调试及维修的重要依据。下面将系统地介绍装配图的绘制方法与步骤，以确保绘图过程的规范性和准确性。

（1）前期准备

选定视图方案：根据设备的复杂程度、结构特点及功能需求，合理选择主视图、俯视图、左视图等视图组合，以清晰表达装配体的整体结构和各部件间的相对位置。

确定绘图比例与图面安排：根据装配体的大小和细节复杂程度，选定合适的绘图比例，并规划好图面的布局（包括标题栏、明细栏、视图位置等），以确保图面整洁、信息齐全。

（2）绘制视图底稿

绘制各视图轮廓：使用铅笔或细实线，按照选定的视图方案，依次绘制出装配体的各视图轮廓。注意各视图之间的投影关系要准确无误。

绘制细节与装配关系：在轮廓基础上，逐步添加各零部件的细节特征（如螺栓、螺母、垫片等连接件）以及必要的剖面线，以明确表达各部件的装配关系、连接方式及相对位置。

（3）标注与说明

标注尺寸：按照国家标准或行业规范，对装配体中的关键尺寸进行标注（包括定位尺寸、装配尺寸、外形尺寸等），以确保加工和装配的精度要求。

标注焊缝代号：对于焊接结构，需按照焊接符号的规定，在图中标注焊缝的位置、形状、尺寸及焊接方法等信息。

编排零部件件号和管口符号：为装配图中的每一个零部件和管口分配唯一的编号，并在图中相应位置标注，以便于识别和管理。

填写明细栏、管口表及制造检验数据表：在图纸的适当位置，详细列出所有零部件的名称、规格、数量、材料等信息，以及管口的规格、用途等信息，同时填写制造检验所需的主要数据表。

（4）技术要求与审定

编写图面技术要求：根据设备的使用环境、工作条件及性能要求，编写必要的技术要求，如公差配合、表面粗糙度、热处理要求等。

填写标题栏：在图纸的标题栏中，填写设备的名称、图号、设计人、审核人、日期等基本信息。

全面校核与审定：完成上述步骤后，需对图纸进行全面校核，检查视图表达是否清晰、尺寸标注是否准确、技术要求是否完善等，必要时进行修改。最后，由具有相应资质的人员审定，确认无误后方可定稿。

（5）后续工作

画剖面线后重描：在审定通过后，使用绘图笔或绘图软件对图纸进行重描，加粗主要轮廓线，画出剖面线等，以增强图纸的清晰度和可读性。

编制零部件图：根据装配图，进一步细化并绘制出各零部件的详细图纸，以供加工制造使用。

上述内容通常作为过程设备与装置专业的专业课程内容，而在设计部门，则主要由机械设计组负责完成。由于化工原理课程设计的时间有限，通常要求学生提供初步设计阶段的带控制点的工艺流程图和主体设备工艺条件图，以检验其理解和掌握程度。

图 2-25 ～图 2-27 分别是填料吸收塔、管壳式固定管板换热器和焦化厂化车间脱苯工段脱苯塔装配图。

三、图面安排

化工设备图的图面安排一般如图 2-28 所示。绘图区布置在图纸幅面的中间偏左，右下方从标题栏开始，逐个向上安排零件明细栏、管口表和技术特性表，力求在图纸幅面上将设备图的全部内容布置得均匀、美观。幅面尺寸及图的比例要与视图的数量、明细栏的大小相适应，并且各部分之间应留有适当余地。除此以外，还需注意在图纸幅面的右上角留有空隙，以便在设计修改时加绘修改表。在图纸幅面的左下角也需留有空隙，以供设备需接管口方位图进行制造时加绘选用表。

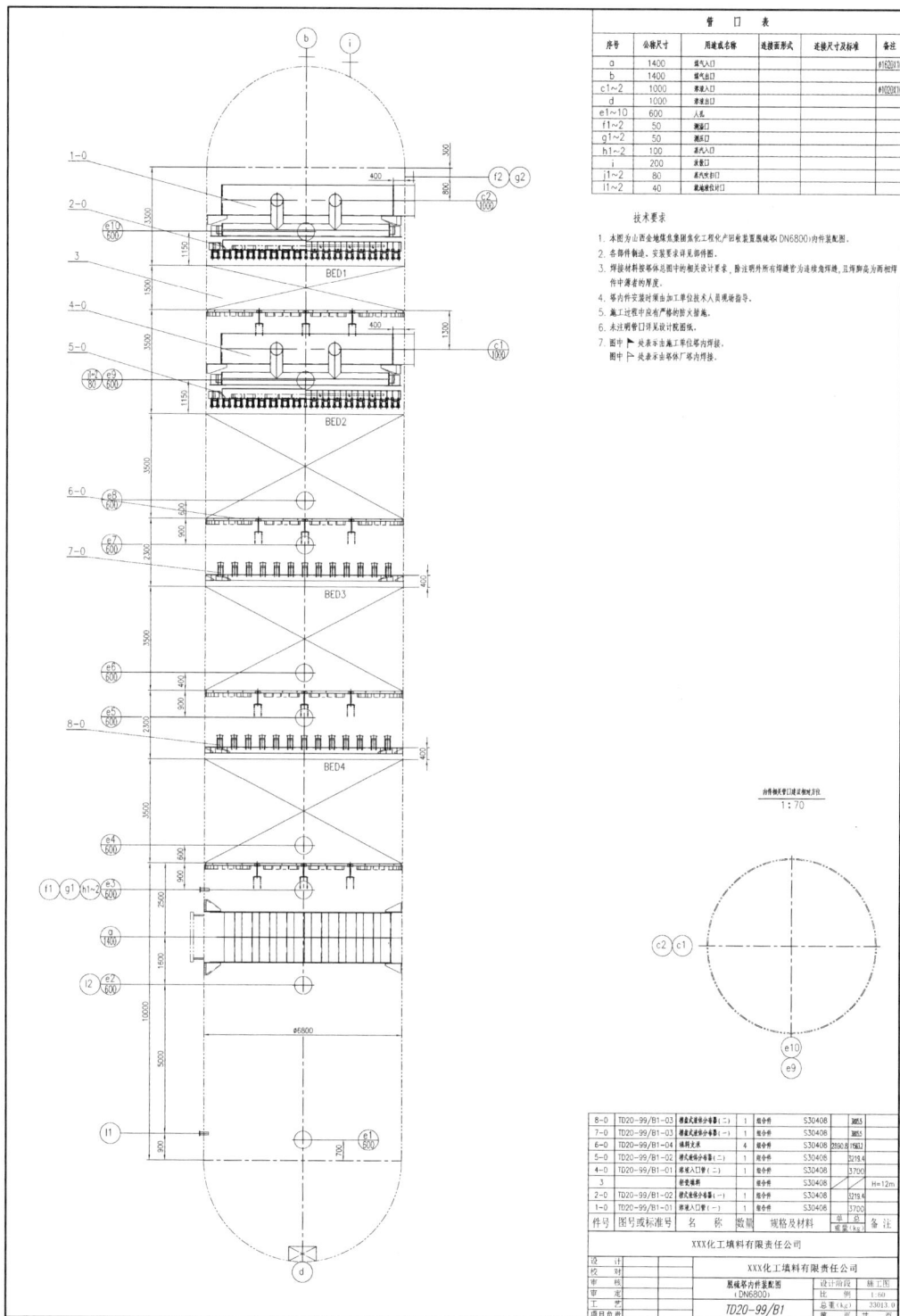

图 2-25 填料吸收塔装配图（企业图纸）

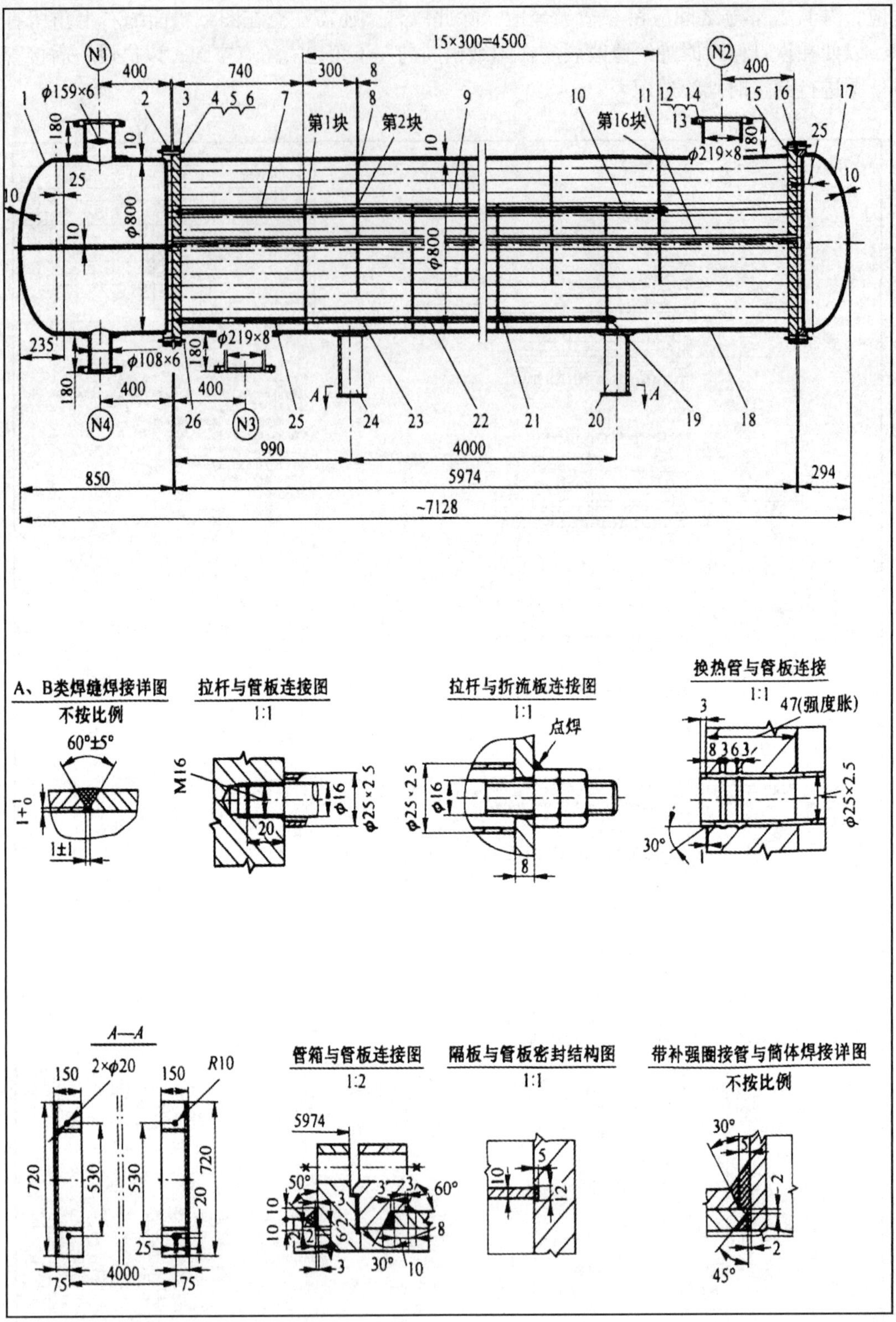
15×300=4500
N1
N2
N3
N4
400
740
300
8
φ159×6
180
10
25
φ800
第1块
第2块
第16块
φ219×8
φ108×6
235
990
4000
850
5974
294
~7128
A
1 2 3 4 5 6 7 8 9 10 11 12 13 14 15 16 17 18 19 20 21 22 23 24 25 26
A、B类焊缝焊接详图
不按比例
60°±5°
1±1
拉杆与管板连接图
1:1
M16
φ16
φ25×2.5
20
拉杆与折流板连接图
1:1
点焊
换热管与管板连接
1:1
47(强度胀)
30°
A—A
2×φ20
150
R10
720
530
75
管箱与管板连接图
1:2
5974
50°
60°
30°
隔板与管板密封结构图
1:1
带补强圈接管与筒体焊接详图
不按比例
45°

图 2-26　管壳式固定

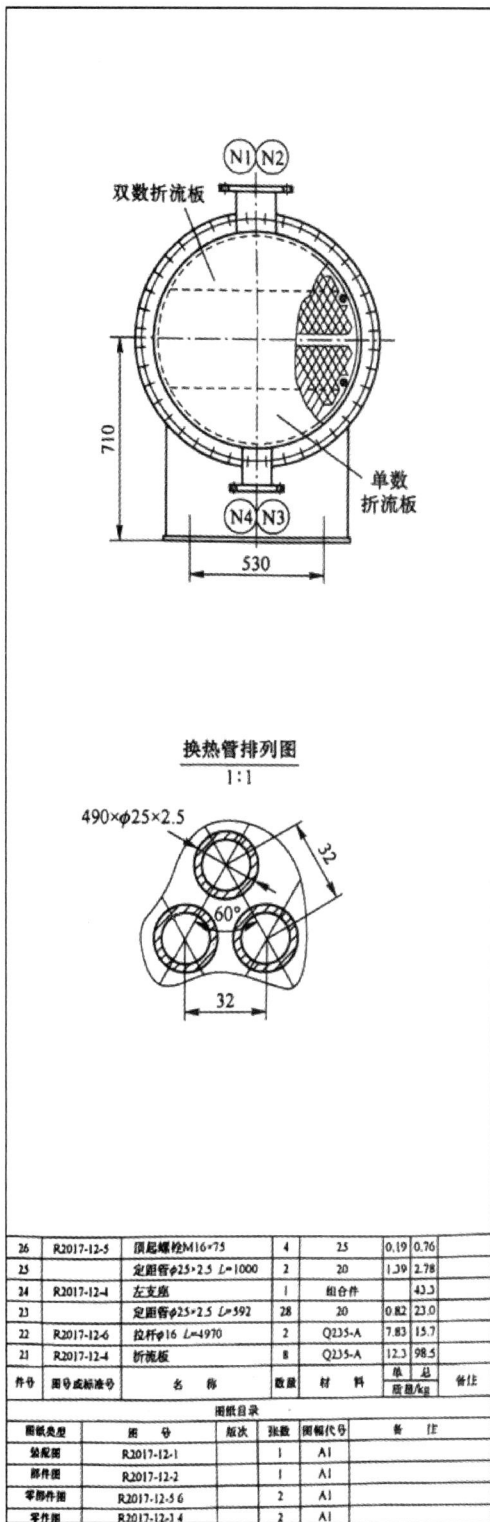

双数折流板

单数折流板

710

530

N1 N2

N4 N3

换热管排列图
1:1

490×φ25×2.5

32

60°

32

设计数据表

属性	壳程	管程
1 接受《固定式压力容器安全技术监察规程》(TSG 21—2016)的监察。		
2 按《压力容器》(GB/T 150 1—4—2011)进行制造、检验和验收。		
3 按《热交换器》(GB/T 151—2014)进行制造、检验和验收。		

	壳程	管程		压力容器类别	I类	压力容器组别	D1级
介质	水	丁二烯	焊条型号			按NB/T 47015规定	
介质特性	无毒	易挥发	焊条规格			按NB/T 47015规定	
工作温度(进/出)/℃	25/30	34/29	焊缝结构				
工作压力/MPa	0.8	0.8	除注明外角焊缝腰高			按较薄厚度	
设计温度/℃	50	50	管板法兰与接管焊接标准				
设计压力/MPa	1.0	1.0	壳板与筒体连接成采用				
金属温度/℃			管子与管板连接			强度胀+帖胀	
腐蚀裕量/mm	3	3	无损检测	壳体 RT-20%		AB	III
焊接接头系数	0.85	0.85		管程 RT-20%		AB	III
程数	1	2		壳体 MT			
热处理	否	是		管程 MT			
水压试验压力/试验位置/MPa	1.25	1.25					
气密性试验压力/MPa		0.8	管板密封面与壳体				
主要材料	Q345R	Q345R	轴线垂直度公差/mm			1	
换热面积(外径)/m²		227	设计寿命/年			8	
保温层厚度/防火层厚度/mm	100/岩棉		其他(按需要填写)				
铭牌位置按制造厂规定							
涂面防腐要求	按JB/T 4711		管口方位			按本图	

技术要求

1. 本设备受压元件所用的Q345R钢板应符合GB 713—2023《锅炉和压力容器用钢板》的要求。
2. 本设备换热管应符合GB 8163—2008《输送流体用无缝钢管》的要求。
3. 本设备所用钢件按NB/T 47008—2017《承压设备用碳素钢和合金钢锻件》制造与验收。
4. 管板制造完毕后进行消除应力热处理,锻接项目不允许再焊补。
5. 设备外表面喷砂处理,不低于Sa21/2。

管口表

管口代号	公称尺寸	公称压力	连接标准	法兰型式	连接型式	用途或名称	设备法兰中心
N1	DN150	PN16	HG/T 20592	PL	RF	丁二烯入口	590
N2	DN200	PN16	HG/T 20592	PL	RF	循环水出口	590
N3	DN200	PN16	HG/T 20592	PL	RF	循环水入口	590
N4	DN200	PN16	HG/T 20592	PL	RF	丁二烯出口	590

件号	图号或标准号	名称	数量	材料	单质量/kg	总质量/kg	备注
20	R2017-12-4	右支座	1	组合件		43.3	
19	GB/T 6170—2015	螺母M16	16	8级	0.03	0.48	
18		筒体DN800×10L=5890	1	Q345R		1177	
17	R2017-12-2	右管箱	1	组合件		133.5	
16	R2017-12-3	垫片φ844/φ804 δ=3	1	耐油橡胶石棉板			
15	R2017-12-3	右管板	1	16Mn II		158	
14	JB/T 4736—2002	补强圈dN 200×10—D	2	Q345R	6.8	13.6	
13	R2017-12-6	法兰DN200	2	20	10.1	20.2	
12		接管φ219×8 L=200	2		8.16	16.32	
11		换热管φ25×2.5 L=6000	490	20	8.32	4078	
10	R2017-12-5	拉杆φ16 L=5270	6	Q235-A	8.30	49.8	
9		定距管φ25×2.5 L=292	60	20	0.41	24.3	
8	R2017-12-4	折流板	8	Q235-A	12.3	98.5	
7		定距管φ25×2.5 L=700	6	20	0.97	5.83	
6	GB/T 95—2002	垫圈20	160	Q235-A	0.01	0.16	
5	GB/T 6170—2015	螺母M20	160	25	0.05	8.00	
4	NB/T 47027—2012	螺母M20×160	80	35	0.33	26.4	
3	R2017-12-3	左管板	1	16Mn II		158	
2	R2017-12-5	垫片	1	耐油橡胶石棉板			
1	R2017-12-2	左管箱	1	组合件		317	
件号	图号或标准号	名称	数量	材料	单质量/kg	总质量/kg	备注

设备静喷量/kg		6515	
其中	不锈钢		
	钛材		
	宽环		
空质量			
操作质量			
盛水质量			
最大可拆件质量			

26	R2017-12-5	顶起螺栓M16×75	4	25	0.19	0.76	
25		定距管φ25×2.5 L=1000	2	20	1.39	2.78	
24	R2017-12-4	左支座	1	组合件		43.3	
23		定距管φ25×2.5 L=592	28	20	0.82	23.0	
22	R2017-12-6	拉杆φ16 L=4970	2	Q235-A	7.83	15.7	
21	R2017-12-4	折流板	2	Q235-A	12.3	98.5	
件号	图号或标准号	名称	数量	材料	单质量/kg	总质量/kg	备注

图纸目录

图纸类型	图号	版次	张数	图幅代号	备注
装配图	R2017-12-1	1		A1	
部件图	R2017-12-2	1		A1	
零部件图	R2017-12-5 6		2	A1	
零件图	R2017-12-3 4		2	A1	

0		施工图						
版次		说明		设计	校核	审核	批准	日期

本图纸为××××××财产,未经允许不得转绘给第三方或复制。

××××××

项目					证书编号	TS121×××× —20××	
装置/工区	H-431			图名	丁二烯成品冷凝器 F=227m² 钢阀图		
2017北京	专业	设备	比例 1:10	第1张共6张	图号	R2017-12-1	

管板换热器装配图

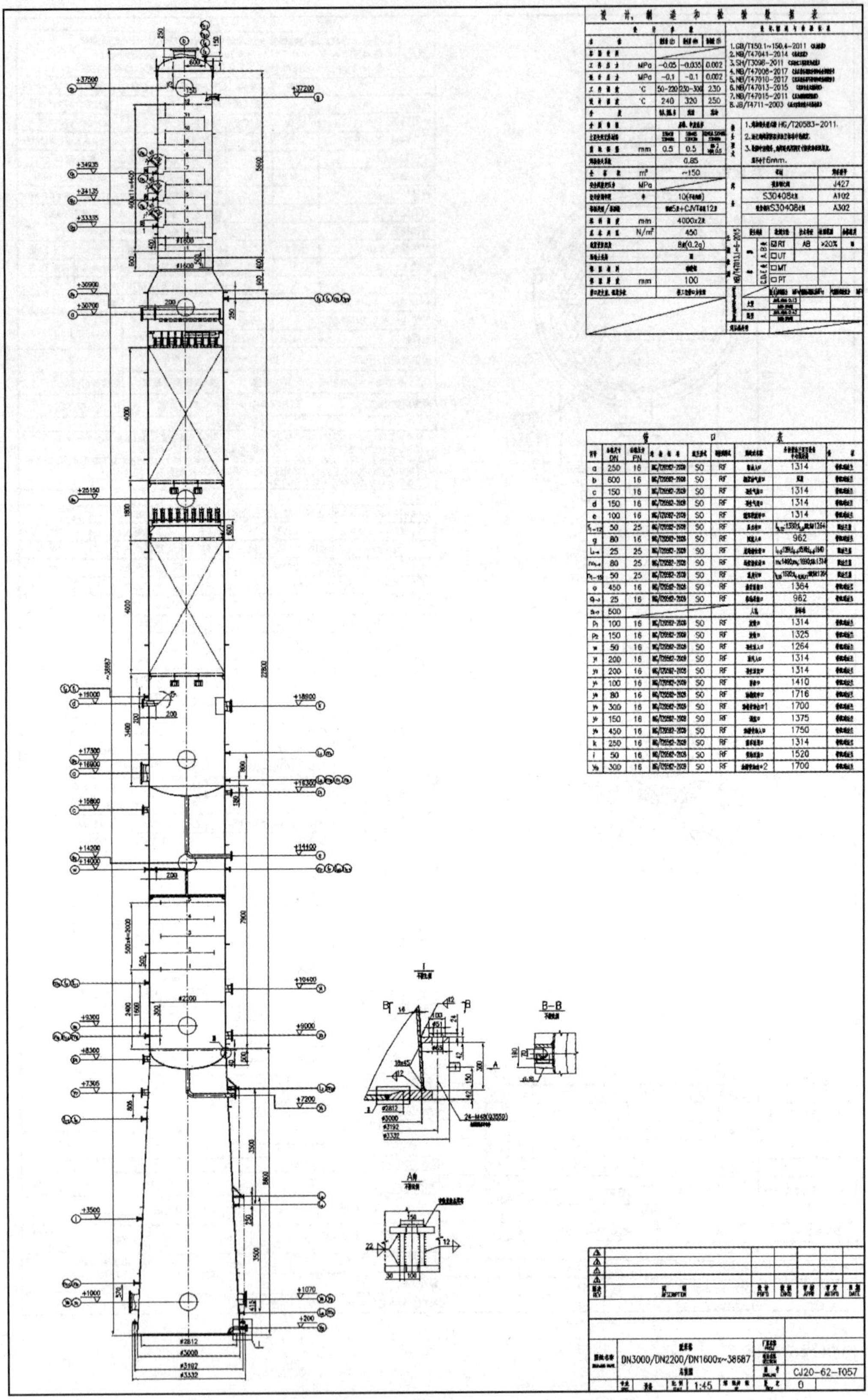

图 2-27　焦化厂化产车间脱苯工段脱苯塔装配图

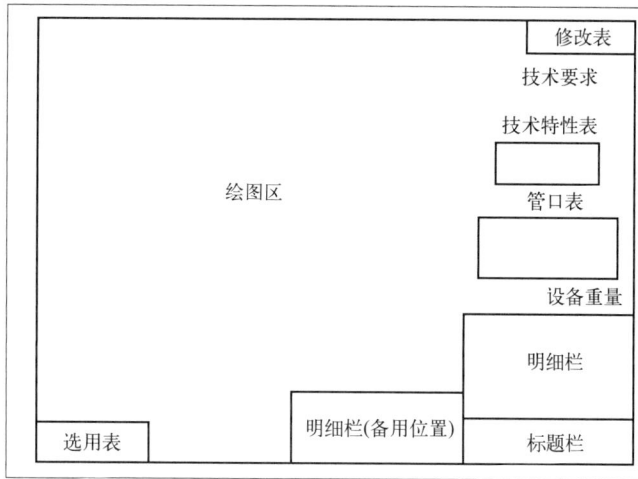

图 2-28　化工设备图的图面安排

第三章

列管式换热器的设计

热量的传递是一种自然界中普遍存在的物理现象，在各类型生产以及人们的日常生活中随处可见，例如化学反应的发生，精馏、干燥、蒸发等单元操作的进行，冬季供暖等。完成热量传递的设备，统称为换热器（又称热交换器）。它是许多工业生产过程中通用的工艺设备，在石油和化工生产中的应用尤为广泛。例如，在常减压蒸馏装置中换热器的投资占总投资的比例约20%，在煤化工生产中约40%的设备是换热设备。因此，根据工艺生产流程和生产规模的特点与具体要求，设计出效率高、能耗小、投资低且维修方便的合适换热器是工艺设计人员重要的工作。

换热器的种类繁多，且随着科学技术的发展，各种换热器层出不穷，以满足不同的生产情形。在各种换热器中，列管式换热器是生产过程中应用最为广泛的一种换热设备。其结构简单、牢固耐用、操作弹性好、适应性强，特别是在高温高压和大型换热器中占绝对优势。列管式换热器现在已经标准化和系列化。

因此，本章就成熟的列管式换热器的设计进行介绍。其他类型换热器的设计在传热基本原理上和列管式换热器相同，仅在结构设计上需要根据各自特点进行相应的计算而已。

微课扫一扫

间壁式换热设备

第一节

列管式换热器的类型

动画扫一扫

列管式换热器的结构

列管式换热器的结构如图3-1所示，包括管壳、管板、换热管束、封头、折流挡板。冷流体、热流体在换热器内进行热量交换。换热管内流体的行程称为管程，流体每流经一次管束则为一个管程，若将管子分为若干组，流体依次通过每组管子并往返多次则为多管程，通常以2、4、6程最为常见；相应地，管外流体的行程则为壳程，流体每通过一次壳体则为一个壳程，且

壳程内常安装折流挡板，以提高流体流速，从而提高对流传热系数。

在列管式换热器的工作过程中，由于管内外流体的温度不同，壳体和管束的温度不同，热膨胀程度也不同，因此会产生温差应力。而列管式换热器的换热管束连接在管板上，管板焊接在管壳两端，管子和管板与管壳的各处连接都是刚性的，若壳体和管束的温差达到50℃以上，产生的温差应力可使管子弯曲或从管板上松脱，甚至导致设备变形，损坏整个换热器。因此，必须在结构上考虑进行温差补偿（热补偿），以消除或减小温差应力。根据温差补偿方式，列管式换热器主要有下列几种类型。

图 3-1　列管式换热器

1—管壳；2—管板；3—换热管束；
4—封头；5—折流挡板

一、固定管板式换热器

固定管板式换热器的结构特点是管板焊在管壳的两端，管束两端采用胀接法或焊接法固定在两管板上。当壳体和管束的温差较大时，为了消除或减小温差应力，可在壳体上设置补偿圈（膨胀节），依靠补偿圈的弹性变形来适应壳体和管束间的不同热膨胀。图 3-2 是具有补偿圈结构的固定管板式换热器。

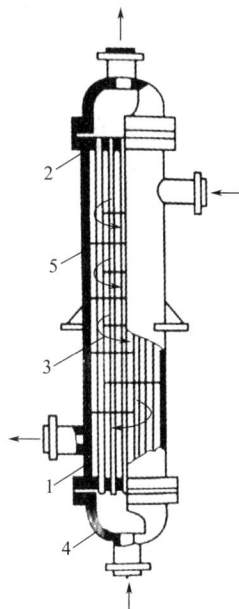

固定管板式换热器结构简单、紧凑，但壳程清洗困难，要求壳程流体清洁且不易结垢，适用于温差不大（< 60 ~ 70℃），壳程压力小于 0.6MPa（超过 0.6MPa 时，补偿圈的厚度过大，因而难以伸缩，失去了温差补偿作用）的情况。

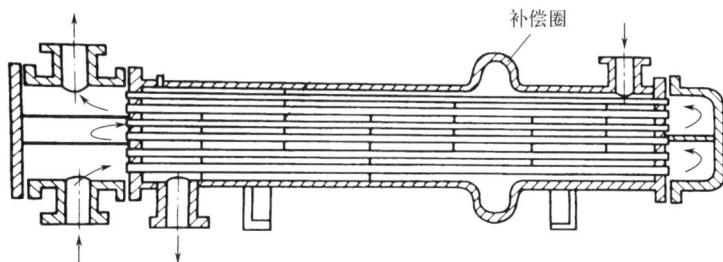

图 3-2　具有补偿圈结构的固定管板式换热器

固定管板式
换热器的
结构

二、浮头式换热器

如图 3-3 所示，浮头式换热器的结构特点是一端管板用法兰与壳体相连，另一端管板不与壳体固定连接（这块管板上安装一顶盖，称为浮头）。该换热器管、壳温差较大时，由于换热管不受限制，沿壳体轴向自由伸缩，因此可完全消除管束和壳体热膨胀程度不同而产生的温差应力。

浮头式换热器能完全消除温差应力，所以适用于高温、高压的工作情形。另外，其管束可以从壳体内抽出，方便清洗和维修，所以也能用于壳程流体易结垢的场合。因此，尽管该换热器结构复杂，金属材料消耗大，造价也高，但其应用仍然十分广泛。

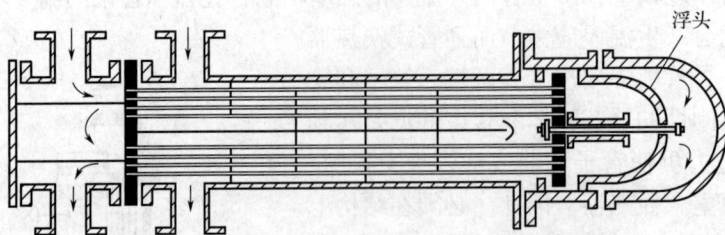

图 3-3　浮头式换热器

三、U形管式换热器

如图 3-4 所示，U 形管式换热器的结构特点是只有一块管板，换热管弯成 U 形，两端均固定在管板上，封头处用隔板分开成双管程。该换热器依靠管子的自由伸缩可消除温差应力，适用于温差较大的生产场合。

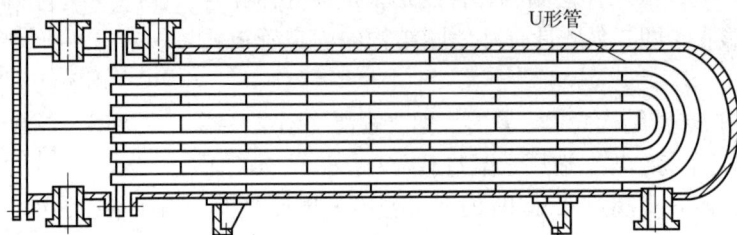

图 3-4　U 形管式换热器

U 形管式换热器结构简单，运行可靠，造价低，管间清洗方便，但是管内不易清洗，管内流体必须清洁。同时，为了满足一定的弯管半径，管板利用率较低。

四、填料函式换热器

如图 3-5 所示，填料函式换热器的结构特点是一端管板与壳体固定连接，另一端管板使用填料函密封。因此其换热管束可以自由伸缩，不会产生温差应力。

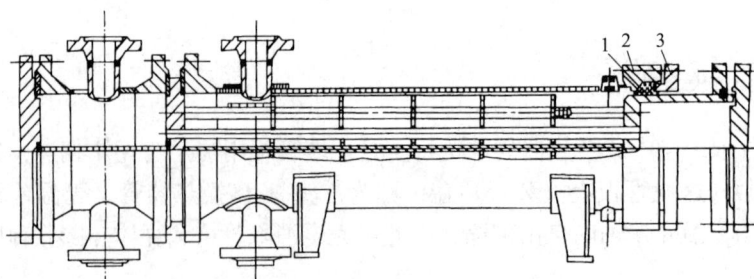

图 3-5　填料函式换热器

1—填料；2—填料函；3—填料盖板

相较于浮头式换热器，填料函式换热器结构更简单，造价较低。另外，填料函式换热器的管束也可从壳体内抽出，方便清洗与维修。但填料函不耐高压（一般要求小于 4.0MPa），壳程流体可能由填料函处泄漏，因此填料函式换热器不宜处理易燃易爆、有毒或贵重的流体。目前，所使用的该类型换热器直径大多在 1.2m 以下。

五、釜式重沸器

釜式重沸器整体结构如图 3-6 所示。该换热器的管束可以为浮头式、U 形管式或固定管板式结构，因此，其具有浮头式、U 形管式或固定管板式换热器的特征。它与其他换热器的不同之处在于，壳体上设置了一个蒸发空间，以提高传热系数。蒸发空间的大小由产汽量和所要求的蒸汽品质决定。产汽量大、蒸汽品质要求高则蒸发空间大，反之可以小些。釜式重沸器清洗、维修方便，可处理不清洁、易结垢的介质，并能承受高温高压。

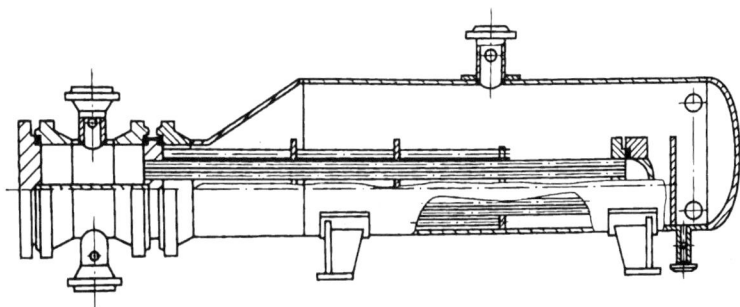

图 3-6　釜式重沸器

第二节

列管式换热器的标准及设计要求与设计内容

一、列管式换热器的标准

鉴于列管式换热器应用广泛，为了方便设计、制造和选用，相关部门制定了一系列标准。现行标准主要包括：

1.《热交换器型式与基本参数》（GB/T 28712—2023）

推荐性国家标准《热交换器型式与基本参数》（GB/T 28712—2023）主要包括六部分，见表 3-1。该标准是对量大面广的换热器产品结构、参数的标准化，能够促进产品建造标准化，提高设计质量和效率，节约制造、使用环节的工具、工装、材料消耗和积压，方便用户实现产品的选用、更换、维修和互换。

表 3-1　推荐性国家标准《热交换器型式与基本参数》（GB/T 28712—2023）

序号	标准名	标准号
1	《热交换器型式与基本参数　第 1 部分：浮头式热交换器》	GB/T 28712.1—2023
2	《热交换器型式与基本参数　第 2 部分：固定管板式热交换器》	GB/T 28712.2—2023
3	《热交换器型式与基本参数　第 3 部分：U 形管式热交换器》	GB/T 28712.3—2023
4	《热交换器型式与基本参数　第 4 部分：热虹吸式重沸器》	GB/T 28712.4—2023
5	《热交换器型式与基本参数　第 5 部分：螺旋板式热交换器》	GB/T 28712.5—2023
6	《热交换器型式与基本参数　第 6 部分：空冷式热交换器》	GB/T 28712.6—2023

该标准的基本内容包括换热器型式、基本参数（公称直径 DN，公称压力 PN，换热管的长度、规格及排列形式，管程数 N，折流板间距等）、工艺参数（计算传热面积等）。

2.《热交换器》（GB/T 151—2014）

列管式换热器的设计、制造、检验与验收应遵循推荐性国家标准《热交换器》（GB/T 151—2014）。该标准主要内容如下：

（1）公称直径　卷制、锻制圆筒，以内径作为壳体的公称直径，mm；钢管制圆筒，以外径作为壳体的公称直径，mm。卷制圆筒的公称直径以 400mm 为基数，以 100mm 为进级挡，必要时也可采用 50mm 为进级挡。公称直径小于或等于 400mm 的圆筒，可用管材制作。

（2）传热面积　计算传热面积是指以管子外径为基准，扣除不参与换热的管子长度后，计算所得的管子外表面积总和，m²；公称传热面积是指圆整后的计算传热面积。

（3）公称长度　以换热管的长度作为换热器的公称长度，m。换热管为直管时，取直管长度；换热管为 U 形管时，取 U 形管直管段的长度。

（4）型号　由结构型式、公称直径、设计压力、公称传热面积、公称长度、换热管外径、管 / 壳程数、管束等级等代号组合而成。其示例如图 3-7 所示。

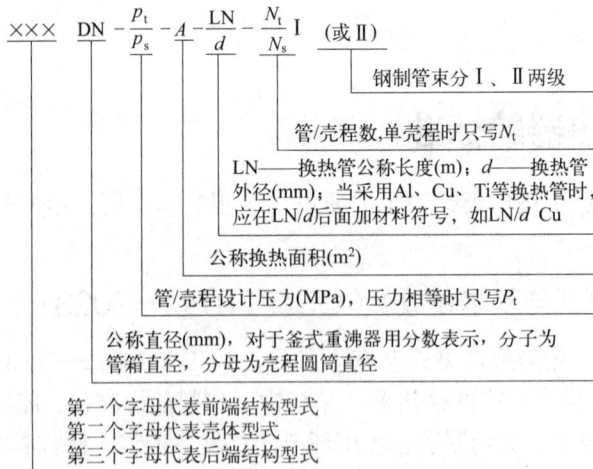

$$\times\times\times \text{ DN} - \frac{p_t}{p_s} - A - \frac{LN}{d} - \frac{N_t}{N_s} \text{ I （或 II）}$$

钢制管束分 I、II 两级

管/壳程数，单壳程时只写 N_t

LN——换热管公称长度(m)；d——换热管外径(mm)；当采用 Al、Cu、Ti 等换热管时，应在 LN/d 后面加材料符号，如 LN/d Cu

公称换热面积(m²)

管/壳程设计压力(MPa)，压力相等时只写 P_t

公称直径(mm)，对于釜式重沸器用分数表示，分子为管箱直径，分母为壳程圆筒直径

第一个字母代表前端结构型式
第二个字母代表壳体型式
第三个字母代表后端结构型式

图 3-7　换热器型号

如可拆封头管箱、公称直径 700mm、管程设计压力 2.5MPa、壳程设计压力 1.6MPa、公称传热面积200m²、公称长度9m、换热管外径25mm、4管程、单壳程的固定管板式换热器，其型号表示为 $BEM700 - \dfrac{2.5}{1.6} - 200 - \dfrac{9}{25} - 4I$。

该标准将碳素钢和低合金钢管束分为Ⅰ、Ⅱ两级。其中Ⅰ级采用较高级冷拔换热管，适用于无相变传热和易产生振动的场合；Ⅱ级采用普通冷拔换热管，适用于再沸、冷凝和无振动的一般场合。

二、列管式换热器的设计要求与设计内容

列管式换热器的设计或选型应满足下列基本要求。

1. 设计要求

（1）满足工艺生产条件及要求　设计时，首先应根据流体的各个参数，如密度、黏度、温度等，进行反复计算与比较，使得所设计的换热器的换热能力（传热速率）达到要求，能完成换热任务。一般，通过增大传热系数（采用小管径换热管、增加折流挡板等）、增大平均传热温差（提高热流体进口温度、降低冷流体进口温度、采用逆流等）、合理布置传热面（合适的管间距、排列方式等）等措施达到上述目的。除此之外，所设计的换热器在机械强度、耐压能力等方面也要满足工艺要求。

（2）材料合适　材料的选择是换热器设计的一个重要环节，各部分结构应根据运行压力、温度、流体的腐蚀性以及材料的加工工艺性能等要求选取。同时，材料的成本也是重要考虑因素。一般换热器常用的材料是碳钢和不锈钢。其中碳钢价格低、强度较高，但易被酸腐蚀，适合碱性流体，如10和20碳钢材质的普通无缝钢管可用于无耐酸腐蚀性要求的环境中；而不锈钢，尤其是奥氏体系不锈钢具有良好的耐腐蚀和加工性能。除此之外，还有一些非金属材料，如石墨、陶瓷、聚四氟乙烯等。

另外，换热器通常也是压力容器，在进行强度、温差应力、寿命计算时，应参照《钢制管壳式换热器设计规定》《钢制石油化工压力容器设计规定》等规定或标准。标准 GB/T 151—2014 中增加了铝、铜等有色金属作为换热器材料。

（3）经济上合理　在设计和选型时，换热器的经济核算是十分必要的，应根据设备费用与操作费用综合最小的原则进行设计和选型，并确定适宜的操作条件。

（4）生产安全和操作与维修方便　若生产流程和操作存在燃烧、爆炸、中毒等危险，应考虑必需的安全措施。在进行设备材料强度计算时，除一定的安全系数外，还要考虑设备压力突然升高或真空，采取安装安全阀等措施。此外，设备应便于运输、拆装、检修等。

2. 设计内容

（1）确定设计方案　包括选择换热器的结构类型、流体流程、流体流速、加热或冷却介质、流体进出口温度、设备材料等；

（2）进行工艺计算　需要计算热负荷、平均传热温差、传热系数、传热面积、流体流动阻力等；

（3）进行结构设计　需要确定换热管的规格、排列方式、管心距和分程，选择折流挡板、管板、封头、支座和连接方式，计算壳体直径和厚度等；

（4）编制设计说明书　绘制换热器设备装配图。

第三节

设计方案的确定

一、换热器结构类型的选择

列管式换热器的结构多种多样，且均有自身的特点和工作特性，其选择关系到生产能否正常进行。因此，必须依据具体的生产工艺条件，结合各换热器的特点选择合适的结构类型，并且尽量在系列标准中选取。

一般，选择的换热器要具有较高的传热系数、较低的压降、较长的使用寿命、较低的成本，方便设计、制造、安装和检修等。但在实际设计和选型时，这些要求往往相互制约、相互矛盾，需要抓住实际工况的主要影响因素或满足换热器最主要的目的，解决主要矛盾。例如，流体温差＜50℃，不需要进行热补偿，可选用结构简单、价格较低的固定管板式换热器；当流体温差＞50℃，且温差校正系数＜0.8时，若管程为洁净流体，则宜选用价格相对较低的U形管式换热器，反之应选用浮头式换热器。

二、流体流程的选择

列管式换热器运行时，流体流经管程还是壳程，关系到设备合理使用的问题，一般可根据下列原则进行确定。

（1）不洁净或易结垢的流体应选择易清洗的一侧流道。对于直管管束，宜走管程；对于U形管管束，宜走壳程。

（2）腐蚀性流体宜走管程，以免壳体和管束同时被腐蚀。

（3）压力高的流体宜走管程，以避免制造较厚的壳体和高压密封。

（4）两流体温差较大时，对于固定管板式换热器，宜让对流传热系数大的流体走壳程，以减小管壁与壳体的温差，从而减小热应力。

（5）为增大对流传热系数，需要提高流速的流体宜走管程。因管程的流通截面积一般比壳程小，也可通过增加管程数来提高流速。

（6）蒸汽冷凝宜走壳程，以利于排出冷凝液。

（7）需要冷却的流体宜选壳程，这样热量可散失到环境中，从而减少冷却剂用量。但温度很高的流体，其热能可以利用，宜选管程，以减少热损失。

（8）黏度较大或流量较小的流体宜走壳程，这是因为壳程中有折流挡板，在挡板的作用下流体易形成湍流（Re约在100时即可形成湍流）。

（9）有毒害的流体宜走管程，以避免或减少泄漏。

在符合上述选用原则时，若选择的各点间出现矛盾，应针对具体情况，抓住主要矛盾，综合考虑，合理选择。

三、流体流速的选择

流体在换热器内的流速直接影响传热效果，同时也影响结垢情况、流动阻力、生产经济性等。一般，提高流速会增大对流传热系数，降低污垢生成的可能性，提高总传热系数，减小传热面积的需求，降低设备费用，但会加大流动阻力，增加操作费用，因此，需要进行经济核算来选择适宜的流速。一般，选择的流速应尽量避免流体呈层流流动。

工业生产中常采用的流体流速范围见表 3-2～表 3-4。

表 3-2　列管式换热器中流体常用的流速范围

流体类型	流速 /（m/s）	
	管程	壳程
一般流体	0.5～3	0.2～1.5
易结垢流体	>1	>0.5
气体	5～30	3～15

表 3-3　不同黏度的液体在列管式换热器中的流速

黏度 /（mPa·s）	<1	1～35	35～100	100～500	500～1500	>1500
流速 /（m/s）	2.4	1.8	1.5	1.1	0.75	0.6

表 3-4　易燃易爆液体在列管式换热器中的安全允许流速

液体	乙醚、二硫化碳、苯	甲醇、乙醇、汽油	丙酮
安全允许流速 /（m/s）	<1	<2～3	<10

四、加热或冷却介质的选择

换热过程中，为了提高传热过程的经济性，必须根据具体情况选择适宜的加热（或冷却）剂。选择时一般遵循下列原则：

（1）允许的温度范围应满足工艺要求，且温度易于调节；

（2）在生产温度范围内，化学性质稳定，不易燃易爆；

（3）毒性小，使用安全；

（4）对设备无腐蚀或腐蚀性小；

（5）传热性能好，价廉易得。

1. 常用的加热剂

（1）饱和水蒸气　饱和水蒸气是应用最广泛的加热剂，其优点是冷凝时传热系数很大，传热效果好。同时，其温度可通过调节压力进行控制，比较方便。另外，由于其汽化潜热大，消耗量相对较少，并且输送方便，价廉易得，无毒，无失火危险。但其加热温度一般不高于180℃（对应压力为98kPa）。

（2）烟道气　燃料燃烧后产生的烟道气温度很高，可达700~1000℃，适用于较高温度（500~1000℃）的加热。但其温度控制困难，对流传热系数很小且比热容也低，因此需用量很大。

除上述加热剂外，还有热水、矿物油等加热剂（表3-5），可针对不同的加热情况进行合理的选择。此外，工业生产中还可以利用电加热方式，温度最高可达3000℃。

表3-5　常用加热剂及适用温度范围

加热剂	热水	饱和蒸汽	矿物油	联苯混合物	烟道气
适用温度 /℃	40~100	100~180	180~250	255~380	500~1000

2. 常用的冷却剂

在工业生产中，常用的冷却剂是水和空气。其中水的传热系数相对更大，比热容更高；而空气的获取和使用更方便，且不会产生污垢。但是，水和空气作为冷却剂会受地区与季节的限制，一般冷却温度在10~30℃。

使用水作为冷却剂时，为了节约用水和保护环境，应采用循环水，且在排放前应进行水质净化。若要达到更低的温度，可采用冷冻盐水（表3-6）。

表3-6　常用冷却剂及适用温度范围

冷却剂	水	空气	冷冻盐水	氨蒸气
适用温度 /℃	0~50	>30	-15~0	< -15

五、流体进出口温度的确定

通常，对于一定的换热任务，被加热（或冷却）流体的进、出口温度是由工艺条件决定的，加热剂（或冷却剂）的进口温度受来源和季节限制，但冷却剂的进口温度应高于工艺物料中易结冻组分的冰点5℃，出口温度则需要设计者视具体情况合理确定。

如果采用冷水作为冷却剂，选取较低的出口温度，则用水量大，操作费用高，但传热平均温差较大，传热面积小，设备费用低；若选取较高的出口温度，则与之相反。因此，合理的冷却水出口温度应以总费用最低进行确定。一般来说，水源丰富地区选用较小温差，缺水地区选用较大温差，但高温端温差不应低于20℃，低温端温差不应低于5℃。另外，工业冷却用水的出口温度不宜高于45℃，否则会析出盐类而结垢。

采用加热剂加热时，可按同样的原则确定加热剂的出口温度。若采用蒸汽作为加热剂，为增大传热速率，通常控制为恒温冷凝过程。

六、流体流动方式的选择

冷、热两流体在列管式换热器中有不同的流动方式，如图 3-8 所示。包括：

（1）并流　两流体同向流动；

（2）逆流　两流体反向流动；

（3）错流　两流体垂直交叉流动；

（4）折流　简单折流：一流体沿一方向流动，另一流体反复折流；复杂折流：两流体均折流流动，或既有折流也有错流。

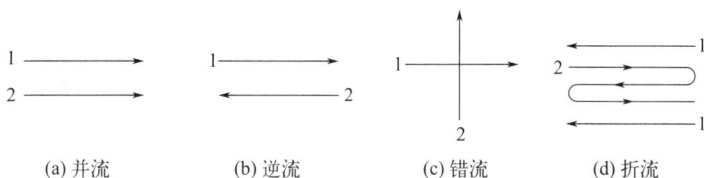

| (a) 并流 | (b) 逆流 | (c) 错流 | (d) 折流 |

图 3-8　冷、热两流体在换热器中的流动方式

除逆流和并流外，在列管式换热器中冷、热流体还可以进行各种多管程多壳程的复杂流动。当流量一定时，管程或壳程越多，对流传热系数越大，对传热过程越有利。但是，采用多管程或多壳程必导致流体阻力损失，即输送流体的动力费用增加。因此，在决定换热器的程数时，需权衡传热和流体输送两方面的损失。当采用多管程或多壳程时，列管式换热器内的流动形式复杂，对数平均温差要加以修正。

若换热器两侧流体的温度不沿管长而变，如在蒸发器中，一侧液体保持恒定的沸腾，另一侧饱和蒸汽恒温冷凝，此时对平均温差无影响。但实际生产中，大多数情况是两侧（或一侧）流体在不同位置处温度各不相同，而同一位置处温度稳定。此时，不同的流体流动方式就会对两流体的平均温差产生不同的影响。

第四节

换热器的工艺计算

一、工艺计算的基本步骤

（1）了解生产任务、工艺流程（腐蚀性、有无相变等）和基本数据。

（2）确定冷、热两流体的进、出口温度，计算定性温度，掌握两流体的物性参数，包括密度、黏度、比热容、热导率等。

（3）确定两流体的流动方式及流程，决定换热器的类型。

（4）选择一流体计算热负荷，并利用该结果计算另一流体的流量。

（5）计算对数平均温差及因素 P 和 R，查得温差修正系数 $\varphi_{\Delta t}$，按照 $\varphi_{\Delta t} > 0.8$ 的原则确

定壳程数。

（6）根据总传热系数的经验范围值（表 3-7），初选总传热系数 K 值。

表 3-7　列管式换热器的总传热系数经验值

管程流体	壳程流体	传热系数 /[W/（m²·K）]
水（0.9～1.5m/s）	净水（0.3～0.6m/s）	582～698
水	水（较高流速）	814～1163
冷水	轻有机物（$\mu < 0.5\times10^{-3}$Pa·s）	467～814
冷水	中有机物 [$\mu=$（0.5～1）$\times10^{-3}$Pa·s]	290～698
冷水	重有机物（$\mu > 1\times10^{-3}$Pa·s）	116～467
盐水	轻有机物（$\mu < 0.5\times10^{-3}$Pa·s）	233～582
有机溶剂	有机溶剂（0.3～0.33m/s）	198～233
轻有机物（$\mu < 0.5\times10^{-3}$Pa·s）	轻有机物（$\mu < 0.5\times10^{-3}$Pa·s）	233～465
中有机物 [$\mu=$（0.5～1）$\times10^{-3}$Pa·s]	中有机物 [$\mu=$（0.5～1）$\times10^{-3}$Pa·s]	116～349
重有机物（$\mu > 1\times10^{-3}$Pa·s）	重有机物（$\mu > 1\times10^{-3}$Pa·s）	58～233
水（1m/s）	水蒸气（有压力）冷凝	2326～4652
水	水蒸气（常压或负压）冷凝	1745～3489
水溶液（$\mu < 2\times10^{-3}$Pa·s）	水蒸气冷凝	1163～4071
水溶液（$\mu > 2\times10^{-3}$Pa·s）	水蒸气冷凝	682～2908
轻有机物（$\mu < 0.5\times10^{-3}$Pa·s）	水蒸气冷凝	582～1193
中有机物 [$\mu=$（0.5～1）$\times10^{-3}$Pa·s]	水蒸气冷凝	291～582
重有机物（$\mu > 1\times10^{-3}$Pa·s）	水蒸气冷凝	116～349
水	有机蒸气及水蒸气冷凝	582～1163
水	重有机蒸气冷凝	115～350
水	轻油	340～910
水	重油	60～280
水	饱和有机蒸气冷凝（常压）	582～1163
水	含饱和水蒸气的氯气（20～50℃）	174～349
水	SO_2（冷凝）	814～1163
水	NH_3（冷凝）	698～930

（7）由总传热速率方程初算传热面积，并在换热器标准系列中选取合适的设备型号。若是非标准换热器设计，则要确定管子数、管长、管径、管心距及排列方式，画出排管图确定

壳径、挡板形式与数量等，接着进行结构设计与计算。

（8）核算总传热系数。首先计算管程、壳程的对流传热系数，然后确定污垢热阻，计算总传热系数 $K_计$，并比较初选 K 和 $K_计$。若 $\dfrac{K_计 - K}{K} = 15\% \sim 25\%$（也可先求出所需传热面积 $A_需$，再与实际传热面积 $A_实$ 比较，即 $\dfrac{A_实 - A_需}{A_需} = 15\% \sim 25\%$），则初选设备合适。否则，需另设 K 值，重复上述步骤，直至满足需求。

（9）核算管程、壳程压降。计算初选设备的管程、壳程压降，如果不符合工艺要求，则要调整流速，重新确定管程数或折流板间距，或者另选换热器型号，重新计算压降，直至满足要求。

从上述步骤来看，换热器的设计计算是一个反复进行的过程，最终既要使选定的换热器满足工艺要求，又要使流体压降在允许范围内。

微课扫一扫

间壁式换热
过程的计算

二、传热速率方程

$$Q = KA\Delta t_m \tag{3-1}$$

式中　　Q——传热速率，W；

K——总传热系数，W/（m²·℃）；

A——与 K 对应的传热面积，m²；

Δt_m——平均温差，℃。

传热速率是指换热器的换热能力。一个能够满足工艺换热要求的换热器，其传热速率必须大于工艺上要求的单位时间内冷、热流体在换热器中交换的热量（即热负荷），但一般在换热器设计计算中取传热速率等于热负荷。若计算时忽略换热器的热损失，则不同情况下的热量衡算如下。

1. 冷、热两流体均无相变

$$Q = q_{mh}C_{ph}(T_1 - T_2) = q_{mc}C_{pc}(t_2 - t_1) \tag{3-2}$$

式中　　q_{mh}，q_{mc}——热流体、冷流体的质量流量，kg/s；

C_{ph}，C_{pc}——热流体、冷流体的定压比热容，kJ/（kg·℃）；

T，t——热流体、冷流体的温度，℃；

1，2——换热器的进口和出口。

2. 一侧流体可逆相变、无温变

如一侧为饱和蒸汽恒温冷凝，则

$$Q = q_{mh}\gamma = q_{mc}C_{pc}(t_2 - t_1) \tag{3-3}$$

式中　　γ——饱和蒸汽的冷凝热，kJ/kg。

3. 一侧流体有相变、有温变

如一侧为饱和蒸汽冷凝，且冷凝液的温度离开换热器时低于饱和蒸汽的温度，则

$$Q = q_{mh}\gamma + q_{mh}C_{ph}(T_1 - T_2) = q_{mc}C_{pc}(t_2 - t_1) \tag{3-4}$$

【例 3-1】 将 353K 的硝基苯以 0.417kg/s 通过换热器用冷却水冷却到 313K。冷却水的初温为 303K，终温不超过 308K。已知水的比热容为 4.187kJ/（kg·℃），试求换热器的热负荷及冷却水用量。

解： 查得硝基苯在 333K $\left(T_m = \dfrac{T_1 + T_2}{2} = \dfrac{353 + 313}{2} \right)$ 时的比热容为 1.6kJ/（kg·℃），则换热器的热负荷为

$$Q = q_{mh}C_{ph}（T_1 - T_2）= 0.417 \times 1.6 \times （353 - 313）= 26.7（kW）$$

冷却水用量为

$$q_{mc} = \frac{Q}{C_{pc}(t_2 - t_1)} = \frac{26700}{4.187 \times 1000 \times (308 - 303)} = 1.275(kg/s)$$

三、平均传热温差的计算

由于换热器中流体的物性是变化的，故传热温差和传热系数一般也会发生变化，在工程计算中通常用平均传热温差代替，分为恒温传热时的平均温差计算和变温传热时的平均温差计算两种情况。

1. 恒温传热时的平均温差

换热器间壁两侧流体均有相变时，如在蒸发器中，间壁一侧的液体保持在恒定的沸腾温度 t 下蒸发，另一侧加热用的饱和蒸汽在一定的冷凝温度 T 下冷凝，属恒温传热。此时平均传热温差 $T-t$ 不变，即

$$\Delta t_m = T - t \tag{3-5}$$

流体的流动方向对 Δt_m 无影响。

2. 变温传热时的平均温差

变温传热时，两流体相互流动的方向不同，则对平均温差的影响也不同，下面分别叙述。

（1）并流和逆流时的平均传热温差　在换热器中，冷、热两流体平行而同向流动，称为并流，如图 3-9（a）所示；冷、热两流体平行而反向流动，称为逆流，如图 3-9（b）所示。

并流和逆流时的平均传热温差用对数平均值计算，公式如下：

$$\Delta t_m = \frac{\Delta t_1 - \Delta t_2}{\ln \dfrac{\Delta t_1}{\Delta t_2}} \tag{3-6}$$

式中　Δt_1，Δt_2——换热器两端的冷、热流体温差，℃。

若 $\dfrac{\Delta t_1}{\Delta t_2} \leqslant 2$，则可用算术平均值计算，误差在允许的范围内，即

$$\Delta t_m = \frac{\Delta t_1 + \Delta t_2}{2} \tag{3-7}$$

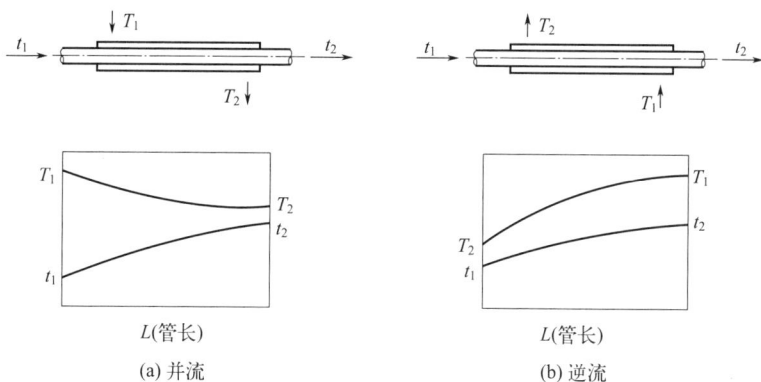

图 3-9　并流和逆流

【例 3-2】　在列管式换热器中，热流体由 180℃冷却至 140℃，冷流体由 60℃加热到 120℃，试计算并流操作的 $\Delta t_{m并}$ 和逆流操作的 $\Delta t_{m逆}$。

解：并流操作时

$$180℃ \to 140℃$$
$$\underline{60℃ \to 120℃}$$
$$120℃ \quad 20℃$$

$$\Delta t_{m并} = \frac{\Delta t_1 - \Delta t_2}{\ln \dfrac{\Delta t_1}{\Delta t_2}} = \frac{120 - 20}{\ln \dfrac{120}{20}} = \frac{100}{4.09} = 24.4(℃)$$

逆流操作时

$$180℃ \to 140℃$$
$$\underline{120℃ \leftarrow 60℃}$$
$$60℃ \quad 80℃$$

$$\Delta t_{m逆} = \frac{80 - 60}{\ln \dfrac{80}{60}} = \frac{20}{0.288} = 69.5(℃)$$

由【例 3-2】可知，对于同样的进、出口条件，$\Delta t_{m逆} > \Delta t_{m并}$，并且可以节省传热面积及加热剂或冷却剂的用量，工业上一般采用逆流。而对于一侧流体恒温时，则有 $\Delta t_{m并} = \Delta t_{m逆}$。

（2）错流和折流时的平均传热温差　在大多数的列管式换热器中，两流体并非简单地逆流或并流。因为传热的好坏，除了要考虑温差外，还要考虑影响传热系数的多种因素以及换热器的结构是否紧凑合理等，所以，实际上两流体的流向是比较复杂的折流或相互垂直的错流。

先按逆流计算对数平均温差 $\Delta t_{m逆}$，再乘以温差修正系数 $\varphi_{\Delta t}$，即错流或折流时的平均传热温差，公式如下：

$$\Delta t_m = \varphi_{\Delta t} \Delta t_{m逆} \tag{3-8}$$

式中　$\varphi_{\Delta t}$——温差修正系数，无量纲。

温差修正系数 $\varphi_{\Delta t}$ 与冷、热流体的温度变化程度有关，是因素 P 和 R 的函数，即

$$\varphi_{\Delta t} = f(P, R) \tag{3-9}$$

式中

$$P = \frac{冷流体温升}{两流体的最初温差} = \frac{t_2 - t_1}{T_1 - t_1} \tag{3-10}$$

$$R = \frac{热流体温降}{冷流体温升} = \frac{T_1 - T_2}{t_2 - t_1} \tag{3-11}$$

根据因素 P 和 R，可在图 3-10 中查得温差修正系数 $\varphi_{\Delta t}$。图 3-10 只是四种管程和壳程类型的温差修正系数图，其他类型的温差修正系数图可在各种化工手册中查得。从图中可以看出，温差修正系数 $\varphi_{\Delta t}$ 恒小于 1，说明错流或折流流动时的平均传热温差要小于逆流时的平均传热温差。

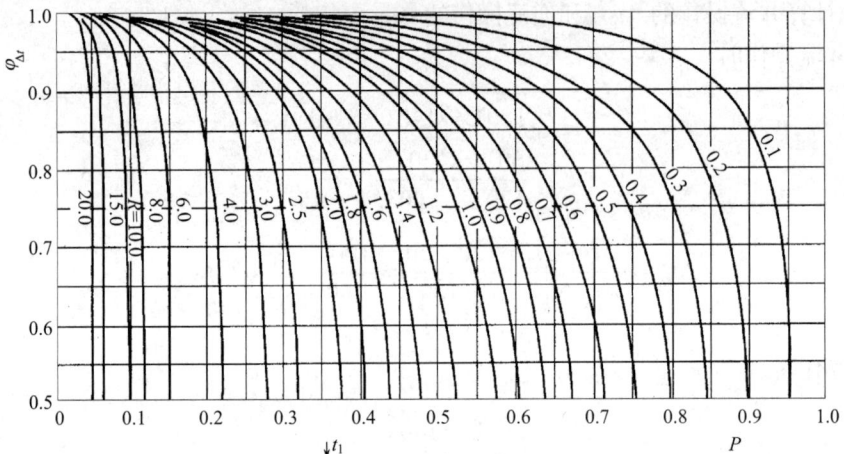

(a)

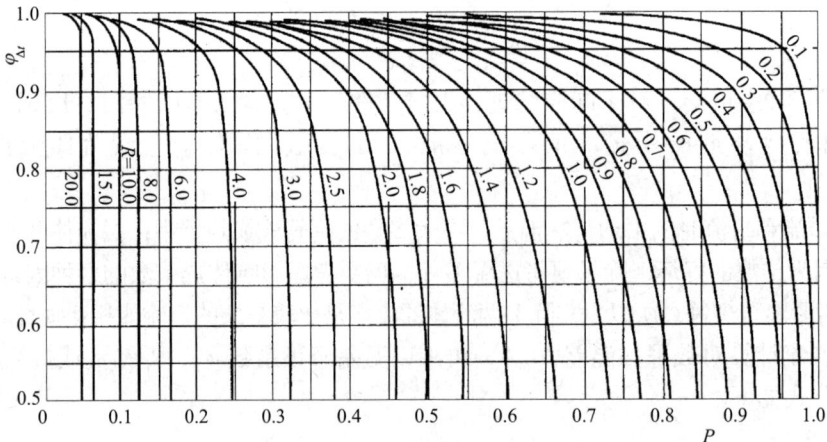

(b)

(c)

(d)

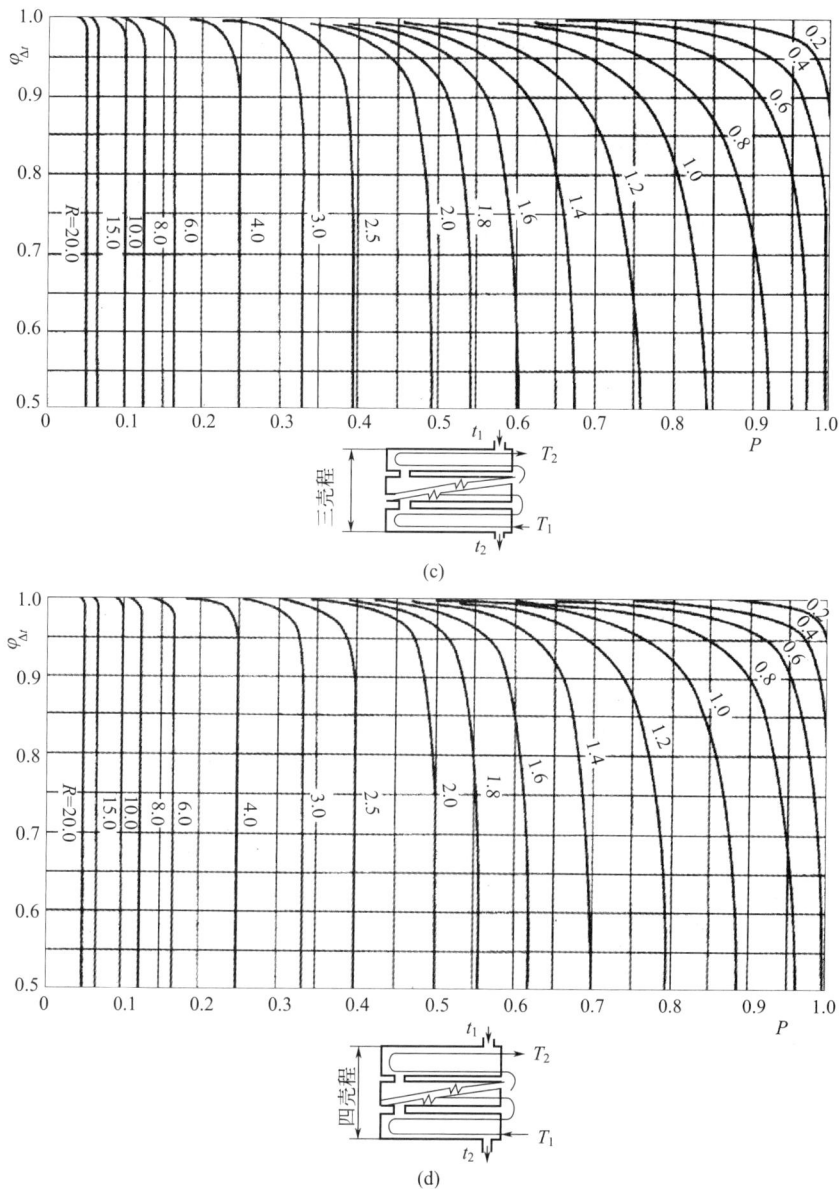

图 3-10 对数平均温差修正系数图

综合考虑，一般单壳程的列管式换热器要求在设计时应使 $\varphi_{\Delta t} > 0.8$，否则会使传热面积增加较多，经济上不合理。若查得 $\varphi_{\Delta t}$ 在 0.8 以下，操作温度稍有变化就会引起 $\varphi_{\Delta t}$ 急剧减小，影响操作稳定性。此时，应增加壳程数或将多台换热器串联使用，再由壳程数计算并查得温差修正系数，使 $\varphi_{\Delta t} > 0.8$。

四、总传热系数的计算

传热系数的获取有三种方式，即选取经验值（表 3-7）、实验测定和计算。这里重点介绍传热系数的计算。总传热系数的计算公式（以换热管外表面积为基准）如下：

$$\frac{1}{K_o} = \frac{1}{\alpha_o} + R_{so} + \frac{bd_o}{\lambda d_m} + R_{si}\frac{d_o}{d_i} + \frac{d_o}{\alpha_i d_i} \tag{3-12}$$

式中 K_o——基于换热管外表面积的总传热系数，W/（m²·℃）；

     α_o，α_i——管外、管内的对流传热系数，W/（m²·℃）；

d_i，d_o，d_m——换热管内径、外径、平均直径，m；

     R_{so}，R_{si}——管外侧、管内侧表面污垢热阻，m²·℃/W；

        b——管子壁厚，m；

        λ——管壁材质的热导率，W/（m·℃），见表3-8。

表3-8   换热管常用金属材质的热导率

温度/℃	100	150	200	250	300	350	400	450	500	550	600	650	700	750
碳素钢 /[W/（m·℃）]	51.8	50.2	48.6	47.1	45.5	44	42.5	40.9	—	—	—	—	—	—
奥氏体不锈钢 /[W/（m·℃）]	16.3	17	17.3	18.8	19.1	20.2	20.8	21.6	22.6	23	24.3	24.3	25.8	26.1

在实际生产时，换热器的传热表面常会有污垢生成，产生污垢热阻，从而使总传热系数降低。因此，在进行换热器设计时必须采用正确可靠的污垢系数，否则会产生较大的设计误差。但是，污垢的种类很多，形成的因素又十分复杂，因此，常选用污垢热阻的经验值进行计算，见表3-9～表3-11。

表3-9   冷却水的污垢热阻值

热物料温度/℃	< 115		116～205	
水温/℃	< 52		> 52	
流速/（m/s）	< 1	> 1	< 1	> 1
水的类型	污垢热阻/[10⁻⁵（m²·℃）/W]			
海水	8.8	8.8	17.6	17.6
自来水、地下水、湖水	17.6	17.6	35.2	35.2
河水（平均值）	52.8	35.2	70.4	52.8
硬水（> 257mg/L）	52.8	52.8	88	88
蒸馏水	8.8	8.8	8.8	8.8
微咸水	35.2	17.6	52.8	35.2

表3-10   工业用气体的污垢热阻值

气体名称	水蒸气（不带油）	废水蒸气（带油）	常压空气	潮湿空气	压缩空气	溶剂蒸气	天然气	高炉燃烧气
污垢热阻/（10⁻⁵m²·℃/W）	8.8	17.6	8.8～17.6	26.4	35.2	17.6	17.6	176.1

表 3-11　工业用液体的污垢热阻值

液体名称	燃料油	制冷剂液体	熔盐	植物油	轻有机化合物	轻（重）质柴油
污垢热阻 /（10^{-5}m² · ℃ /W）	88	17.6	8.8	52.8	17.6	35.2（52.8）

管外、管内的对流传热系数 α_o、α_i 由相应经验关联式进行计算，在计算时需要注意关联式的适用范围。

1. 流体无相变时管内的对流传热系数

不同流动状态时，经验关联式不同，可由相关文献得到。这里仅介绍列管式换热器设计时常用到的流体在圆形管内强制湍流时的经验关联式。

（1）低黏度（小于 2 倍常温水的黏度）流体在圆形直管内强制湍流

$$\alpha_i = 0.023 \frac{\lambda}{d_i} \left(\frac{d_i u_i \rho}{\mu} \right)^{0.8} \left(\frac{C_p \mu}{\lambda} \right)^n \tag{3-13a}$$

或

$$Nu = 0.023 Re^{0.8} Pr^n \tag{3-13b}$$

式中　ρ，μ——流体的密度（kg/m³）和黏度（Pa · s）；

λ，C_p——流体的热导率 [W/（m · ℃）] 和定压比热容 [kJ/（kg · ℃）]；

n——指数，由热流方向决定，当流体被加热时 $n=0.4$，当流体被冷却时 $n=0.3$。

适用范围：$Re > 10000$，$0.7 < Pr < 120$，管长与管径之比 $l/d_i \geqslant 60$。若 $l/d_i < 60$，需要将求得的 α_i 乘以修正系数 $\left[1 + \left(d_i/l \right)^{0.7} \right]$。

特征尺寸：管内径 d_i。

定性温度：流体进、出口温度的算术平均温度。

（2）高黏度（大于 2 倍常温水的黏度）流体在圆形直管内强制湍流

$$\alpha_i = 0.023 \frac{\lambda}{d_i} \left(\frac{d_i u_i \rho}{\mu} \right)^{0.8} \left(\frac{C_p \mu}{\lambda} \right)^{1/3} \left(\frac{\mu}{\mu_w} \right)^{0.14} \tag{3-14}$$

式中，$\left(\mu/\mu_w \right)^{0.14}$ 为校正项，当液体被加热时取 1.05，当液体被冷却时取 0.95，对于气体，无论是被加热还是被冷却均取 1。

适用范围：$Re > 10000$，$0.7 < Pr < 120$，管长与管径之比 $l/d_i \geqslant 60$。

特征尺寸：管内径 d_i。

定性温度：流体进、出口温度的算术平均温度。

（3）流体在弯管中的对流传热系数　流体在弯管内流动时，由于受离心力的作用，扰动增加，所得的对流传热系数较直管大，可用直管中的对流传热系数乘以系数进行计算。

$$\alpha_弯 = \alpha_直 \left(1 + 1.77 \frac{d_i}{R} \right) \tag{3-15}$$

式中　R——弯管的弯曲半径，m。

2. 流体无相变时管外（壳程）的对流传热系数

通常，换热器中各列管子数不同，且一般装有折流挡板，使得流体在管子间流动时，流速和流向不断改变，因此在 $Re > 100$ 时即可呈湍流流动。折流挡板的类型很多，以圆缺形（弓形）、圆盘 - 圆环形最为常见，如图 3-11 所示。其中圆缺形折流挡板除有图（a）所示的单缺口形外，还有双缺口形和三缺口形。这两种类型的折流挡板克服了单缺口折流挡板换热器壳程流体因 180°转弯造成的阻力大、易振动等缺陷，同压降下可将流速提高 1.5 倍以上，强化传热。虽然安装折流挡板能够提高传热系数，但同时也会增加流体流动阻力，增大动力消耗。因此，必须考虑折流挡板的数量和大小。

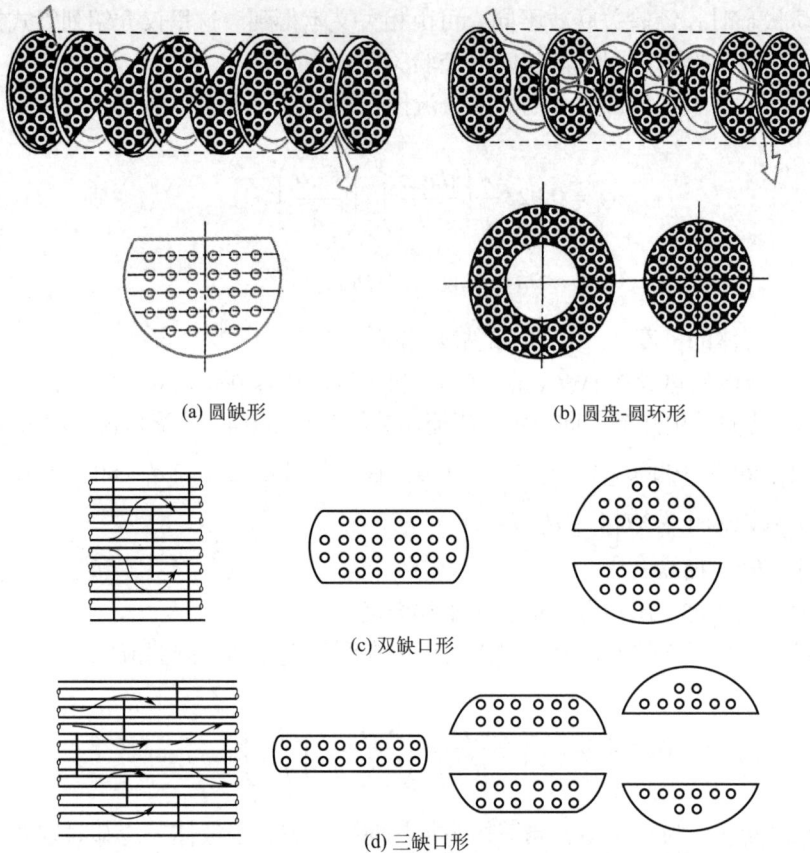

(a) 圆缺形　　　　　　　　　　(b) 圆盘-圆环形

(c) 双缺口形

(d) 三缺口形

图 3-11　常见折流挡板的类型

换热器中装有圆缺形折流挡板（25% 缺口）时，壳程的对流传热系数计算公式为

$$\alpha_{\mathrm{o}} = 0.36\frac{\lambda}{d_{\mathrm{e}}}\left(\frac{d_{\mathrm{e}}u_{\mathrm{o}}\rho}{\mu}\right)^{0.55}\left(\frac{C_p\mu}{\lambda}\right)^{1/3}\left(\frac{\mu}{\mu_{\mathrm{w}}}\right)^{0.14} \tag{3-16a}$$

或
$$Nu = 0.36Re^{0.55}Pr^{1/3}\varphi_\mu \tag{3-16b}$$

适用范围：$Re=2000 \sim 1000000$。

特征尺寸：当量直径 d_{e}。

定性温度：流体进、出口温度的算术平均温度。

如图 3-12 所示，管子排列方式不同，当量直径也不同，分别计算如下。

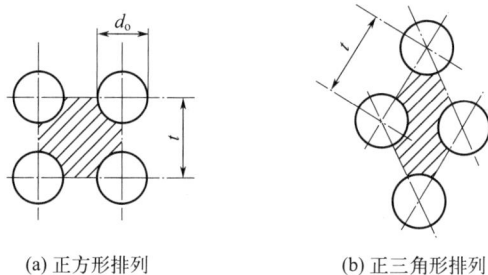

(a) 正方形排列　　　　(b) 正三角形排列

图 3-12　当量直径 d_e 的推导

当管子为正方形排列时

$$d_e = \frac{4\left(t^2 - \frac{\pi}{4}d_o^2\right)}{\pi d_o} \tag{3-17}$$

当管子为正三角形排列时

$$d_e = \frac{4\left(\frac{\sqrt{3}}{2}t^2 - \frac{\pi}{4}d_o^2\right)}{\pi d_o} \tag{3-18}$$

式中　t——相邻管子的管心距，m。

壳程流体流速根据流体流过的管间最大截面积 A 来计算，管间最大截面积 A 的计算公式如下：

$$A = hD\left(1 - \frac{d_o}{t}\right) \tag{3-19}$$

式中　h——折流挡板的间距，m；

　　　D——壳体内径，m。

若换热器内无折流挡板，管外流体沿管子平行流动，则对流传热系数可按管内强制对流公式计算，用管间当量直径代替管内径即可。

3. 蒸汽在管外冷凝时的冷凝传热系数

当饱和蒸汽接触到低于饱和温度的壁面时，便会冷凝成液体。冷凝方式有两种，即膜状冷凝、滴状冷凝，见图 3-13。蒸汽膜状冷凝时会在壁面形成一层液膜，而滴状冷凝时大部分壁面直接暴露在蒸汽中，因此，滴状冷凝时的传热系数要比膜状冷凝时大。在化工生产中，遇到的也大多是膜状冷凝过程，所以在换热器设计时，常按膜状冷凝计算。

（1）蒸汽在水平管束上冷凝时的冷凝传热系数

$$\alpha_o = 0.725\left(\frac{g\rho^2\lambda^3 r}{n_c^{2/3}d_o\mu\Delta t}\right)^{1/4} \tag{3-20}$$

式中　　n_c——水平管束在垂直列上的管子数，若管子按正方形排列，$n_c = 1.19\sqrt{N}$，若管子按正三角形排列，$n_c = 1.1\sqrt{N}$，其中 N 为总管子数；

Δt——蒸汽的饱和温度 t_s 与壁温 t_w 之差，℃；

ρ，μ，λ——冷凝液的密度（kg/m³）、黏度（Pa·s）、热导率[W/（m·℃）]；

r——饱和蒸汽的冷凝潜热，kJ/kg。

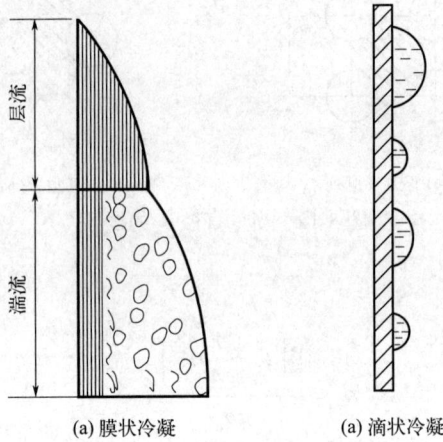

(a) 膜状冷凝　　　　(a) 滴状冷凝

图 3-13　蒸汽冷凝方式

（2）蒸汽在垂直管束上冷凝时的冷凝传热系数

当冷凝液膜呈层流流动（$Re < 2000$）时

$$\alpha_o = 1.13 \left(\frac{g\rho^2\lambda^3 r}{\mu H \Delta t} \right)^{1/4} \tag{3-21}$$

式中　H——垂直管的高度，m。

定性温度：冷凝潜热按饱和温度确定，其余物料按液膜的平均温度[（t_s+t_w）/2]确定。

当冷凝液膜呈湍流流动（$Re > 2000$）时

$$\alpha_o = 0.068 \left(\frac{g\rho^2\lambda^3 r}{\mu H \Delta t} \right)^{1/3} \tag{3-22}$$

判断液膜流动类型的 Re 按下式进行计算。

$$Re = \frac{4M}{\mu} \tag{3-23}$$

$$M = \frac{q_m}{b}$$

式中　M——冷凝负荷，指单位时间内单位润湿周边上流过的冷凝液的量，kg/（m·s）；

q_m——冷凝液的质量流量，kg/s；

b——润湿周边，m，对垂直管，$b = \pi d_o$，对水平管，$b=l$，其中 l 为管长。

五、传热面积的计算

通常，将管束所有管子的外表面积之和视为传热面积。选定总传热系数后，初算传热面积为

$$A_o = \frac{Q}{K_o \Delta t_m} \tag{3-24}$$

换热器的实际传热面积为

$$A_o = \pi n d_o l \tag{3-25}$$

式中　n——管子数，指圆整后的管子数减去拉杆数；

　　　l——管子的有效长度，指管子的实际长度减去管板、折流挡板的厚度，m。

六、流体流动阻力的计算

流体在换热器管程、壳程内流动时均会产生流动阻力，流动阻力直接影响动力的消耗，因此，在生产任务中会对管程、壳程的压降提出具体的要求。对于一台合适的换热器而言，管、壳程流体的压降一般应控制在 10.13 ～ 101.3kPa。

1. 管程流体流动阻力的计算

管程流体流动阻力包括直管阻力和所有局部阻力。忽略进、出口阻力，则有

$$\sum \Delta p_i = (\Delta p_1 + \Delta p_2) F_T N_S N_P \tag{3-26}$$

其中

$$\Delta p_1 = \lambda_i \frac{l}{d_i} \times \frac{\rho_i u_i^2}{2} \tag{3-27}$$

$$\Delta p_2 = 3\left(\frac{\rho_i u_i^2}{2}\right) \tag{3-28}$$

式中　Δp_1——由直管阻力引起的压降，Pa；

　　　Δp_2——由回弯阻力引起的压降，Pa：

　　　F_T——管程结垢校正系数，对于 $\phi25mm \times 2.5mm$ 的管子，$F_T=1.4$，对于 $\phi19mm \times 2mm$ 的管子，$F_T=1.5$，对于波纹管，可将 F_T 乘以 0.8 ～ 0.9；

　　　N_S——串联的壳程数；

　　　N_P——每个壳程的管程数；

　　　λ_i——管内摩擦系数，先由管壁粗糙度 ε 计算出管子相对粗糙度 ε/d，再由 $\lambda\text{-}Re$ 关联图查取。

2. 壳程流体流动阻力的计算

若壳程中无折流挡板，壳程压降可按流体在管中的流动阻力进行计算，以壳程的当量直径代替管内径即可。当壳程中有折流挡板时，壳程流体的流动阻力主要是流体流过管束和通过折流挡板缺口的阻力，则有

$$\sum \Delta p_o = \left(\Delta p_1' + \Delta p_2'\right) F_S N_S \tag{3-29}$$

其中

$$\Delta p_1' = F f_o n_c \left(N_B + 1\right) \frac{\rho_o u_o^2}{2} \tag{3-30}$$

$$\Delta p_2' = N_B \left(3.5 - \frac{2h}{D} \right) \frac{\rho_o u_o^2}{2} \tag{3-31}$$

式中　$\Delta p_1'$——流体横向流过管束的压降，Pa；

　　　$\Delta p_2'$——流体流过折流挡板缺口的压降，Pa；

　　　F_S——壳程结垢校正系数，对于液体 $F_S = 1.15$，对于气体或蒸汽 $F_S = 1$；

　　　F——管子排列方式对压降的校正系数，管子正方形直列排列时 $F = 0.3$，管子正方形错列排列时 $F = 0.4$，管子正三角形排列时 $F = 0.5$；

　　　f_o——壳程流体的摩擦系数，当 $Re_o > 500$ 时，$f_o = 5Re_o^{-0.228}$；

　　　n_c——横过管束中心线的管子数，计算见前文；

　　　N_B——折流挡板数，$N_B = l/h - 1$；

　　　u_o——按壳程流道截面积计算的流速，m/s，流道截面积计算见式（3-19）。

第五节

换热器的结构设计

一、换热管的规格

1. 换热管的直径

换热管是换热器的重要元件之一，用于两流体之间热量的交换。换热管常用的尺寸规格主要有 $\phi 19mm \times 2mm$、$\phi 25mm \times 2.5mm$、$\phi 38mm \times 2.5mm$ 的无缝钢管和 $\phi 25mm \times 2mm$、$\phi 38mm \times 2.5mm$ 的不锈钢管。采用小管径的换热管，流体阻力大，不便清洗且易结垢堵塞，适用于洁净的流体，但能大幅提高单位体积的传热面积，使换热器结构紧凑，减少金属消耗，提高传热系数。而对于黏性大和易结垢的流体，则需要采用大管径的换热管。

2. 换热管的管长

管长的选择以清洗方便、用材合理为原则。一般长管不便清洗，且易弯曲，安装和运输也不方便。在设计时，若计算出的单管程管长过长，应对管子分程，依照实际生产情况选择合适的管长。国标推荐采用 1.0m、1.5m、2.0m、2.5m、3.0m、4.5m、6.0m、7.5m、9.0m、12.0m 的管长。其中以 3m 和 6m 的管长最为常用。换热管直管或直管段长度大于 6m 时允许拼接，但需要满足焊接工艺的评定及必要的检测。一般 6m 以上的管子只用在传热面积较大的换热器中。此外，选择管长时还要验算管长 l 与壳体直径 D 的长径比是否合适。对于列管式换热器，$l/D = 4 \sim 25$（一般为 $6 \sim 10$）；对于垂直放置的换热器，$l/D = 4 \sim 6$。

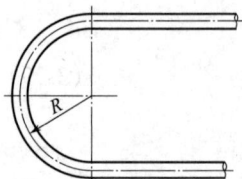

图 3-14　U 形管的弯曲半径

对于 U 形管，管长是指从管端到弯管前的直管长度。弯管段的弯曲半径 R（图 3-14）不宜小于两倍的换热管外径。常用 U 形管的最小弯曲半径可按表 3-12 选取。

表 3-12　U 形换热管的最小弯曲半径

换热管外径 /mm	10	12	14	16	19	20	22	25	30	32	35	38	45	50	55	57
最小弯曲半径 /mm	20	24	30	32	40	40	45	50	60	65	70	76	90	100	110	115

除光滑管外，换热器还可采用各种各样的强化传热管，如螺纹管、翅片管、螺旋槽管等。当管壁两侧的传热系数相差较大时，翅片管的翅片应布置在传热系数小的一侧，这样可提高总传热系数。

二、换热管的排列方式

换热管在管板上的排列方式如图 3-15 所示。

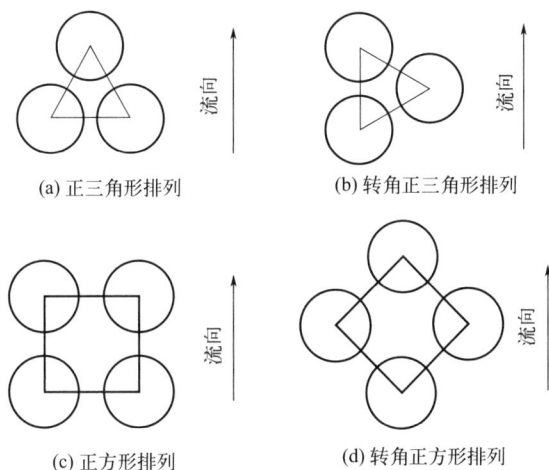

(a) 正三角形排列　　　(b) 转角正三角形排列

(c) 正方形排列　　　(d) 转角正方形排列

图 3-15　换热管的排列方式

各种排列方式的优点如下：正三角形排列便于在管板上划线和钻孔，同一管板上可排列更多的管子，且管外传热系数较高，因而使用最为普遍。但其管外不易清洗，仅适用于壳程流体洁净的情形。当管外需要进行清洗时，可采用正方形排列，但其传热系数较低，在浮头式和填料函式换热器中应用较多。为了增加壳程流体流经管束时的湍动，从而提高对流传热系数，管子为正三角形或正方形排列时可采用管子与流体流向成一定夹角的转角排列法，即转角正三角形排列和转角正方形排列。

三、换热管的中心距

管板上两管子中心的距离称为管子中心距（管心距或管间距），要满足相邻管间的净空距离需求。同时，如果管间需要清洗，还要留有清洗的通道。一般，换热管的中心距不宜小于 1.25 倍的换热管外径。常用的换热管中心距见表 3-13。

表 3-13　换热管中心距

换热管外径 d_o/mm	10	12	14	16	19	20	22	25	30	32	35	38	45	50	55	57
换热管中心距 t/mm	13～14	16	19	22	25	26	28	32	38	40	44	48	57	64	70	72
分程隔板槽两侧相邻管中心距 /mm	28	30	32	35	38	40	42	44	50	52	56	60	68	76	78	80

若管间需要机械清洗时，应采用正方形排列，且管间通道应连续直通，相邻两管间的净空距离不宜小于 6mm。对于外径为 10mm、12mm 和 14mm 的换热管，其中心距不得小于 17mm、19mm、21mm。对于外径为 25mm 的换热管，采用转角正方形排列时，其分程隔板槽两侧相邻管中心距可取 32mm×32mm 正方形的对角线长，即 45.25mm。

画排管图时，还应注意最外层管子中心距离壳体内表面至少 $0.5d_o+10$mm。采用多管程时，隔板要占去部分管板面积。

四、管束分程

当换热器的传热面积较大时，需要较长或较多的换热管。但是，管长的增加有限，并且管子数增加会使管程流体的流速降低，传热系数减小。为此，可将管束分程。

1. 管程数

流体在管内每通过管束一次称为一管程。管程数一般有 1、2、4、6、8、10、12 等 7 种，其分程布置形式如图 3-16 所示。

2. 管束的分程原则

（1）除单管程外，尽可能采用偶数管程。此时管程的进、出口都可设在前端管箱上，以方便制造、检修和操作。

（2）每程换热管数目要尽量一致，以减小流体流动阻力。

（3）各管程间的密封长度要尽量短，管程分程隔板的形状要简单。

（4）管程进、出口温度变化较大时，要避免介质温差较大的管束相邻，否则会导致管束和管板的温差应力过大。相邻管程间的温差最大不应超过 28℃。

管程数过多，管程流体的流动阻力会增大，同时相较于单管程，其平均温差下降。另外，过多隔板也降低了管板利用率。因此，应综合考虑，选择合适的管程数。

3. 分程隔板

管子分程用的分程隔板安装在管箱（即封头）内，应与管子中心线平行。公称直径为 0.6～2.6m 的换热器，对于碳钢和低合金钢，分程隔板的厚度为 8～14mm；对于高合金钢，分程隔板的厚度为 6～10mm。

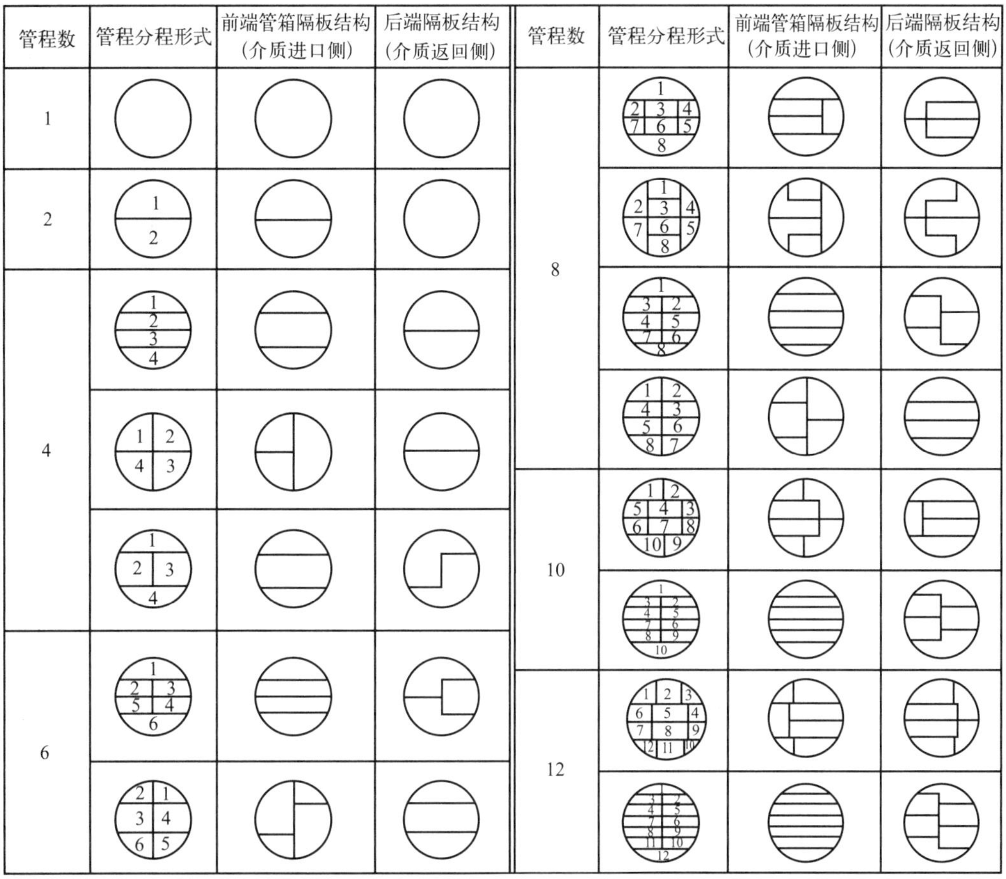

管程数	管程分程形式	前端管箱隔板结构（介质进口侧）	后端隔板结构（介质返回侧）	管程数	管程分程形式	前端管箱隔板结构（介质进口侧）	后端隔板结构（介质返回侧）
1				8			
2							
4							
6				10			
				12			

图 3-16　管程布置方式

五、折流挡板的类型及选择

1. 折流挡板的类型

设置折流挡板的主要目的就是提高管外流体的流速，引导流体进行错流流动，增加湍动程度，提高壳程的传热系数。另外，折流挡板还起到了支撑管子的作用。折流挡板的类型见图 3-11。

2. 折流挡板的间距

折流挡板的间距对壳体的流动有重要的影响。间距太大，不能保证流体垂直流过管束，管外表面传热系数下降；间距太小，不便制造和检修，阻力损失亦大。一般其间距取为 $(0.2 \sim 1.0)D_i$（壳体内径），最小不小于壳体内径的 0.2，且不小于 50mm。在系列标准中，固定管板式、浮头式、U 形管式换热器的折流挡板间距见表 3-14 ～ 表 3-16。折流挡板一般应等距布置，管束两端的折流挡板应尽可能靠近壳程进、出口接管。

折流挡板的间距确定后，应使缺口截面积与通过管束错流流动的截面积大致相等，以减小压降，改善传热。

表 3-14　固定管板式换热器的折流挡板间距

公称直径DN/mm	管长/mm	折流挡板间距/mm					
≤500	≤3000	100	200	300	450	600	—
≤500	4500～6000	—	200	300	450	600	—
600～800	1500～6000	150	200	300	450	600	—
900～1300	≤6000	200		300	450	600	—
900～1300	7500, 9000	—		300	450	600	750
1400～1600	6000			300	450	600	750
1400～1600	7500, 9000			—	450	600	750
1700～1800	6000～9000				450	600	750
1900～2400	6000～12000				450	600	750

表 3-15　浮头式换热器的折流挡板间距

公称直径DN/mm	管长/mm	折流挡板间距/mm							
≤700	3000	100	150	200	—	—	—	—	—
≤700	4500	100	150	200	—	—	—	—	—
800～1200		—	150	200	250	300	—	450（或480）	
400～1100	6000	—	150	200	250	300	350	450（或480）	
1200～1800		—	—	200	250	300	350	450（或480）	
1900		—	—	250	300	350		450（或480）	
1200～1800	9000	—	—	—	—	300	350	450	600

表 3-16　U 形管式换热器的折流挡板间距

公称直径DN/mm	管长/mm	折流挡板间距/mm				
≤600	3000				—	—
≤600	6000	150	200	—		
700～900	6000				300	450
1000～1200	6000	—	—	250	350	450

3. 圆缺形折流挡板弓形缺口的选择

对圆缺形折流挡板而言，弓形缺口的大小对壳程流体的流动情况有重要影响。从图 3-17 中可以看出，弓形缺口太大或太小都会产生"死区"，既不利于传热，又往往增加流体流动阻力。

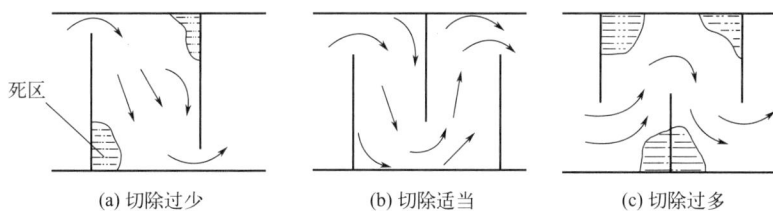

(a) 切除过少　　　　　　　(b) 切除适当　　　　　　　(c) 切除过多

图 3-17　折流挡板切除对流体流动的影响

4. 折流挡板缺口的布置

（1）卧式换热器的壳程为均相清洁流体时，折流挡板的缺口宜水平上下布置；

（2）气体中含有少量液体时，应在缺口朝上的折流挡板最低处开通液口，如图 3-18（a）所示；

（3）液体中含有少量气体时，应在缺口朝下的折流挡板最高处开通气口，如图 3-18（b）所示；

（4）壳程介质为气、液相共存或液体中含有固体颗粒时，折流挡板的缺口应垂直左右布置；

（5）气、液相共存时，应在折流挡板的最低处和最高处开通液口和通气口，如图 3-18（c）所示；

（6）液体中含有固体颗粒时，应在折流挡板的最低处开通液口，如图 3-18（d）所示。

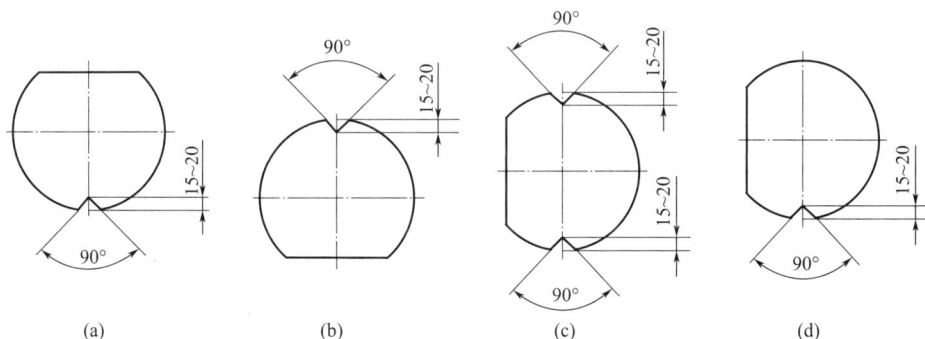

(a)　　　　　　(b)　　　　　　(c)　　　　　　(d)

图 3-18　折流挡板缺口的布置

六、壳体直径及厚度

列管式换热器的壳体一般呈圆筒状，壳壁上焊有接管。对于公称直径＜400mm 的壳体，可直接采用钢管制成；对于公称直径＞400mm 的壳体，可用钢板卷焊制成。

壳体内径应等于或大于管板的直径，通常按下式确定壳体内径。

$$D_i = t(n_c - 1) + 2e \tag{3-32}$$

式中　D_i——壳体内径，mm；

e——管束最外层管中心到壳体内壁的距离，一般取 $(1 \sim 1.5)d_o$，mm。

n_c——水平管束在垂直列上的管子数，若管子按正方形排列，$n_c = 1.19\sqrt{N}$，若管子按正三角形排列，$n_c = 1.1\sqrt{N}$，其中 N 为总管子数。

计算出的壳体内径应圆整到最接近的标准尺寸，见表 3-17。

表 3-17　标准尺寸

壳体内径 /mm	325	400	500	600	700	800	900	1000	1100	1200
最小壁厚 /mm	8	10					12		14	

若根据生产任务自行设计非标准系列换热器，应画出排管图，并按上式确定壳体内径。当换热器受压时，壳体壁厚可用下式计算。

$$S_n = S + C_1 + C_2 \tag{3-33}$$

其中

$$S = \frac{pD_i}{2[\sigma]^t \varphi - p} \tag{3-34}$$

式中　S——壳体计算壁厚，mm；

　　　p——设计压力，若小于 0.6MPa，取 0.6MPa 计算；

　　$[\sigma]^t$——壳程材质在设计温度时的许用应力，可从标准 GB/T 150.2—2024 中查得，MPa；

　　　φ——焊缝系数，单面焊缝取 0.65，双面焊缝取 0.85；

　　　C_1——钢板厚度负偏差，根据 GB/T 3274 的相应规定确定，mm；

　　　C_2——腐蚀裕度，其范围为 $1 \sim 8$mm，根据预期的容器设计使用年限和介质对金属材料的腐蚀速率（及磨蚀速率）确定，若介质为压缩空气、水蒸气和水的碳素钢或低合金钢制容器，腐蚀裕量不小于 1mm。

计算出的壳体壁厚还应适当考虑安全系数及开孔强度补偿措施，一般应大于表 3-17 中的最小壁厚。

七、管板和管箱与封头

1. 管板

管板是列管式换热器的主要部件之一，在换热器制造成本中占有相当大的比例，尤其是在现代高温高压大型换热器中，其质量可超过 20t，厚度达 300mm 以上。管板大多是圆形平板，板上开有管孔用于固定连接换热管，周边则与管箱连接。管板管孔直径要比管子外径略大，见表 3-18。

当奥氏体不锈钢、双相不锈钢、钛、铜、镍、锆及其合金换热管与管板采用强度胀接时，管板的管孔公称直径宜减小 $0.05 \sim 0.1$ mm。管板管孔表面应清理干净，不应有影响胀接或焊接连接质量的毛刺、铁屑、锈斑、油污等；胀接管孔表面不应有影响胀接质量的纵向或螺旋状刻痕等缺陷。

表3-18 管板管孔直径

换热管外径 /mm	14	16	19	25	30	32	35	38	45	50	55	57
Ⅰ级管束管板管孔直径 /mm	14.25	16.25	19.25	25.25	30.35	32.40	35.40	38.45	45.50	50.55	55.65	57.65
Ⅱ级管束管板管孔直径 /mm	14.3	16.3	19.3	25.3	30.4	32.45	35.45	38.5	45.55	50.6	55.7	57.7

　　管板用来将管程和壳程隔离，同时承受管程和壳程的压力，以及换热管与外壳之间的温差应力。管板一般较厚（常为50mm），当流体的腐蚀性较弱时，采用低碳钢或普通合金钢；若流体为强腐蚀性介质时，必须采用优良的耐腐蚀材料，但合金钢价格较高，从经济上考虑，采用复合板或堆焊衬里较为合适。对于胀接管板，用于易燃易爆或有毒介质等场合时，管板的最小厚度应不小于换热管外径；用于一般场合时，管板的最小厚度在换热管外径的0.65～0.75之间。对于焊接管板，管板的最小厚度应满足结构设计和制造要求，且不小于12mm。

2. 管箱与封头

　　管箱与封头同样是换热器的主要部件，位于换热器壳体两端，用于控制和分配管程流体。若换热器壳径较小，常采用封头，封头的主要形式包括半球形、椭圆形、碟形、球冠形等，在检查和清洗管子时需要将封头卸下；若换热器壳径较大，大多采用管箱，有平盖管箱、封头管箱、特殊高压管箱等，因为管箱上具有一个可拆卸盖板，因此检查和清洗管子时无须将封头卸下，便于维修，但价格较高。对于多程管箱，其内侧深度应使相邻管程之间的最小流通面积不小于每程换热管流通面积的1.3倍；当压降允许时最小流通面积可适当减小，但不得小于每程换热管的流通面积。换热器设计时，封头与管箱的结构、密封形式等需多加考虑，可参考国家标准《压力容器封头》（GB/T 25198—2023）。

八、换热器的主要连接

1. 封头和管箱与壳体的连接

　　采用螺栓连接。管箱上的平盖与管箱的连接紧固件宜采用双头螺柱。

2. 管板和管箱与壳体的连接

　　采用焊接连接。但对于浮头式换热器，要求管束能够方便地从壳体中抽出，从而进行清洗和维修，因而换热器固定端的管板采用可拆式连接方式，利用垫片把管板夹持在壳体法兰与管箱法兰之间。

3. 管子与管板的连接

　　管子与管板的连接是列管式换热器制造中最主要的问题，基本是胀接和焊接。其中，胀接是靠管子变形达到密封和压紧的一种机械连接方式。但当温度升高时，材料刚性下降，热膨胀应力也增大，可能会引起接头松动或脱落，因此胀接不适合用于高温。一般认为，焊接相比胀接严密性更加有保障。对于碳钢和低合金钢，温度高于300℃时常采用焊接连接。对于高温高压生产情形，常常采用胀焊并用。这种方法能够提高接头的抗疲劳性能，并且能够消除应力和间隙腐蚀，延长接头使用寿命。管子与管板连接方式的适用范围见表3-19，取自GB/T 151—2014。

表 3-19 管子与管板连接方式的适用范围

管子与管板连接方式	适用范围
胀接	（1）设计压力小于或等于4.0MPa （2）设计温度小于或等于300℃ （3）操作中无振动，无过大的温度波动及无明显的应力腐蚀倾向
焊接	设计压力不超过标准规定（≤35MPa），不适用于有较大振动、有间隙腐蚀倾向的场合
胀焊并用	（1）振动或循环载荷时 （2）存在间隙腐蚀倾向时 （3）采用复合管板时

4. 拉杆与管板的连接

拉杆与管板的连接方式有两种：

（1）螺纹连接　一般适用于换热管外径大于或等于19mm的管束。

（2）焊接连接　一般适用于换热管外径小于或等于14mm的管束。此时，拉杆直径可等于换热管外径。当管板较薄时，也可采用其他的连接结构。

5. 分程隔板和管箱与管板的连接

分程隔板与管箱内壁应采用双面连续焊，与管板可采用可拆连接（图3-19）或焊接连接。

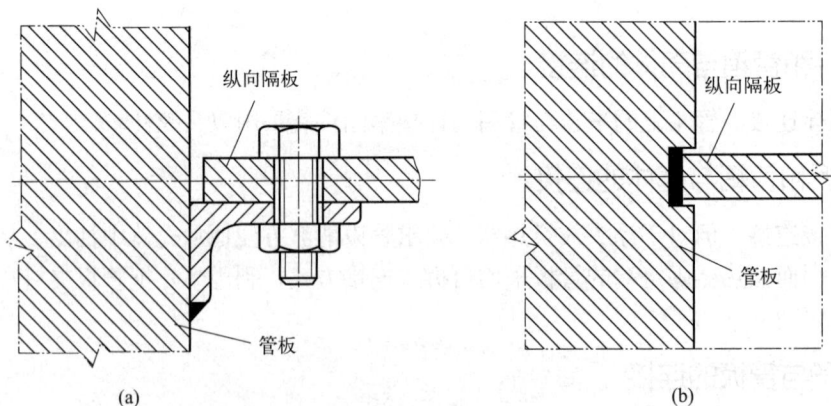

(a)　　　　　　　　　　　　(b)

图 3-19　分程隔板与管板的可拆连接

九、支座

1. 鞍式支座

卧式换热器常采用鞍式支座，其布置原则为：换热器的公称长度 ≤ 3m 时，鞍座间距宜取换热器公称长度的 0.4 ~ 0.6；换热器的公称长度 > 3m 时，鞍座间距宜取换热器公称长度的 0.5 ~ 0.7。鞍式支座可按《容器支座　第 1 部分：鞍式支座》（NB/T 47065.1—2018）选取。

2. 耳式支座

立式换热器可采用耳式支座，其布置原则：公称直径 DN ≤ 800mm 时，至少应设置 2 个支座，且应对称布置；公称直径 DN > 800mm 时，至少应设置 4 个支座，且应均匀布置。耳式支座可按《容器支座　第 3 部分：耳式支座》（NB/T 47065.3—2018）选用。

第六节

列管式换热器设计计算示例

一、设计任务

某车间需要将 110℃的甲苯冷却至 50℃，每天处理量为 360t。冷却介质为水，入口温度为 30℃。要求换热器的管程、壳程压降 ≤ 50kPa，试设计选型一台单壳程列管式换热器完成上述任务。计算过程中可忽略热损失。

二、设计计算过程

1. 初选换热器型号

（1）确定流体的流动空间　相较于甲苯，水易结垢且对流传热系数较大，因此，水通过换热器的管程，甲苯通过壳程，同时也利于散热降温。

（2）确定流体的物性参数　取水的出口温度为 40℃，定性温度下两流体的物性参数见表 3-20。

表 3-20　水和甲苯的物性参数

物性参数	定性温度 /℃	密度 /（kg/m³）	黏度 /（mPa·s）	比热容 /[kJ/（kg·℃）]	热导率 /[W/（m·℃）]
水	35	994	0.727	4.187	0.626
甲苯	80	810	0.311	1.902	0.122

（3）计算热负荷及水的流量　因为两流体均无相变，且忽略热损失，则有

$$Q = q_{mh}C_{ph}(T_1 - T_2) = q_{mc}C_{pc}(t_2 - t_1)$$

代入数据得

$$Q = \frac{360 \times 10^3}{24 \times 3600} \times 1.902 \times 10^3 \times (110 - 50)$$

$$= q_{mc} \times 4.187 \times 10^3 \times (40 - 30)$$

解得热负荷 $Q = 475500\text{W}$，水的流量 $q_{mc} = 11.36\text{kg/s}$。

（4）计算平均传热温差　先按两流体逆流计算平均传热温差，则

热流体：110℃ → 50℃

冷流体：40℃ ← 30℃

Δt：70℃　　20℃

$$\Delta t_{m逆} = \frac{\Delta t_1 - \Delta t_2}{\ln \dfrac{\Delta t_1}{\Delta t_2}} = \frac{70 - 20}{\ln \dfrac{70}{20}} = 39.91(℃)$$

然后计算温差修正系数，有

$$P = \frac{t_2 - t_1}{T_1 - t_1} = \frac{40 - 30}{110 - 30} = 0.125$$

$$R = \frac{T_1 - T_2}{t_2 - t_1} = \frac{110 - 50}{40 - 30} = 6$$

查得 $\varphi_{\Delta t} = 0.93 > 0.8$。

因此，换热器采用单壳程即可，修正后的平均传热温差为

$$\Delta t_m = \varphi_{\Delta t}\Delta t_{m逆} = 0.93 \times 39.91 = 37.12(℃)$$

（5）初选换热器型号　根据表3-7初选基于换热管外表面积的总传热系数 $K_o = 500\text{W}/(\text{m}^2 \cdot ℃)$，则所需的传热面积为

$$A_o = \frac{Q}{K_o \Delta t_m} = \frac{475500}{500 \times 37.12} = 25.62(\text{m}^2)$$

若选择换热管的规格为 $\phi 25\text{mm} \times 2.5\text{mm}$，管长为3m，则需要的管子数为

$$n = \frac{A_o}{\pi d_o l} = \frac{25.62}{\pi \times 0.025 \times 3} = 108.73 \text{（圆整为 109）}$$

由于两流体的温差小于50℃，可选择固定管板式换热器完成此任务。由附录八可选择换热器的参数，如表3-21所示。

表 3-21　换热器的基本参数

壳径 /mm	450	管子数	106
换热面积 /m²	24.1	中心管排数	13
管长 /m	3	管程数	4
管子规格	$\phi 25mm \times 2.5mm$	每管程流通面积 /m²	0.0083

2. 校核总传热系数

（1）计算管程对流传热系数　管子内水的流速为

$$u_i = \frac{q_{mc}}{\rho_i A_i} = \frac{11.36}{994 \times 0.0083} = 1.377 (\text{m / s})$$

则有

$$Re_i = \frac{d_i u_i \rho_i}{\mu_i} = \frac{0.02 \times 1.377 \times 994}{0.727 \times 10^{-3}} = 37641.34 > 10000$$

$$Pr_i = \frac{C_p \mu}{\lambda} = \frac{4.187 \times 10^3 \times 0.727 \times 10^{-3}}{0.626} = 4.86 \ （在\ 0.7 \sim 120\ 之间）$$

由于管内水被加热，$l / d_i = 3 / 0.02 = 150 > 60$，则有

$$\alpha_i = 0.023 \frac{\lambda}{d_i} \left(\frac{d_i u_i \rho}{\mu} \right)^{0.8} \left(\frac{C_p \mu}{\lambda} \right)^{0.4}$$

$$= 0.023 \times \frac{0.626}{0.02} \times (37641.34)^{0.8} \times (4.86)^{0.4}$$

$$= 6202.25 [\text{W / (m}^2 \cdot \text{℃)}]$$

（2）计算壳程对流传热系数　换热管为正三角形排列，管子中心距为 32mm，取折流挡板的间距为 100mm，则有壳程流通截面积

$$A = hD \left(1 - \frac{d_o}{t} \right) = 0.1 \times 0.45 \times \left(1 - \frac{0.025}{0.032} \right) = 0.0098 (\text{m}^2)$$

壳程内甲苯的流速为

$$u_o = \frac{q_{mh}}{\rho_o A_o} = \frac{360 \times 10^3}{24 \times 3600 \times 810 \times 0.0098} = 0.523 (\text{m / s})$$

当量直径为

$$d_e = \frac{4 \left(\frac{\sqrt{3}}{2} t^2 - \frac{\pi}{4} d_o^2 \right)}{\pi d_o} = \frac{4 \left(\frac{\sqrt{3}}{2} \times 0.032^2 - \frac{\pi}{4} \times 0.025^2 \right)}{\pi \times 0.025} = 0.0202 (\text{m})$$

则有

$$Re_o = \frac{d_e u_o \rho_o}{\mu_o} = \frac{0.0202 \times 0.523 \times 810}{0.311 \times 10^{-3}} = 27492.81 \ (在 2000 \sim 1000000 \ 之间)$$

$$Pr_o = \frac{C_p \mu}{\lambda} = \frac{1.902 \times 10^3 \times 0.311 \times 10^{-3}}{0.122} = 4.85$$

由于壳程内甲苯被冷却，取 $(\mu / \mu_w)^{0.14} = 0.9$，则有

$$\alpha_o = 0.36 \frac{\lambda}{d_e} \left(\frac{d_e u \rho}{\mu} \right)^{0.55} \left(\frac{C_p \mu}{\lambda} \right)^{1/3} \left(\frac{\mu}{\mu_w} \right)^{0.14}$$

$$= 0.36 \times \frac{0.122}{0.0202} \times (27492.81)^{0.55} \times (4.85)^{1/3} \times 0.95$$

$$= 966.37 [W / (m^2 \cdot ℃)]$$

（3）计算总传热系数　换热器的材质采用碳素钢 [热导率为 51.8W/（m·℃）]，管程和壳程的污垢热阻分别取 $17.6 \times 10^{-5} m^2 \cdot ℃ /W$ 和 $17.6 \times 10^{-5} m^2 \cdot ℃ /W$，则有

$$\frac{1}{K_o} = \frac{1}{\alpha_o} + R_{so} + \frac{b d_o}{\lambda d_m} + R_{si} \frac{d_o}{d_i} + \frac{d_o}{\alpha_i d_i}$$

$$= \frac{1}{966.37} + 17.6 \times 10^{-5} + \frac{0.0025 \times 0.025}{51.8 \times 0.0225} + 17.6 \times 10^{-5} \times \frac{0.025}{0.02} + \frac{0.025}{6202.25 \times 0.02}$$

$$= 0.00169 (m^2 \cdot ℃ /W)$$

得 $K_o = 593.13 W / (m^2 \cdot ℃)$。

该换热器的总传热系数裕度：

$$\frac{K_{计} - K}{K} = \frac{593.13 - 500}{500} = 18.63\% \ (在 15\% \sim 25\% \ 之间)$$

按核算后的总传热系数计算所需的传热面积：

$$A_o = \frac{Q}{K_o \Delta t_m} = \frac{475500}{593.13 \times 37.12} = 21.6 (m^2)$$

该型号换热器的实际传热面积：

$$A_o = \pi n d_o l = \pi \times 106 \times 0.025 \times 3 = 24.96 (m^2)$$

传热面积裕度：

$$\frac{24.96 - 21.6}{21.6} = 15.56\% \ (在 15\% \sim 25\% \ 之间)$$

3. 校核压降

（1）计算管程压降　取管壁粗糙度为 $\varepsilon = 0.2\text{mm}$，则相对粗糙度为 $\varepsilon / d_i = 0.2 / 20 = 0.01$。查 $\lambda - Re$ 关联图可得摩擦系数 $\lambda_i = 0.039$，则由直管阻力引起的压降为

$$\Delta p_1 = \lambda_i \frac{l}{d_i} \times \frac{\rho_i u_i^2}{2} = 0.039 \times \frac{3}{0.02} \times \frac{994 \times 1.377^2}{2} = 5509.07 (\text{Pa})$$

由回弯阻力引起的压降为

$$\Delta p_2 = 3 \left(\frac{\rho_i u_i^2}{2} \right) = 3 \times \frac{994 \times 1.377^2}{2} = 2825.16 (\text{Pa})$$

对于 $\phi25\text{mm} \times 2.5\text{mm}$ 的管子有 $F_T = 1.4$，串联的壳程数 $N_S = 1$，每个壳程的管程数 $N_P = 4$，则管程总压降

$$\begin{aligned}
\sum \Delta p_i &= (\Delta p_1 + \Delta p_2) F_T N_S N_P \\
&= (5509.07 + 2825.16) \times 1.4 \times 1 \times 4 \\
&= 46671.69 (\text{Pa}) \text{（小于 50kPa）}
\end{aligned}$$

（2）计算壳程压降　壳程结垢校正系数 $F_S = 1.15$，管子正三角形排列时 $F = 0.5$，壳程流体的摩擦系数 $f_o = 5Re_o^{-0.228} = 5 \times 27492.81^{-0.228} = 0.49$，横过管束中心线的管子数 $n_c = 13$，折流挡板数 $N_B = l / h - 1 = 3 / 0.1 - 1 = 29$，则流体横向流过管束的压降为

$$\Delta p_1' = F f_o n_c (N_B + 1) \frac{\rho_o u_o^2}{2}$$

$$= 0.5 \times 0.49 \times 13 \times (29 + 1) \times \frac{810 \times 0.523^2}{2} = 10584.96 (\text{Pa})$$

流体流过折流挡板缺口的压降为

$$\Delta p_2' = N_B \left(3.5 - \frac{2h}{D} \right) \frac{\rho_o u_o^2}{2}$$

$$= 29 \times \left(3.5 - \frac{2 \times 0.1}{0.45} \right) \times \frac{810 \times 0.523^2}{2} = 9816.27 (\text{Pa})$$

壳程总压降为

$$\begin{aligned}
\sum \Delta p_o &= (\Delta p_1' + \Delta p_2') F_S N_S \\
&= (10584.96 + 9816.27) \times 1.15 \times 1 \\
&= 23461.41 (\text{Pa}) \text{（小于 50kPa）}
\end{aligned}$$

通过上述计算可知，选择的换热器总传热系数裕度、传热面积裕度，管程和壳程的总压降均符合要求，因此所选换热器适用。

上述示例仅介绍了换热器设计选型的一般计算过程。在实际设计选型时，需要反复试

算，比较结果，综合考虑生产要求、成本、尺寸、压降等因素，进行最优设计。若是进行非标准系列换热器的设计，也需满足上述基本原则。

三 拓展资料

列管式换热器设计任务书两则

一、冷却器的设计

1. 设计任务

设计一台管壳式换热器，年处理能力为 9000t 苯。

2. 操作条件

①厂址：天津大港地区。
②苯：入口温度 80℃，出口温度 40℃。
③冷却介质：循环水，入口温度 35℃。
④管程、壳程允许压降：不大于 5kPa。
⑤按每年 300 天计，每天 24h 连续运行。

3. 设计要求

①选定列管式换热器的种类和工艺流程。
②确定列管式换热器的工艺计算和主要工艺尺寸的设计，并进行核算。
③对本设计的评述及有关问题的讨论。

二、冷凝器的设计

1. 设计任务

正戊烷立式列管冷凝器的设计，处理能力 2.376×10^4t/ 年。

2. 操作条件

①正戊烷：冷凝温度 51.7℃，冷凝液于饱和温度下离开冷凝器。
②冷却介质：井水，流量 7000kg/h，入口温度 32℃。
③允许压降：不大于 10^5Pa。
④每年按 330 天计，每天 24h 连续运行。

3. 设计要求

①选定列管式换热器的种类和工艺流程。
②确定列管式换热器的工艺计算和主要工艺尺寸的设计，并进行核算。
③对本设计的评述及有关问题的讨论。

第四章

板式塔的工艺设计

板式塔作为一类重要的气液传质设备，在工业生产中具有广泛的应用。例如，炼油工业中用于汽油、柴油、航空煤油的分离和提纯；化学工业中用于各种化学反应的吸收、蒸馏和萃取过程，如合成氨、合成甲醇、生产硫酸等；石油化工生产中用于处理高黏度的物料，如润滑油、石蜡等，以及进行各种石油产品的分离和提纯；生物化工与制药领域中用于发酵产物的提取、纯化以及药物合成过程中的分离和提纯。据有关资料报道，塔设备的投资费用占整个工艺设备投资费用的比例高达 30%。另外，其耗用的钢材在各类工艺设备中也较多。

总之，板式塔在工业生产中具有广泛的应用领域和重要的应用价值。通过合理的设计和操作，可以充分发挥其优点，提高生产效率，降低能耗和生产成本。

第一节

板式塔概述

微课扫一扫

蒸馏设备及
操作

一、塔设备的分类

塔设备经过长期发展，型式繁多，可以满足各方面的特殊需要。为便于研究和比较，可以从不同角度对塔设备进行分类。

① 按操作压力分　加压塔、常压塔和减压塔；

② 按单元操作分　精馏塔、吸收塔、解吸塔、萃取塔和反应塔；

③ 按塔内结构分　板式塔和填料塔。

（1）板式塔　板式塔是一种应用极为广泛的气液传质设备。它的外形为一个呈圆柱形的壳体，内部按一定间距设置有若干塔板（或称塔盘）和溢流装置，气体以鼓泡或喷射的形式穿过板上液层进行传质与传热。在正常操作状况下，气相为分散相，液相为连续相，气液相组成呈阶梯式变化，属逐级接触逆流操作过程。

下面以图 4-1 所示的筛板塔为例说明板式塔的结构和功能。塔内部装有塔板、各物流的进出口管及人孔（手孔）、基座、除雾器等附属装置。塔板上设有溢流堰和降液管。溢流堰的作用是使塔板上维持一定深度的液层，降液管是塔板上的液体流至下一层塔板的通道。液体经降液管从筛板塔上层塔板流到下层塔板，气体经筛孔从下层塔板进入上层塔板，穿过液层鼓泡而出，离开液面时带出一些小液滴，一部分可能随气流进入上一层塔板，称为雾（液）沫夹带。严重的雾沫夹带将导致塔板效率下降。

（2）填料塔　塔内设置有一定高度的填料层，液体自塔顶沿填料表面下流，气体逆流向上（有时也采用并流向下的方式），气液相密切接触进行传质与传热。在正常操作状况下，气相为连续相，液相为分散相，气液相组成呈连续变化，属微分接触逆流操作过程。

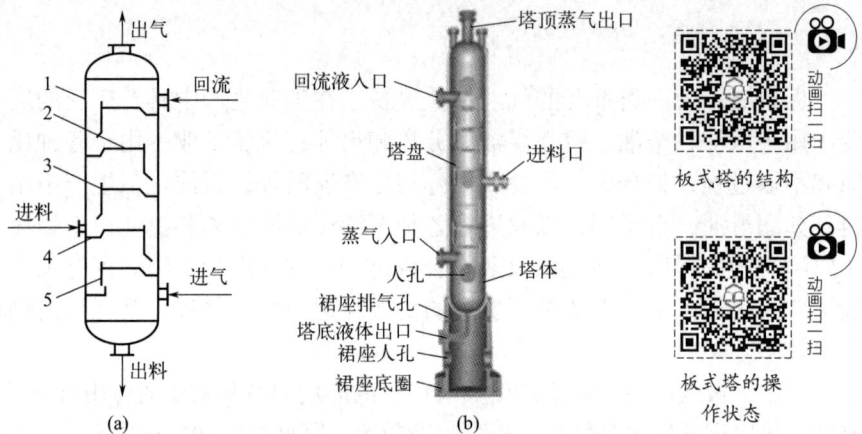

图 4-1　板式塔的结构

1—塔壳；2—塔板；3—出口溢流堰；4—受液盘；5—降液管

二、板式塔的类型

1. 泡罩塔

泡罩塔是一种很早就应用在工业上的塔设备。其塔板上的主要部件是泡罩，如图 4-2 所示。它是一个钟形的罩，支撑在塔板上，其下沿周边开有长条形或圆形小孔，或做成齿缝状，与板面保持一定的距离。罩内设有供蒸气通过的升气管，升气管与泡罩之间形成环形通道。操作时，气体沿升气管上升，经升气管与泡罩间的环隙，通过齿缝被分散成许多细小的气泡。这些细小的气泡穿过液层使之成为泡沫层，从而加大了两相间的接触面积。液体由上层塔板的降液管流到下层塔板的一侧，然后横过板上的泡罩，开始分离夹带的气泡，接着越过溢流堰进入另一侧的降液管。在管中气、液两相进一步分离，分离出的蒸气返回塔板上方，液体流到下层塔板。

泡罩的制造材料有碳钢、不锈钢、合金钢、铜、铝等，特殊情况下可用陶瓷，以便防腐蚀。

泡罩塔的优点：不易发生漏液现象；操作弹性较大，塔板不易堵塞；对各种物料的适应性强。泡罩塔的缺点：结构复杂，材料耗量大；板上液层厚，塔板压降大；生产能力及塔板效率较低。泡罩塔已逐渐被筛板塔、浮阀塔取代，在新建塔设备中已很少采用。

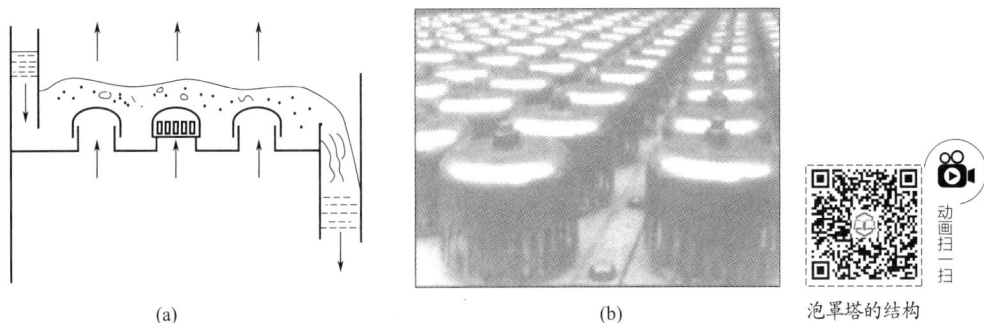

(a)　　　　　　　　　　　　　(b)　　　　　　泡罩塔的结构

图 4-2　泡罩塔板

2. 筛板塔

（1）筛孔塔板　简称筛板，其结构如图 4-3 所示。筛板上开有许多均匀的小孔（筛孔），孔径一般为 3～8mm（以 4～5mm 较常用），正三角形排列。筛板上设置有溢流堰，可使板上保持一定厚度的液层。其液体流程与泡罩塔板相同，蒸气通过筛孔将板上的液体吹成泡沫层。筛板上没有凸起的气、液接触组件，因此板上液面落差很小，一般可以忽略不计，只有在塔径较大或液体流量较高时才考虑液面落差的影响。

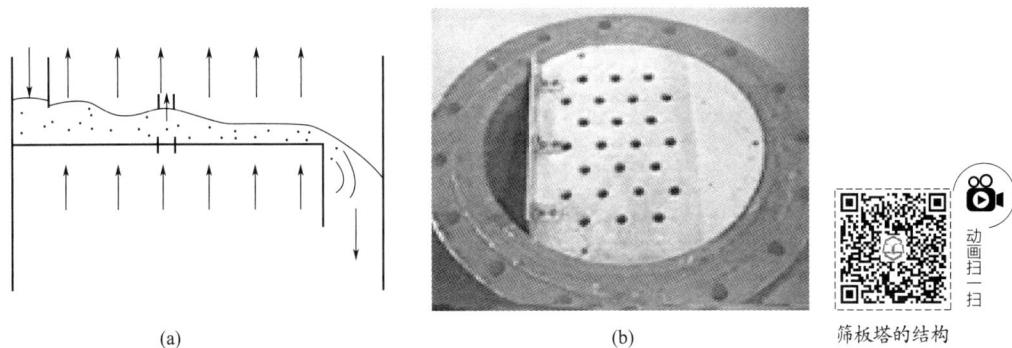

(a)　　　　　　　　　　　　　(b)　　　　　　筛板塔的结构

图 4-3　筛板

（2）垂直筛板　垂直筛板如图 4-4 所示。其塔板开口上方安装有许多帽罩，帽罩侧壁上开有许多小孔。操作时，塔板上的液体经帽罩底边与塔板的缝隙流入罩内。下层塔板上升的蒸气经升气孔进入帽罩，使液体在升气孔周边形成环状喷流，气液两相穿过帽罩侧壁的小孔喷出。气液分离后，气相上流，而液相落回塔板，并与塔板上的液体混合。混合后的液体一部分再次进入该帽罩循环，另一部分沿塔板流到下一排帽罩。各帽罩之间对喷的气液两相流能使塔板效率增大。垂直筛板的特点是气液处理量大。

操作时，气体经筛孔分散成小股气流通过液层，气、液两相间密切接触，从而进行传热和传质。在正常的操作条件下，通过筛孔上升的气流应能阻止液体经筛孔向下泄漏。

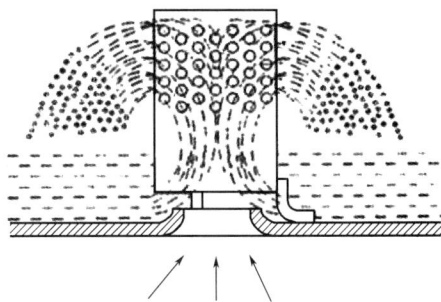

图 4-4　垂直筛板

筛板塔的优点：结构简单，筛板多用不锈钢板或合金钢板制成，金属耗量低，造价低；板上液面落差小，气体压降低；生产能力比泡罩塔高 10% ~ 15%，塔板效率亦高 10% ~ 15%，而塔板压降则低 30% 左右。筛板塔的缺点：操作弹性小，易发生漏液；筛孔易堵塞，不适合处理易结焦、黏度大的物料。

3. 浮阀塔

浮阀塔是 20 世纪 50 年代开发的一种较好的塔型。浮阀塔板的结构特点是塔板上开有若干个阀孔，每个阀孔装有一个可在一定范围内自由活动的阀片，称为浮阀。浮阀的形式很多，常用的有图 4-5 所示的 F1 型浮阀、条形浮阀、方形浮阀等。

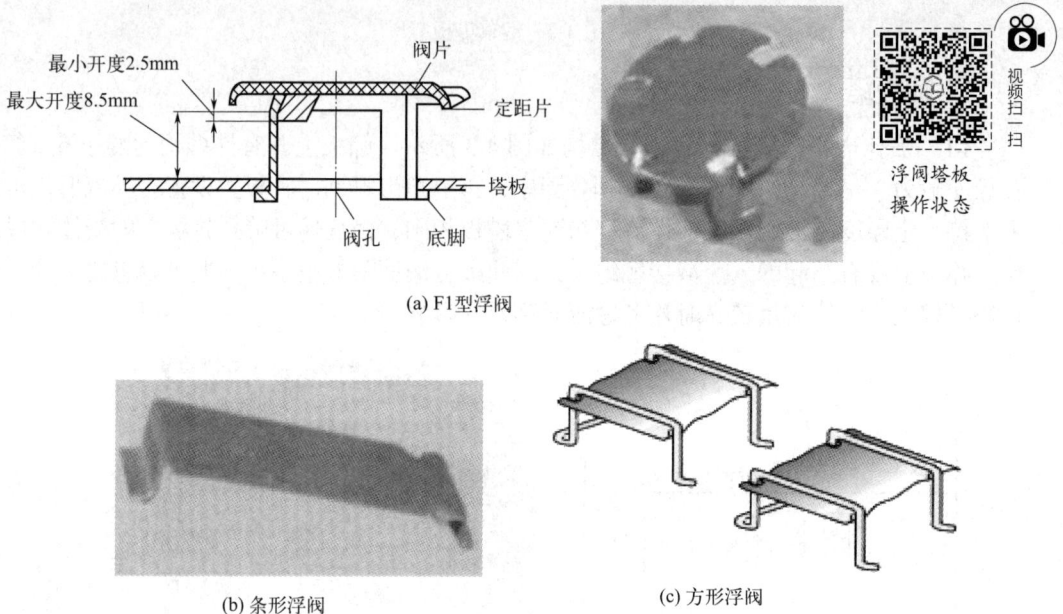

最小开度2.5mm
最大开度8.5mm
阀片
定距片
塔板
阀孔　底脚

(a) F1型浮阀

视频扫一扫

浮阀塔板
操作状态

(b) 条形浮阀

(c) 方形浮阀

图 4-5　浮阀的主要形式

浮阀塔的优点：生产能力大，比泡罩塔高 20% ~ 40%，与筛板塔相近；操作弹性大，塔板效率高，气体压降与液体液面落差较小；造价低，为相同生产能力泡罩塔的 60% ~ 80%，为筛板塔的 120% ~ 130%。浮阀塔的缺点：对浮阀材料的抗腐蚀性要求高，一般采用不锈钢制造。

4. 舌形塔

舌形塔是一种在化工领域广泛应用的精馏装置，属于喷射塔的一种。舌形塔板（图 4-6）也被称为舌形板，分为固定舌形塔板和浮动舌形塔板两种。其液流部分与一般有降液管的塔板相同，但在开有定向舌形孔的区域设置了开启一定角度的固定舌片或浮动舌片。这些舌片通常为三角形切口式或圆弧式，其中三角形切口式更为常用。固定舌片的开启角度一般为 18°、20°、25°（常用的为 20°），尺寸则有 25mm 和 50mm 两种（常用的为 50mm）。舌形孔按一定顺序冲出，一般正三角形布置。浮动舌片的开启角度随气速大小而变化。

在舌形塔中，上升气体由舌形孔并流喷出，推动液流前进，并实现气液传质过程。由于舌形孔的方向与液流方向一致，气体从舌形孔喷出时，可减小液面落差，减薄液层，从而减少雾沫夹带。

舌形塔的优点：结构简单，易于制造和安装；塔板压降小，由于舌形孔的特殊设计，气体通过塔板时的压降较小；处理能力大，舌形塔板的结构使得其能够处理较大的物料流量。

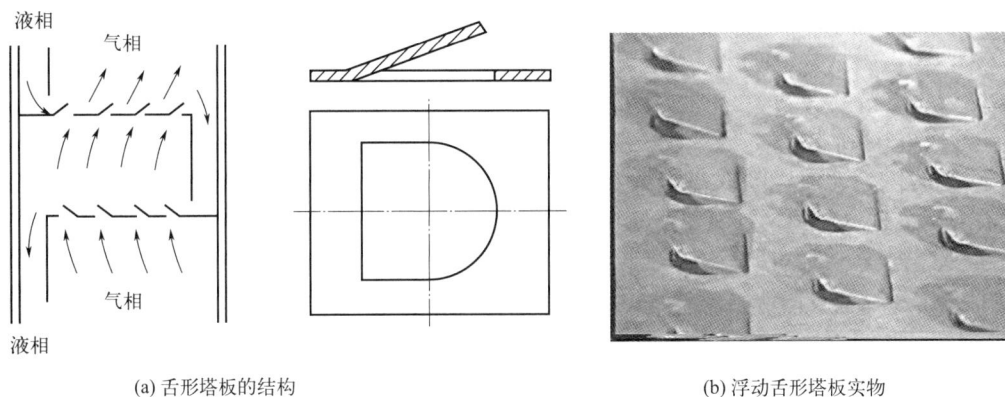

(a) 舌形塔板的结构   (b) 浮动舌形塔板实物

图 4-6 舌形塔板

三、板式塔的选用

板式塔是化工、石油生产中最重要的设备之一，它可使气液或液液两相之间紧密接触，达到相际传热和传质的目的。在塔内可完成的单元操作有精馏、吸收、解吸和萃取等。板式塔的类型很多，性能各异，这里仅介绍板式塔选用的一般要求和原则。

1. 板式塔选择的一般要求

① 操作稳定，操作弹性大。当气、液负荷在较大范围内变动时，要求其仍能在较高的传质、传热效率下操作，并且应能保证长期操作所必须具有的可靠性。

② 流体流动的阻力小，即流体流经塔设备的压降小。这将大大节省动力消耗，从而降低操作费用。对于减压精馏操作，过大的压降会使整个系统无法维持必要的真空度，最终破坏操作。

③ 结构简单，材料耗用量小，制造和安装容易。

④ 耐腐蚀，不易堵塞，操作、调节和检修方便。

⑤ 塔内的流体滞留量小。

实际上，任何塔型都难以满足上述所有要求，况且上述要求有些也是互相矛盾的。不同的塔型有其独特的优点，应根据物系的性质和具体要求，抓住主要方面进行选型。

2. 板式塔选择的原则

合理选择塔型是做好板式塔设计的首要环节。选择时，除了应考虑不同结构的塔性能不同外，还应考虑物料性质、操作条件以及塔的制造、安装、运转和维修等因素。

（1）物性因素

① 物料容易起泡，在板式塔中操作易引起液泛。

② 具有腐蚀性的介质，宜选用结构简单、造价便宜的筛板、穿流式塔板或舌形塔板，以便及时更换。

③ 热敏性的物料须减压操作，降低分离温度，以防过热引起分解或聚合，因此宜选用压降较小的塔型，如筛板塔、浮阀塔。

④ 含有悬浮物的物料应选择液流通道较大的塔型，如泡罩塔、浮阀塔、栅板塔、舌形塔和孔径较大的筛板塔。

（2）操作条件

① 较大的液体负荷，宜选用气液并流的塔型（如喷射塔）或塔板上液流阻力较小的塔型（如筛板塔和浮阀塔）。

② 塔的生产能力，即板式塔的处理能力，指单位时间内、单位塔截面积上的处理量。生产能力以筛板塔最大，其次是浮阀塔，再次是泡罩塔。

③ 操作弹性，浮阀塔最大，泡罩塔次之，筛板塔最小。

④ 对于真空塔或塔压降要求较低的场合，宜选用筛板塔，其次是浮阀塔。

（3）其他因素

① 当被分离物系及分离要求一定时，宜选用筛板塔。这是因为其设备造价最低，而泡罩塔的价格最高。

② 从塔板效率考虑，浮阀塔、筛板塔效率相当，泡罩塔效率最低。

四、板式塔的设计步骤

板式塔的工艺设计过程大致分为下列步骤：

① 依据设计任务书确定设计方案。

② 依据设计任务书选择塔板类型。

③ 进行塔体工艺尺寸计算，包括确定塔径和塔高等。

④ 进行塔板的设计，包括溢流装置的设计、塔板的布置、升气道（泡罩、筛孔或浮阀等）的设计及排列。

⑤ 进行流体力学验算。

⑥ 绘制塔板的负荷性能图。

⑦ 根据负荷性能图，对设计进行分析。若设计不够理想，可对某些参数进行调整，并重复上述设计过程，直到满意为止。

第二节

设计方案的确定

确定设计方案包括确定设备结构、精馏方式、装置流程和一些操作条件等，例如组分的分离顺序、操作压力、进料状况、塔顶蒸汽的冷凝方式及测量仪表的设置等。确定设计方案的总原则是尽可能选用当前先进且成熟的研究成果，在满足安全生产的前提下，达到技术上先进、经济上合理。

一、操作方式的确定

精馏过程分为连续精馏和间歇精馏两种操作方式。

1. 连续精馏的特点

连续精馏工艺稳定，主要是控制参数稳定，正常情况下无明显变化；生产能力大，适用于大规模生产；操作方便，自动化程度高，可减少人工干预和误差；能量损失小，更加节能；采用了先进的回流分配技术和全凝器设备技术，可降低物耗；产品品质稳定，适用于对产品质量要求较高的场合。

2. 间歇精馏的特点

间歇精馏的设备相对简单，操作灵活，适用于小规模、多品种的生产。间歇精馏为非定态过程，在精馏过程中釜液组成不断降低。因此，为了达到预期的分离要求，实际操作可灵活多样，如逐步加大回流比等。由于间歇精馏时全塔均为精馏段，没有提馏段，因此获得同样的塔底、塔顶组成的产品，间歇精馏的能耗必大于连续精馏。

3. 选择建议

大规模稳定生产：对于大规模、连续稳定的生产需求，建议选择连续精馏。其稳定的工艺控制、高效的生产能力和优质的产品品质能够满足这类生产要求。

小规模多品种生产：对于小规模、多品种的生产需求，或者当混合液的分离要求较高而料液品种或组成经常变化时，建议选择间歇精馏。其灵活的操作方式和设备选择能够适应这类生产特点。

二、板式塔结构类型的选择

不同类型的塔板具有其独特的优点，但也都存在一定的缺点。因此，任何一种塔型都难以完全满足对塔设备的所有要求，设计者只能根据被分离物系的性质和其他主要的要求，通过分析比较，选取一种相对来说比较合适的结构类型。表4-1为主要塔板的优点和适用范围，表4-2为主要塔板性能的量化比较，可作为选型时的参考。

表4-1　主要塔板的优点和适用范围

项目	泡罩塔板	浮阀塔板	筛板塔板	舌形塔板
优点	较成熟，操作范围宽	分离效率高，操作范围宽	效率较高，成本低	结构简单，阻力小
缺点	结构复杂，阻力大，生产能力小	采用不锈钢，浮阀易脱落	易堵塞，操作弹性小	操作弹性小，效率低
适用范围	个别要求弹性好的特殊塔	分离要求高，负荷变化大	分离要求高，塔板数较多	分离要求较低的闪蒸塔

表 4-2　主要塔板性能的量化比较

项目	泡罩塔板	浮阀塔板	筛板塔板	舌形塔板
结构	复杂	一般	简单	简单
压降	1.0	0.6	0.5	0.8
操作弹性	5	9	3	3
塔板效率	1.0	1.1～1.2	1.1	1.1
生产能力	1.0	1.2～1.3	1.2～1.4	1.3～1.5
成本	1.0	0.7～0.9	0.4～0.5	0.5～0.6

三、精馏装置流程的确定

动画扫一扫

连续精馏装置

精馏装置包括精馏塔、原料输送泵、预热器、塔顶冷凝器、塔釜再沸器、产品冷却器等。

1. 物料的储存和输送

在流程中应设置原料槽、产品槽和离心泵。原料可由泵直接送入塔内，也可通过高位槽送料，以免受泵操作波动的影响。为使过程连续稳定地进行，产品还需用泵送入下一工序。

2. 余热回收

精馏是通过物料在塔内的多次部分汽化与多次部分冷凝实现分离的，热量自再沸器输入，由冷凝器和产品冷却器中的冷却介质将余热带走，此过程的热能利用率较低。为此，在确定装置流程时应考虑余热的利用。例如，用原料作为塔顶产品（或釜液产品）冷却器的冷却介质，既可将原料预热，又可节约冷却介质。

3. 全凝器和分凝器的选用

塔顶冷凝装置根据生产情况来决定采用分凝器或全凝器。工业上以采用全凝器为主，以便于准确地控制回流比。塔顶分凝器对上升蒸汽有一定的增浓作用，若后继装置使用气态物料，则宜用分凝器。

4. 再沸器的选择

精馏装置大多采用间接蒸汽加热，设置再沸器。有时也可采用直接蒸汽加热，例如，精馏釜残液中的主要组分是水，且在低浓度下轻组分的相对挥发度较大时（如乙醇与水的混合液）宜用直接蒸汽加热。其优点是可以利用压力较低的加热蒸汽，从而节省操作费用，并省掉间接加热设备。

四、操作条件的确定

通常以物系的性质、分离要求等工艺条件以及所能提供的公用工程实际条件作为前提，以达到某一目标最优来选择适宜的操作条件。在精馏装置中，首先选择精馏塔的操作条件，其他单元设备的操作条件随之而定。精馏塔操作条件的选择通常从以下几方面考虑。

1. 操作压力的确定

精馏塔的设计和操作都是在一定压力下进行的，应保证在恒压下操作。压力的波动将影响精馏塔的气液相平衡关系、产品的质量和数量、操作温度、生产能力。在生产中，进料量、进料组成、进料温度、回流量、回流温度、加热剂和冷却剂的压强与流量以及塔板堵塞等都会引起精馏塔压力的波动，应查明原因，及时调整，使操作恢复正常。

精馏操作可以在常压、加压或减压下进行，操作压力应根据物料的性质和经济上的合理性来决定。一般来说，除热敏性物料外，都应采用常压精馏；对于热敏性物料或混合液沸点过高的系统，则宜采用减压精馏；对于常压下馏出物冷凝温度过低的系统，可适当提高压力，用常温冷却水取代冷却剂，但如果压力需要提得很高，致使设备费过高时，提高压力与选择适宜的冷却剂应同时考虑；对于常压下的气态物料（如石油气），则必须采用加压精馏。

2. 进料状态的确定

进料状态可以是过冷液体、饱和液体、气液混合物、饱和蒸汽或过热蒸汽。进料状态对塔内气、液相流量分布，塔径，能耗和所需的塔板数都有一定的影响。从节能的角度来看，进料状态应和前一工序来的物料状态保持一致，不做任何改变。但从设计的角度来看，如果来的原料为过冷液体，则可考虑加设原料预热器，将原料预热至饱和液体状态进料。这样精馏段和提馏段的气相流率接近，两段的塔径可以相同，便于设计和制造，操作上也比较容易控制。为了节能，采用塔釜产品或其他工艺物流的余热对原料进行预热，可减少再沸器热能的消耗，使耗能趋于合理。但是，若将进料温度提得过高，会导致提馏段气、液相流量同时减少，从而引起提馏段液气比增大，削弱提馏段的分离能力，使塔板数有所增加。

3. 回流比的选择

回流比的选择应从经济角度出发，力求设备费用和操作费用之和，即总费用最小。一般适宜的回流比大致为最小回流比的 1.1 ～ 2.0 倍，通常，能源价格较高或物系比较容易分离时，这一倍数可以适当取得小些。实际生产中，回流比往往是调节产品质量的重要手段，必须留有一定的裕度。因此，具体的倍数需要参考实际生产中的经验数据进行选取。

第三节

板式塔的工艺计算

板式塔的工艺计算主要包括塔高、塔径的设计计算，板上液流形式的选择、溢流装置的设计，塔板布置、气体通道的设计等。

板式塔为逐级接触式的气液传质设备，沿塔方向，每层板的组成、温度、压力都不同。设计时，先选取某一塔板条件下的参数作为设计依

微课扫一扫

连续精馏
过程的计算

据，以此确定塔的尺寸，然后再进行适当调整；或分段计算，以适应各段气液相体积流量的变化，但应尽量保持塔径相同，以便于加工制造。

所设计的板式塔应为气液接触提供尽可能大的接触面积，尽可能地减少雾沫夹带和气泡夹带，有较高的塔板效率和较大的操作弹性。但是由于塔中两相流动情况和传质过程的复杂性，许多参数和塔板尺寸需根据经验选取，而参数与尺寸之间又彼此互相影响和制约，因此设计过程中不可避免地要进行试差，计算结果也需要工程标准化。基于上述原因，在设计过程中需要不断地调整、修正和核算，直到设计出较为满意的板式塔。

一、塔高的计算

1. 塔的有效高度

板式塔的有效高度是指安装塔板部分的高度（不考虑人孔和加料板处的板间距），可按式（4-1）计算。

$$Z = (N-1)H_{\mathrm{T}} = \left(\frac{N_{\mathrm{T}}}{E_{\mathrm{T}}} - 1\right)H_{\mathrm{T}} \tag{4-1}$$

式中　Z——塔的有效高度，m；

E_{T}——全塔效率；

N_{T}——塔内所需的理论塔板数；

N——塔内所需的实际塔板数；

H_{T}——塔板间距，m。

2. 塔板间距的初选

塔板间距 H_{T} 的选择很重要，选取时应考虑塔高、塔径、物系性质、分离效率、操作弹性及塔的安装检修等因素。

完成一定生产任务，若采用较大的塔板间距，能允许较高的空塔气速，对塔板效率、操作弹性及安装检修有利。但塔板间距增大后，会增加塔身总高度，金属消耗量，塔基、支座等的负荷，从而导致全塔造价增加。反之，若采用较小的塔板间距，只能允许较小的空塔气速，塔径就要增大，不过塔高可降低。但是塔板间距过小，容易产生液泛现象，降低塔板效率。所以在选取塔板间距时，要根据各种不同情况予以考虑。例如，对于易发泡的物系，塔板间距应取得大一些，以保证塔的分离效果。塔板间距与塔径之间的关系，应根据实际情况进行全面的经济权衡，反复调整，做出最佳选择。设计时通常根据表 4-3 列出的经验数值选取塔板间距。

表 4-3　塔板间距与塔径的关系

塔径 D/m	0.3～0.5	0.5～0.8	0.8～1.6	1.6～2.4	2.4～4.0
塔板间距 H_{T}/mm	200～300	250～350	300～450	350～600	400～600

化工生产中常用的塔板间距为 200mm、250mm、300mm、350mm、400mm、450mm、

500mm、600mm、700mm、800mm。另外，在决定塔板间距时还应考虑安装、检修的需要。例如，在塔体人孔处应留有足够的工作空间，其值不应小于 600mm。

对于填料式精馏塔，在确定塔内填料层高度时可使用等板高度（HETP）的概念。所谓等板高度，就是与一层理论板的传质作用相当的填料层高度。填料式精馏塔的填料层高度为

$$Z = N_T \times \text{HETP} \tag{4-2}$$

等板高度 HETP 的数据可由实验测定，需要时可查设计手册。

3. 理论塔板数的计算

理论塔板数的计算方法主要有逐板计算法、图解法、简捷算法（吉利兰图法）和计算机模拟法等。在实际应用中，应根据具体情况和需要选择合适的计算方法。

（1）逐板计算法 逐板计算法的依据是气液相平衡关系式和操作线方程。该方法是从塔顶或者塔底开始，交替利用气液相平衡关系式和操作线方程，逐级推算气液相的组成来确定理论塔板数。具体步骤如下：

若塔顶冷凝器为全凝器，则塔顶气相组成等于塔顶产品组成。按照气液相平衡关系式，由塔顶气相组成计算出第一层理论塔板上的液相组成。

按照精馏段操作线方程，由第一层理论塔板下降的回流液组成计算出第二层理论塔板上升的蒸气组成。再次利用气液相平衡关系式，由该蒸气组成计算出第二层理论塔板上的液相组成。

以此类推，一直计算到某一层塔板的液相组成小于或等于原料液组成。此时，操作线方程改为提馏段操作线方程，继续计算直到满足分离要求。

逐板计算法较为准确，不仅适用于双组分精馏计算，也可用于多组分精馏计算。但手工计算较为繁复，尤其是塔板数较多时。随着电子计算机的广泛应用，该方法已变得简捷可靠。

（2）图解法 图解法求理论塔板数的依据同样是平衡关系式和操作线方程，但用曲线代替了代数方程，用简便的绘图方法代替了逐板计算。具体步骤如下：

按物系的平衡关系在 y-x 图中作出平衡曲线和对角线。

在 y-x 图上作出 q 线和精馏段及提馏段的操作线。

由操作线上的某一点（如原料液组成点）出发，作 x 轴的平行线交平衡曲线于一点，再由该点作垂线交操作线于另一点即得一个梯级。以此类推，直至梯级的垂线到达或小于塔底产品组成。图中每一梯级表示一块理论塔板。

图解法较为简便且直观，便于对过程进行分析比较。但计算的精确度较差，尤其是对于相对挥发度较小而所需理论塔板数较多的场合。

（3）简捷算法（吉利兰图法） 吉利兰图是根据对物系的分离要求，通过广泛研究回流比 R、理论塔板数 N、最小回流比 R_{min} 和最小理论塔板数 N_{min} 之间的关系得出的表示这四个参数的相互关联图。应用吉利兰图可以简便地计算出精馏所需的理论塔板数。具体步骤如下：

微课扫一扫

理论塔板数的计算

动画扫一扫

理论塔板数的绘制

根据物系性质及分离要求，求出最小回流比 R_{min}，并选择合适的回流比 R。

求出全回流下所需的最小理论塔板数 N_{min}。对于接近理想体系的混合物，可以应用芬斯克方程计算。

应用吉利兰图，以（$R-R_{min}$）/（$R+1$）为横坐标查得纵坐标（$N-N_{min}$）/（$N+2$），即可求出所需的理论塔板数 N。

简捷算法误差较大，一般只能对所需的理论塔板数进行大致的估计。但因其简便，所以在初步设计或粗略估算时常常使用。

（4）计算机模拟法　通过选择合适的热力学方法，建立严格的物料衡算方程（M）、相平衡方程（E）、组分归一方程（S）和热量衡算方程（H）（简称 MESH 方程组）进行求解。国际上通用的流程模拟软件有 Aspen Plus、ProI 等。通过模拟即可获得所需的理论塔板数、进料位置、各塔板的温度、压力、组成和气液相流量的变化等，计算快捷准确。

4. 全塔效率的估算

全塔效率为指定分离要求与回流比下所需的理论塔板数与实际塔板数的比值，即

$$E_T = \frac{N_T}{N} \times 100\% \tag{4-3}$$

全塔效率与系统的物性、塔板结构及操作条件等都有密切关系，由于影响因素多且复杂，目前尚无精确的计算方法。工业上的测定值通常在 0.3 ～ 0.7 之间。设计中可取自条件相近的生产或中试实验数据，必要时也可采用适当的关联方法计算。下面介绍两个应用较广的关联方法。

（1）Drickamer 和 Bradford 法　由大量烃类精馏工业装置的实测数据归纳出精馏塔全塔效率关联图，如图 4-7 所示。图中曲线也可以用下式表示。

$$E_T = 0.17 - 0.616 \lg \mu_m \tag{4-4}$$

$$\mu_m = \sum x_{Fi} \mu_{Li} \tag{4-5}$$

式中　μ_m——塔进料某组分在塔顶与塔底平均温度下的液相黏度，mPa·s。

上式适用于液体黏度为 0.07 ～ 0.14mPa·s 的烃类物系。

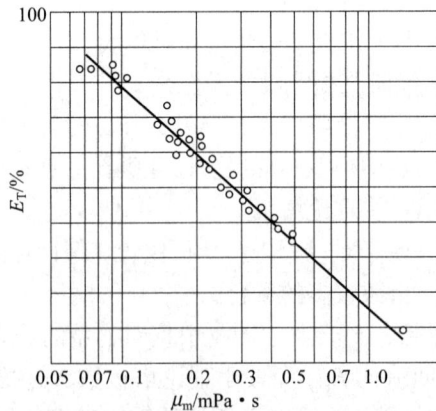

图 4-7　Drickamer 和 Bradford 法精馏塔全塔效率关联图

（2）O'Connell 法　通过对几十个生产中的泡罩塔和筛板塔进行实际测定，结果符合 O'Connell 法关联图，实践证明此图也可用于浮阀塔的效率估计。O'Connell 法精馏塔全塔效率关联图如图 4-8 所示。图中曲线也可以用下式表示。

$$E_T = 0.49(\alpha\mu_L)^{-0.245} \tag{4-6}$$

式中　α——塔顶与塔底平均温度下的相对挥发度；

μ_L——塔进料某组分在塔顶与塔底平均温度下的液相黏度，mPa·s。

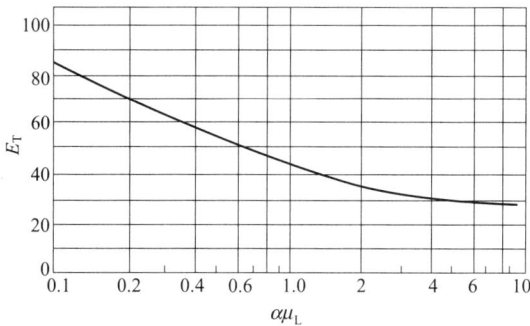

图 4-8　O'Connell 法精馏塔全塔效率关联图

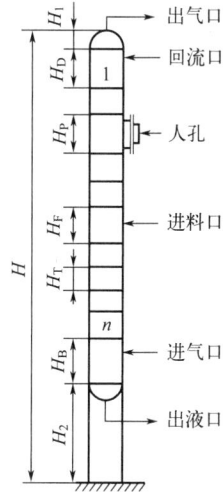

图 4-9　板式塔塔高

5. 塔体总高度的计算

板式塔的塔体如图 4-9 所示，塔体总高度（包括封头和裙座的高度，且考虑人孔和进料处的塔板间距）由式（4-7）计算。

$$H = (N - n_F - n_P - 1)H_T + n_F H_F + n_P H_P + H_D + H_B + H_1 + H_2 \tag{4-7}$$

式中　H——塔体总高度，m；

　　　N——塔内所需的实际塔板数；

　　　n_P——人孔数目（不包括塔顶空间和塔底空间的人孔）；

　　　n_F——进料板数；

　　　H_T——塔板间距，m；

　　　H_F——进料处的塔板间距，m；

　　　H_P——人孔处的塔板间距，m；

　　　H_D——塔顶空间，m；

　　　H_B——塔底空间，m；

　　　H_1——塔顶封头的高度，m；

　　　H_2——塔底裙座的高度，m。

（1）塔顶封头的高度 H_1　封头分为椭圆形封头、蝶形封头等。通常采用椭圆形封头，其参数可查阅化工设计手册。

（2）塔顶空间 H_D　塔顶空间如图 4-9 所示，指塔内最上层塔板与塔顶空间的距离。为利于出塔气体夹带的液滴沉降，其高度应大于塔板间距，通常取 H_D 为 $(1.5 \sim 2.0)H_T$。需要安装除雾器时，要根据除雾器的安装要求确定塔顶空间。

（3）塔底空间 H_B　塔底空间指塔内最下层塔板到塔底封头底边的间距，具有中间储槽的作用。其高度由下列因素决定。

① 当进料有 15min 缓冲时间的容量时，塔底产品的停留时间可取 $3 \sim 5$min，否则需有 $10 \sim 15$min 的储量，以保证塔底料液不致流空。塔底产品量大时，塔底容量可取得小些，停留时间可取 $3 \sim 5$min；对于易结焦的物料，停留时间应短些，一般取 $1 \sim 1.5$min。

② 塔底液面与塔内最下层塔板之间要有 $1 \sim 2$m 的间距，大型塔可大于此值。

③ 再沸器的安装方式和安装高度。

（4）人孔数目 n_P　人孔数目根据塔板安装因素和物料的清洗程度而定。对于 $D \geqslant 1000$mm 的板式塔，处理不需要经常清洗的物料，为安装、检修的需要，可每隔 $8 \sim 10$ 块塔板设置一个人孔；对于易结垢、结焦的物系，需经常清洗，则每隔 $4 \sim 6$ 块塔板开一个人孔。

（5）人孔处的塔板间距 H_P　设有人孔处的塔板间距等于或大于 600mm。人孔直径通常为 400mm、450mm、500mm、600mm，其伸出塔体的筒体长为 $200 \sim 250$mm。人孔中心距操作平台 $800 \sim 1200$mm。

（6）进料处的塔板间距 H_F　进料处的塔板间距取决于进料口的结构形式和物料状态。一般 H_F 要比 H_T 大，有时要大一倍。为了防止进料直冲塔板，常考虑在进料口处安装防冲设施，如防冲挡板、入口堰、缓冲管等。H_F 的大小应保证这些设施的安全。

（7）塔底裙座的高度 H_2　塔底常用裙座支撑，一般采用圆筒形裙座。考虑到再沸器，裙座的高度 H_2 应取 3m。

二、塔径的计算

塔的横截面积应满足气液接触部分的面积、溢流部分的面积和塔板支承、固定等结构安装所需面积的要求。在塔板设计中起主导作用的是气液接触部分的面积，此处应保证有适宜的气体速度。

计算塔径的方法有两类：一类是先根据适宜的空塔气速，求出塔的横截面积，然后再算出塔径；另一类是先确定适宜的孔流气速，算出一个孔（阀孔或筛孔）允许通过的气量，定出每块塔板所需的孔数，然后再根据孔的排列及塔板各区域的相互比例算出塔的横截面积和塔径。

1. 初步计算塔径

板式塔的塔径依据流量公式计算，即

$$D=\sqrt{\frac{4V_s}{\pi u}} \tag{4-8}$$

式中　D——塔径，m；

V_s——塔内气体流量，m^3/s；

　u——空塔气速，m/s。

由式（4-8）计算塔径的关键是空塔气速 u。设计中，空塔气速 u 的计算方法是，先求得最大空塔气速 u_{max}，即液泛气速，然后根据设计经验，乘以一定的安全系数，即

一般液体

$$u = (0.6 \sim 0.8) u_{max} \qquad (4\text{-}9a)$$

易起泡液体

$$u = (0.5 \sim 0.6) u_{max} \qquad (4\text{-}9b)$$

最大空塔气速 u_{max} 可根据悬浮液滴沉降原理导出，其计算公式为

$$u_{max} = C \sqrt{\frac{\rho_L - \rho_V}{\rho_V}} \qquad (4\text{-}10)$$

式中　u_{max}——最大空塔气速，m/s；

　ρ_V，ρ_L——气相和液相的密度，kg/m^3；

　C——泛点负荷因子，m/s。

C 可用史密斯关联图（图 4-10）查取。图中纵坐标 C_{20} 表示液体的表面张力为 0.02N/m 的泛点负荷因子，若液体的表面张力偏离 0.02N/m，则泛点负荷因子可用式（4-11）校正；参数 H_T-h_L 反映了液滴沉降空间的高度对泛点负荷因子的影响。

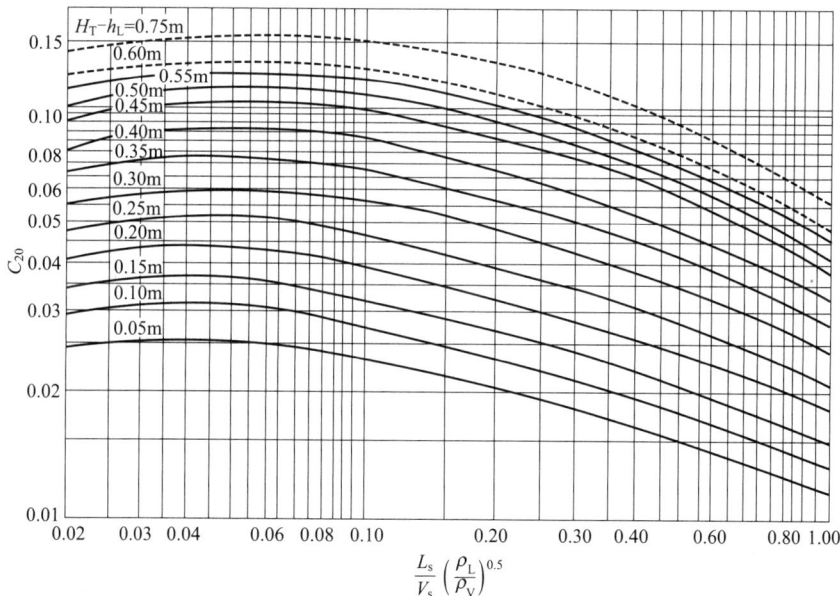

图 4-10　史密斯关联图

H_T—塔板间距，m；h_L—板上液层高度，m；V_s，L_s—塔内气、液两相的体积流量，m^3/s；
ρ_V，ρ_L—塔内气、液相的密度，kg/m^3

设计中 h_L 由设计者选定，对于常压塔一般取 0.05 $\sim$ 0.08m，对于减压塔一般取 0.025 $\sim$ 0.03m。

$$C = C_{20}\left(\frac{\sigma}{0.02}\right)^{0.2} \tag{4-11}$$

所以，初步估算塔径为

$$D = \sqrt{\frac{4V_s}{\pi u}} = \sqrt{\frac{V_s}{0.785u}} \tag{4-12}$$

2. 塔径的圆整

目前，塔的直径已标准化。因此，求得的塔径必须圆整到标准值。塔径在 1m 以下，按 100mm 增值变化；塔径在 1m 以上，按 200mm 增值变化，即 1000mm、1200mm、1400mm、1600mm 等。

3. 塔径的核算

塔径圆整后，应重新验算雾沫夹带量。若雾沫夹带量超出要求范围，应先调整塔径，然后再决定塔板结构的参数。

当液量很大时，宜先核查一下液体在降液管中的停留时间 θ。如不符合要求，且难以加大塔板间距来调整，也可在此先进行塔径的调整。

特别提示：由于精馏段、提馏段的气液流量不同，故两段中的气体速度和塔径也可能不同。在初算塔径时，精馏段的塔径可按塔顶第一块板上的 V_s 计算，提馏段的塔径可按釜中的 V_s' 计算。若两段塔径差别不大，可采用相同的塔径，取较大者作为塔径；反之，若两段塔径差别较大，可采用变径塔，中间设变径段。

三、溢流装置的设计

溢流装置的设计是板式塔设计中的关键环节。溢流装置主要包括降液管、溢流堰和受液盘，其结构和尺寸对板式塔的性能有着重要的影响。

1. 降液管

降液管是液体从上层塔板流至下层塔板的通道，也是气（汽）体与液体分离的部位。为此，降液管中必须有足够的空间，让液体有所需的停留时间。

降液管有圆形与弓形两大类，如图 4-11 所示。常用的是弓形降液管。弓形降液管由平板和弓形板焊制而成，并焊接固定在塔板上。当液体负荷较小或塔径较小时，可采用圆形降液管。

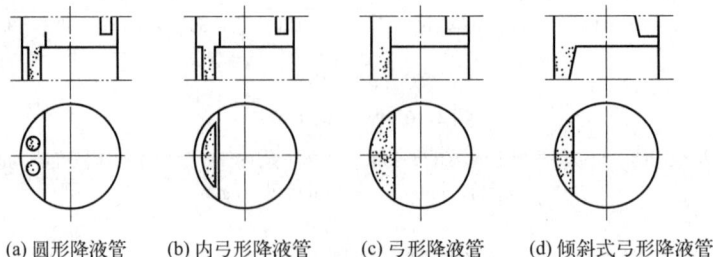

(a) 圆形降液管　(b) 内弓形降液管　(c) 弓形降液管　(d) 倾斜式弓形降液管

图 4-11　降液管的类型

2. 溢流方式的选择

降液管的安装决定了板上液体流动的路径，也就确定了溢流方式。常用的溢流方式有 U 形流、单溢流、双溢流及阶梯式双溢流等，如图 4-12 所示。

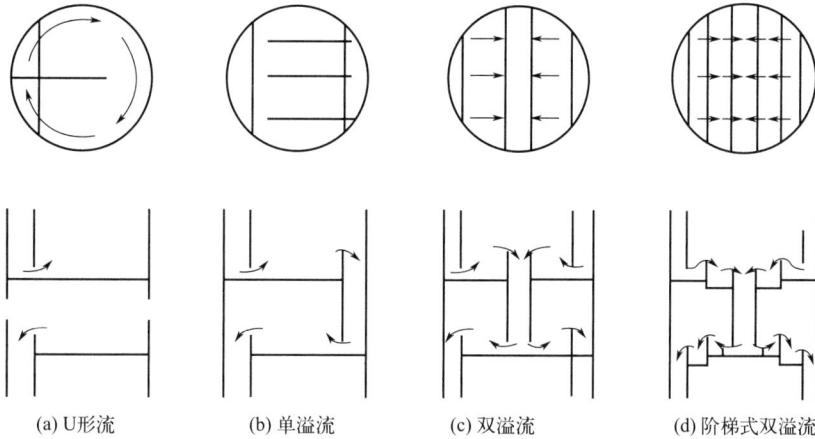

(a) U形流　　　(b) 单溢流　　　(c) 双溢流　　　(d) 阶梯式双溢流

图 4-12　塔板的溢流方式

（1）单溢流　又称直径流，液体自受液盘横向流过塔板至溢流堰。此种溢流方式液体流径较长，塔板效率较高，塔板结构简单，加工方便，在直径小于 2.2m 的塔中被广泛使用。

（2）双溢流　又称半径流。其结构特点是降液管交替设在塔截面的中部和两侧，来自上层塔板的液体分别从两侧的降液管进入中部塔板，并横过半块塔板进入中部降液管，而下层塔板的液体则由中央向两侧流动。此种溢流方式的优点是液体流动的路程短，可降低液面落差，但塔板结构复杂，板面利用率低，一般用于直径大于 2m 的塔中。

（3）U 形流　也称回转流。其结构特点是用挡板将弓形降液管隔成两半，一半作受液盘，另一半作降液管，降液和受液装置安排在同一侧。此种溢流方式液体流径长，可以提高塔板效率，其板面利用率也高，但液面落差大，只适用于小塔及液体流量小的场合。

（4）阶梯式双溢流　每一阶梯均有溢流。此种溢流方式可在不缩短液体流径的情况下减小液面落差。这种塔板结构最为复杂，只适用于塔径很大、液流量很大的特殊场合。

选择何种溢流方式要根据液体负荷、塔径等因素综合考虑。表 4-4 列出了溢流方式与液体负荷及塔径的经验关系，可供设计时参考。

表 4-4　溢流方式与液体负荷及塔径的经验关系

塔径 D/mm	液体流量 / (m³/h)			
	单溢流	双溢流	U 形流	阶梯式双溢流
600	5 ～ 25		＜ 5	
900	7 ～ 50		＜ 7	
1000	＜ 45		＜ 7	
1400	＜ 70		＜ 9	
2000	＜ 90	90 ～ 160	＜ 11	

塔径 D/mm	液体流量 / (m³/h)			
	单溢流	双溢流	U 形流	阶梯式双溢流
3000	＜ 110	110 ～ 200	＜ 11	200 ～ 300
4000	＜ 110	110 ～ 230	＜ 11	230 ～ 350
5000	＜ 110	110 ～ 250	＜ 11	250 ～ 400
6000	＜ 110	110 ～ 250	＜ 11	250 ～ 450
选用场合	一般场合	高液气比或大型塔	较低液气比	极高液气比或超大型塔

3. 溢流装置的尺寸

溢流装置的结构参数如图 4-13 所示。

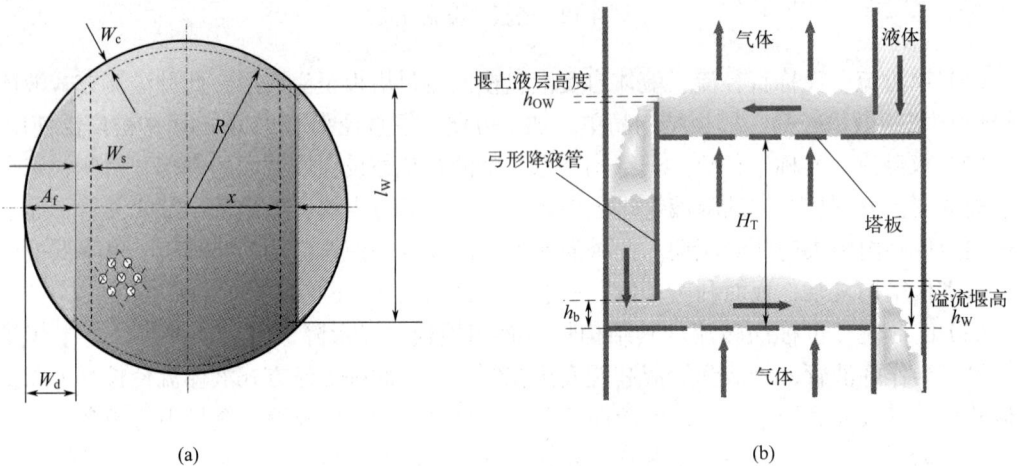

(a) (b)

图 4-13 溢流装置的结构参数

（1）溢流堰 溢流堰在塔板流体的出口端，用于维持板上一定高度的液层，保证气液两相在塔板上形成足够的相际传质表面。溢流堰的形式有平直堰和齿形堰。其中，平直堰是用角钢或钢板弯成角钢形式，与塔板构成固定式或可拆式结构。设计中一般使用平直堰。当液体流量小，堰上液层高度 h_{OW} 小于 6mm 时，为避免液体流动不均，可采用齿形堰。

堰长 l_W：弓形降液管的弦长称为堰长，用 l_W 表示，一般根据经验确定。对于常用的弓形降液管，单溢流时 l_W/D=0.6 ～ 0.75，双溢流时 l_W/D=0.5 ～ 0.7。

堰高 h_W：降液管的断面高出塔板板面的距离称为堰高，用 h_W 表示。堰高 h_W 直接影响塔板上液层的厚度，对板上积液的高度起控制作用。h_W 值大，则板上液层厚，气液接触时间长，对传质有利，但塔板阻力大，气体通过塔板的压降亦大，效率低。堰高 h_W 与板上液层高度 h_L 及堰上液层高度 h_{OW} 的关系为

$$h_L = h_W + h_{OW} \qquad (4\text{-}13)$$

式中　h_L——板上液层高度，m；

h_W——堰高，m；

h_{OW}——堰上液层高度，m。

设计时一般要保持板上液层高度 h_L 在 50 ～ 100mm。堰上液层高度 h_{OW} 可根据溢流堰的形式确定。

① 平直堰　堰上液层高度 h_{OW} 可用 Francis 公式计算，即

$$h_{OW} = \frac{2.84}{1000} E \left(\frac{L_h}{l_W} \right)^{\frac{2}{3}}$$

(4-14)

式中　L_h——塔内液相的体积流量，m³/h；

E——液流收缩系数，可由图 4-14 查取，无量纲，工程设计中，若 L_h 不太大，可近似取 $E=1$。

图 4-14　液流收缩系数

堰上液层高度 h_{OW} 对塔板的操作性能有很大影响。h_{OW} 太小，会造成液体在堰上分布不均，影响传质效果，设计时应使 $h_{OW} > 6mm$，若小于此值可减小堰长或采用齿形堰；h_{OW} 太大，会增大塔板压降及液沫夹带量。

② 齿形堰　图 4-15 为齿形堰。其齿深 h_n 一般在 15mm 以下。

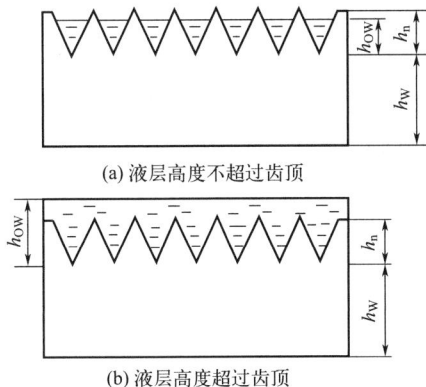

(a) 液层高度不超过齿顶

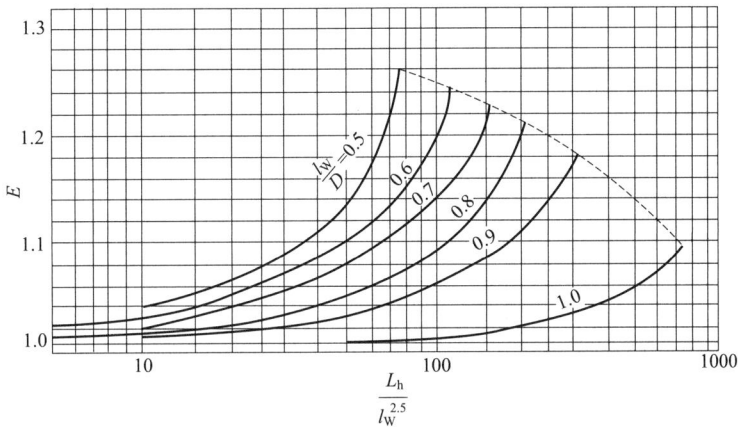

(b) 液层高度超过齿顶

图 4-15　齿形堰

如图 4-15（a）所示，当液层高度不超过齿顶时，h_{OW} 可由式（4-15）计算。

$$h_{OW} = 1.17\left(\frac{L_s h_n}{l_W}\right)^{2/5} \tag{4-15}$$

如图 4-15（b）所示，当液层高度超过齿顶时，h_{OW} 可由式（4-16）计算。

$$L_s = 0.735\left(\frac{l_W}{h_n}\right)[h_{OW}^{5/2} - (h_{OW} - h_n)^{5/2}] \tag{4-16}$$

式中　L_s——塔内液相的体积流量，m³/s；

　　　h_n——齿深，m；

　　　h_{OW}——由齿根算起的堰上液层高度，m。

式（4-16）需采用试差法计算，也可由图 4-16 求取。

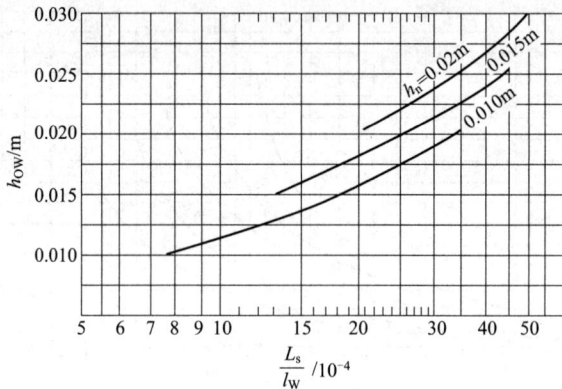

图 4-16　溢流液层超过齿顶时的 h_{OW}

堰高 h_W 可由下式确定。

$$0.05 - h_{OW} \leqslant h_W \leqslant 0.1 - h_{OW} \tag{4-17}$$

在工业塔中，常压操作时 h_W 为 40～50mm，真空操作时 h_W 为 15～25mm，加压操作时 h_W 为 40～80mm，一般不超过 100mm。

（2）降液管　弓形降液管的主要尺寸是宽度 W_d 和截面积 A_f，如图 4-13 所示。降液管的宽度 W_d 和截面积 A_f 可由图 4-17 查得。降液管下端与受液盘之间的距离称为底隙高度，以 h_O 表示。确定降液管底隙高度的原则是既能保证液体流经此处时的局部阻力不太大，以防止沉淀物在此堆积而堵塞降液管，又要有良好的液封，防止气体通过降液管造成短路。一般可按式（4-18）计算降液管的底隙高度。

$$h_O = \frac{L_s}{l_W u_0'} \tag{4-18}$$

式中　L_s——塔内液相的体积流量，m³/s；

　　　h_O——降液管的底隙高度，m；

　　　u_0'——流体通过降液管底隙时的流速，m/s。

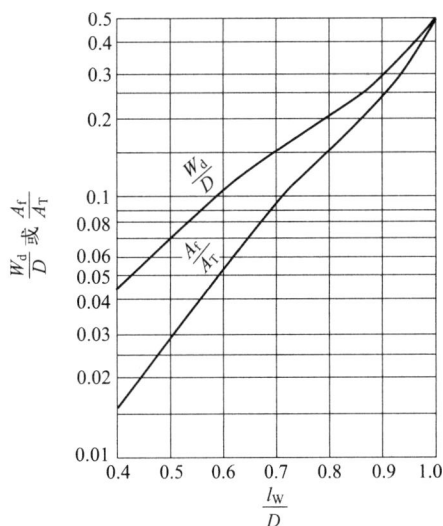

图 4-17 弓形降液管的尺寸

根据经验，一般可取 $u'_0=0.07 \sim 0.25 \text{m/s}$。为简便起见，有时也用下式确定底隙高度。

$$h_{\text{O}} = h_{\text{w}} - 0.006(\text{m}) \tag{4-19}$$

即降液管的底隙高度比溢流堰的高度低 6mm，以保证降液管底部的液封。降液管的底隙高度一般不宜小于 20 ~ 25mm，否则易堵塞，设计时小塔可取 25 ~ 30mm，大塔可取 40mm 左右。

在塔或塔段的最底层塔板降液管末端应设液封盘，以保证降液管出口处的液封。液封盘上应开设泪孔，以供停工时排液。

（3）受液盘 受液盘是塔板上接收液体的部分。受液盘的结构形式对塔的侧线取出、降液管的液封、液体流出塔板的均匀性都有影响。受液盘有平形和弓形两种，如图 4-18 所示。平形受液盘有可拆和焊接两种结构。弓形受液盘的深度一般大于 50mm，而小于塔板间距的 1/3。

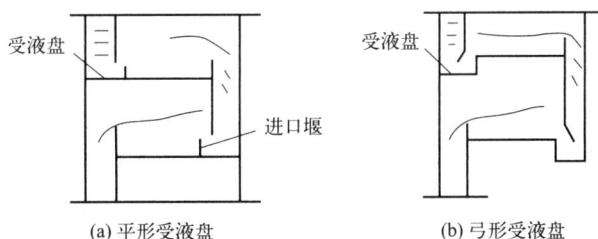

(a) 平形受液盘   (b) 弓形受液盘

图 4-18 受液盘结构

四、塔板的设计

塔板具有多种类型，不同类型的塔板设计原则虽基本相同，但又有各自的特点，这里以常用的筛板塔板和浮阀塔板设计为例进行介绍。

1. 塔板的分区

塔板面积依据所起的作用不同，可分为四个区域，如图 4-19 所示。

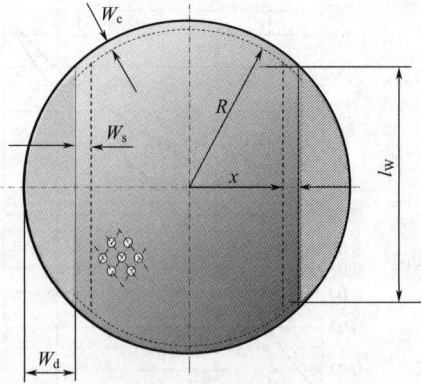

图 4-19 塔板分区

① 开孔鼓泡区 开孔鼓泡区为图 4-19 中虚线以内的区域，是塔板上的开孔区域，用来布置筛孔、浮阀等部件的有效传质区域。

单溢流弓形降液管塔板鼓泡区的面积可用式（4-20）计算。

$$A_a = 2\left(x\sqrt{R^2 - x^2} + \frac{\pi}{180°}R^2 \arcsin\frac{x}{R}\right) \tag{4-20}$$

式中，$x = \frac{D}{2} - (W_d + W_s)$，m；$R = \frac{D}{2} - W_c$，m；$\arcsin\frac{x}{R}$ 为以角度表示的反正弦函数。

② 溢流区 溢流区为受液盘和降液管所占的区域，两者的面积通常相等。

③ 安定区 开孔鼓泡区与溢流区之间的不开孔区域称为安定区。其作用是避免含有气泡的大量液体进入降液管而造成液泛。通常情况下，安定区的宽度 W_s =50～100mm。

④ 无效区（边缘区） 塔板上靠近塔壁的部分应留出一圈边缘区，供塔板安装之用。其宽度 W_c 视需要而定，小塔为 30～50mm，大塔可达 50～75mm。为防止液体经边缘区域流过而影响气液传质，可在塔板上沿塔壁设置旁流挡板。

2. 塔板的分块

塔板按结构特点可分为整块式或分块式两种。一般，塔径为 300～900mm 时采用整块式塔板；当塔径在 800mm 以上时，采用分块式塔板。对于单溢流塔板，其分块数见表 4-5。常见的分块方法如图 4-20 所示。

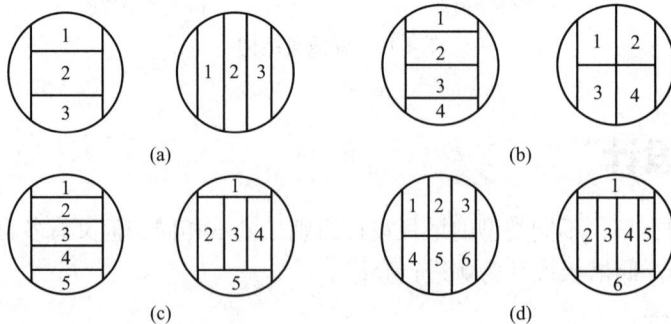

图 4-20 单溢流塔板分块

塔板分成数块时，靠近塔壁的两块称为弓形板，其余的称为矩形板。矩形板的长边尺寸与塔径和堰长有关，短边尺寸统一取 420mm，以便塔板能够从直径 450mm 的人孔中通过。为了拆装、检修和清洗方便，不管分成几块，矩形板中必有一块作为通道板。通道板的长边尺寸与矩形板相同，短边尺寸取 400mm。

表 4-5 塔板分块数

塔径 D/m	800～1200	1400～1600	1800～2000	220～2600
塔板分块数	3	4	5	6

3. 筛孔塔板的布置及流体力学验算

（1）筛孔的计算和排列

① 筛孔的直径　开有筛孔的塔板叫筛板。筛孔起均匀分散气体的作用。若孔径小，单位面积的孔数多，则加工麻烦，且小孔易堵，但孔小不易漏液，操作弹性大；若孔径大，则反之。筛孔直径 d_0 与塔的操作性能要求、物系性质、塔板厚度、加工要求等有关，是影响气相分散和气液接触的重要工艺尺寸。按设计经验，对于易起泡的物系，d_0 取 3～8mm，属小孔径筛板鼓泡型操作；对于易堵塞的物系，d_0 取 10～25mm，属大孔径筛板喷射型操作。近年来，随着设计水平的提高和操作经验的累积，采用大孔径筛板逐渐增多。大孔径筛板加工简单，造价低且不易堵塞，只要设计合理，操作得当，仍可获得满意的分离效果。

② 筛板厚度　筛孔的加工一般采用冲压法，故确定筛板厚度时应根据筛孔直径考虑加工的可能性。

对于碳钢塔板，板厚 δ 为 3～4mm，或 $\delta = (0.4～0.8) d_0$，孔径 d_0 应不小于板厚 δ；

对于不锈钢塔板，板厚 δ 为 2～2.5mm，或 $\delta = (0.5～0.7) d_0$，孔径 d_0 应不小于 $(1.5～2) \delta$。

③ 孔心距　相邻两筛孔中心的距离称为孔心距，以 t 表示。孔心距一般为 $(2.5～5) d_0$。孔心距过小易使上升的气流相互干扰，孔心距过大则易造成鼓泡不均匀，都会影响分离效果。设计的推荐值为 $t = (3～4) d_0$。

④ 筛孔的排列和筛孔数　设计时，筛孔一般按正三角形排列，如图 4-21 所示。当采用正三角形排列时，筛孔气速、筛孔数目和开孔率的计算如下。

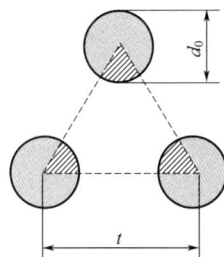

图 4-21 筛孔的正三角形排列

筛孔气速：

$$u_0 = \frac{V_s}{A_0} \tag{4-21}$$

筛孔数：

$$n = \frac{A_0}{\frac{\pi}{4} d_0^2} = \frac{\phi A_a}{0.785 d_0^2} \tag{4-22}$$

筛孔数也可用式（4-23）计算：

$$n = \frac{1.158 A_a}{t^2} \tag{4-23}$$

开孔率：在开孔区，筛孔总面积（A_0）与开孔区面积（A_a）之比称为开孔率（ϕ），即

$$\phi = \frac{A_0}{A_a} = \frac{\frac{1}{2} \times \frac{\pi}{4} d_0^2}{\frac{1}{2} t^2 \sin 60°} = 0.907 \left(\frac{d_0}{t} \right)^2 \tag{4-24}$$

开孔率 ϕ 过大，开孔过密，塔板强度下降，传质面积减小，对传质不利。开孔率 ϕ 过小，板上产生气泡的点分布太疏，塔板利用率较低，亦不适宜。通常情况下，开孔率 ϕ 为 5% ~ 15%。

应予指出，按上述公式计算的筛孔数需进行流体力学验算，检验是否合理。若不合理需进行调整。

（2）筛孔塔板的流体力学验算

① 筛板压降　气体通过筛板时，需克服筛板本身的干板阻力、板上充气液层的阻力及液体表面张力的阻力，这些阻力形成了筛板的压降。气体通过筛板的压降 Δp_p 可由下式计算。

$$\Delta p_p = \rho_L g h_p \tag{4-25}$$

式中　ρ_L——液相密度，kg/m³；

　　　g——重力加速度，g=9.81m/s²；

　　　h_p——与气体通过每层塔板的压降相当的液柱高度（即塔板阻力），m。

式（4-25）中的液柱高度 h_p 可由下式计算。

$$h_p = h_c + h_l + h_\sigma \tag{4-26}$$

式中　h_c——与气体通过筛板的干板压降相当的液柱高度（即干板阻力），m；

　　　h_l——与气体通过板上液层的压降相当的液柱高度（即气体通过液层的阻力），m；

　　　h_σ——与克服液体表面张力的压降相当的液柱高度（即液体表面张力的阻力），m。

a. 干板阻力 h_c 的经验估算式为

$$h_c = 0.051 \left(\frac{u_0}{C_0} \right)^2 \left(\frac{\rho_V}{\rho_L} \right) \left[1 - \left(\frac{A_0}{A_a} \right)^2 \right] \tag{4-27a}$$

式中　u_0——筛孔气速，m/s；

　　　C_0——孔流系数，无量纲；

　　　ρ_V——气相密度，kg/m³；

　　　ρ_L——液相密度，kg/m³。

若筛板开孔率 $\phi \leqslant 15\%$，式（4-27a）可简化为

$$h_c = 0.051\left(\frac{u_0}{C_0}\right)^2\left(\frac{\rho_V}{\rho_L}\right) \tag{4-27b}$$

孔流系数 C_0 的求取方法较多，当 $d_0 < 10\text{mm}$ 时，其值可由图 4-22 直接查出；当 $d_0 \geqslant 10\text{mm}$ 时，由图 4-22 查得 C_0 后再乘以 1.15 的校正系数即可。

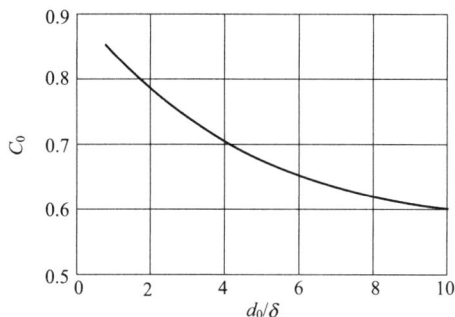

图 4-22　孔流系数关联图　　　　　图 4-23　充气系数关联图

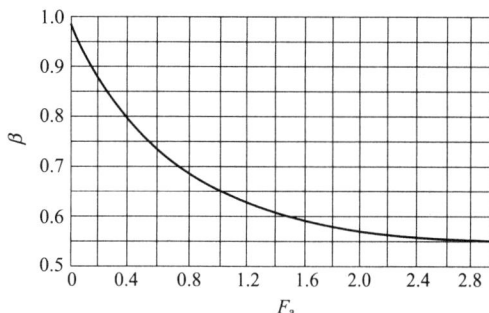

b. 气体通过液层的阻力 h_l。气体通过液层的阻力 h_l 与板上液层高度 h_L 及气泡的状况等许多因素有关，其计算方法很多，设计中常采用下式估算。

$$h_l = \beta h_L = \beta(h_w + h_{OW}) \tag{4-28}$$

式中　h_L——板上液层高度，m；
　　　h_w——堰高，m；
　　　h_{OW}——堰上液层高度，m；
　　　β——充气系数，反映板上液层的充气程度，其值可由图 4-23 查取，无量纲，一般可近似取为 $0.5 \sim 0.6$。

图 4-23 中，F_a 为气相动能因子，其定义式为

$$F_a = u_a\sqrt{\rho_V} \tag{4-29}$$

式中　F_a——气相动能因子，$\text{kg}^{0.5}/\text{m}^{0.5}\cdot\text{s}$；
　　　u_a——按有效传质面积计算的气速，m/s。
对于单溢流塔板，u_a 可用下式计算。

$$u_a = \frac{V_s}{A_T - A_f} \tag{4-30}$$

c. 液体表面张力的阻力。液体表面张力的阻力 h_σ 可由下式估算。

$$h_\sigma = \frac{4\sigma_L}{\rho_L g d_0} \tag{4-31}$$

式中　σ_L——液体的表面张力，N/m。
一般情况下，h_σ 的数值很小，计算时可忽略不计。
由上述各式分别求出 h_c、h_l 及 h_σ 后，即可计算出气体通过筛板的压降 Δp_p。该计算值应低于设计允许值。

② 液面落差　液面落差又称液面梯度，是液体横向流过塔板时，为克服板上的摩擦阻力和板上构件的局部阻力所需的液位差。筛板板面光洁，没有突起的气液接触构件，故液面落差较小。在正常的液体流量范围内，对于 $D \leqslant 1600mm$ 的筛板，液面落差可忽略不计。对于液体流量很大及 $D \geqslant 2000mm$ 的筛板，需要考虑液面落差的影响。根据设计经验，筛板的液面落差应小于干板阻力的一半，即

$$\Delta < 0.5h_c \tag{4-32}$$

式中　Δ——液面落差，m。

③ 液沫夹带　液沫夹带会造成液相在塔板间的返混，严重的液沫夹带会使塔板效率急剧下降。为保证塔板效率基本稳定，设计中规定液沫夹带量 $e_V < 0.1kg/kg$。若超过允许值，可调整塔板间距或塔径。液沫夹带量通常采用关联图计算。关联图有多种形式，对于筛板，设计中常采用亨特关联图，如图 4-24 所示。图中直线部分可回归成下式：

$$e_V = \frac{5.7 \times 10^{-6}}{\sigma_L} \left(\frac{u_a}{H_T - h_f} \right)^{3.2}, \quad \frac{u_a}{H_T - h_f} < 12 \tag{4-33}$$

式中　e_V——液沫夹带量，kg/kg；

　　　σ_L——液体的表面张力，mN/m；

　　　h_f——塔板上鼓泡层的高度，根据设计经验，一般取 $h_f = 2.5h_L$。

④ 气泡夹带　指液流在降液管内来不及分离被带入下层塔板的现象。为减少气泡夹带，液体在降液管内要有足够的停留时间。由实践经验可知，液体在降液管内的停留时间可用式（4-34）计算，一般大于 3～5s。

$$\tau = \frac{A_f H_T}{L_s} \tag{4-34}$$

若不能满足，应适当增加降液管的截面积 A_f 或塔板间距 H_T。

⑤ 液泛（淹塔）　液泛分为降液管液泛和液沫夹带液泛两种情况。因设计中已对液沫夹带量进行了验算，故在筛板的流体力学验算中通常只对降液管液泛进行验算。当降液管排液能力不足，液体仍不断加入时，降液管内的液位会上升至上层塔板的溢流堰顶，影响上层塔板的排液，导致塔板上的积液增加，直至淹塔，这现象称为降液管液泛。总之，液泛产生的原因有：

a. 气流量或液流量过大。

b. 气体中夹带过量的液体，增加了降液管的排液负荷。

c. 某块塔板的降液管下端堵塞。

发生液泛时，气体通过塔板的压降急剧上升，出塔气体大量带液，正常操作受到破坏。由此可见，正

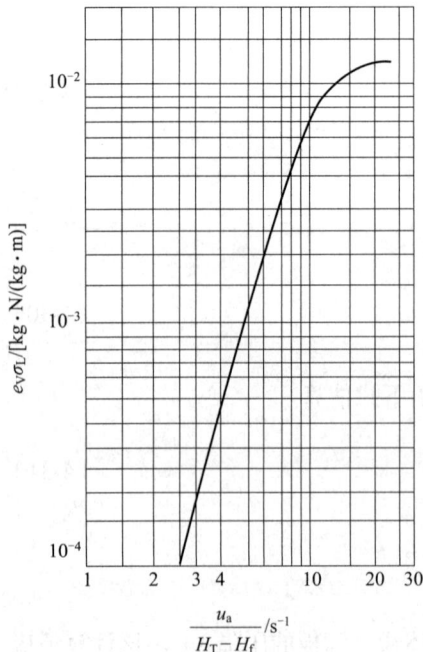

图 4-24　亨特关联图

常操作的塔设备不允许发生液泛。

由堵塞引起的液泛可通过塔的清洗解决。由过量液沫夹带引起的液泛可通过将液沫夹带量控制在允许范围内的方法予以避免。为防止降液管液泛，使液体能由上层塔板稳定地流入下层塔板，降液管内必须维持一定的液层高度 H_d。降液管内的液层高度用于克服塔板阻力、板上液层的阻力和液体流过降液管的阻力等。若忽略塔板的液面落差，则可用下式计算 H_d。

$$H_d = h_p + h_L + h_d \tag{4-35}$$

式中　H_d——降液管内的液层高度，m；

　　　h_d——与液体流过降液管的压降相当的液柱高度（即液体流过降液管的阻力），m。

h_d 主要由降液管底隙处的局部阻力造成，可按下面的经验式估算。

塔板上不设进口堰：

$$h_d = 0.153 u_0'^2 = 0.153 \left(\frac{L_s}{l_W h_0} \right)^2 \tag{4-36}$$

塔板上设进口堰：

$$h_d = 0.2 u_0'^2 = 0.2 \left(\frac{L_s}{l_W h_0} \right)^2 \tag{4-37}$$

式中　L_s——塔内液相的体积流量，m³/s；

　　　h_0——降液管的底隙高度，m；

　　　u_0'——流体通过降液管底隙时的流速，m/s。

为防止液泛，降液管内的液层高度 H_d 不能超过上层塔板的出口堰，即

$$H_d \leqslant \varphi(H_T + h_W) \tag{4-38}$$

式中　φ——考虑降液管内充气及操作安全的校正系数，无量纲。

对于一般物系，φ 取 0.5；对于易起泡的物系，φ 取 $0.3 \sim 0.4$；对于不易起泡的物系，φ 取 $0.6 \sim 0.7$。

若求得的 H_d 过大，可设法减小塔板阻力 h_p，特别是其中的干板阻力 h_c，或适当增大塔板间距 H_T。

⑥ 漏液　当气体通过筛孔的流速较小，其动能不足以阻止液体向下流动时，便会发生漏液现象。根据经验，当漏液量小于塔内液流量的 10% 时，对塔板效率影响不大。故漏液量等于塔内液流量 10% 时的气速称为漏液点气速，它是塔板气速操作的下限，以 u_{0min} 表示。计算筛板的漏液点气速有多种方法，设计中常采用动能因子法和经验公式法。

a. 动能因子法。因漏液量与气体通过筛孔的动能因子有关，故可用动能因子计算漏液点气速，即

$$u_{0min} = \frac{F_{0min}}{\sqrt{\rho_V}} \tag{4-39}$$

式中　F_{0min}——漏液点动能因子，其适宜范围为 $8 \sim 10$。

b. 经验公式法。计算筛板漏液点气速的经验公式较多，设计中可采用下式计算。

$$u_{0\min} = 4.43C_0 \sqrt{(0.0056 + 0.13h_L - h_\sigma)\frac{\rho_L}{\rho_V}} \tag{4-40}$$

当 $h_L < 30$mm 或筛孔孔径 $d_0 < 3$mm 时，用下式计算较适宜。

$$u_{0\min} = 4.43C_0 \sqrt{(0.01 + 0.13h_L - h_\sigma)\frac{\rho_L}{\rho_V}} \tag{4-41}$$

为使筛板具有足够的操作弹性，应保持一定范围的稳定系数。稳定系数为气体通过筛孔的实际速度 u_0 与漏液点气速 $u_{0\min}$ 之比，即

$$K = \frac{u_0}{u_{0\min}} \tag{4-42}$$

式中　K——稳定系数，无量纲，其适宜范围为 $1.5 \sim 2$。

若稳定系数偏低，可适当减小塔板开孔率或降低堰高 h_W（前者影响较大）。

4. 浮阀塔板的布置及流体力学验算

（1）浮阀的计算及排列

a. 浮阀的型式。浮阀的型式很多，目前应用最广的是 F1 型。这种型式的浮阀，结构简单、制造方便、性能好、材料省，国内已确定为部颁标准。它又分轻阀（代号 Q）和重阀（代号 Z）两种。轻阀采用厚度为 1.5mm 的钢板冲压制成，质量约为 25g；重阀采用厚度为 2mm 的钢板冲压制成，质量约为 33g。浮阀的质量直接影响塔内气体的压降。轻阀阻力较小，但稳定性较差，一般用于减压塔；重阀稳定性好，最为常用。这两种型式的浮阀，孔的直径 d_0 均为 39mm。浮阀的最小开度为 2.5mm，最大开度为 8.5mm。

b. 阀孔气速及阀孔数。当已知气相体积流量 V_s、阀孔直径 d_0 时，可用式（4-43）计算塔板上浮阀的数目 n，即阀孔数取决于气速。

$$n = \frac{V_s}{\dfrac{\pi}{4}d_0^2 u_0} \tag{4-43}$$

式中　V_s——塔内气相的体积流量，m³/s；

　　　　n——阀孔数；

　　　　u_0——阀孔气速，m/s。

阀孔气速 u_0 常根据阀孔的动能因子 F_0 来确定。F_0 反映密度为 ρ_V 的气体以速度 u_0 通过阀孔时动能的大小。综合考虑 F_0 对塔板效率、压降和生产能力等的影响，根据经验可以取 $F_0 = 9 \sim 12$，即阀孔刚全开时比较适宜。此时塔板压降及板上液体泄漏都较小，而操作弹性较大。由此可知，适宜的阀孔气速为

$$u_0 = \frac{F_0}{\sqrt{\rho_V}} \tag{4-44}$$

c. 阀孔的排列。阀孔一般按正三角形排列，常用的中心距有 75mm、100mm、125mm、

150mm 等几种。除此之外，它又分顺排和错排两种，如图 4-25（a）和（b）所示。通常认为错排时两相接触情况较好，故错排采用较多。对于大塔，当采用分块式结构时，不便于错排，阀孔亦可按等腰三角形排列，如图 4-25（c）所示。此时常把三角形的底边孔心距 t 固定为 75mm，而三角形的高度 t' 有 65mm、70mm、80mm、90mm、100mm、110mm 等多种尺寸（推荐使用 65mm、80mm 和 100mm）。

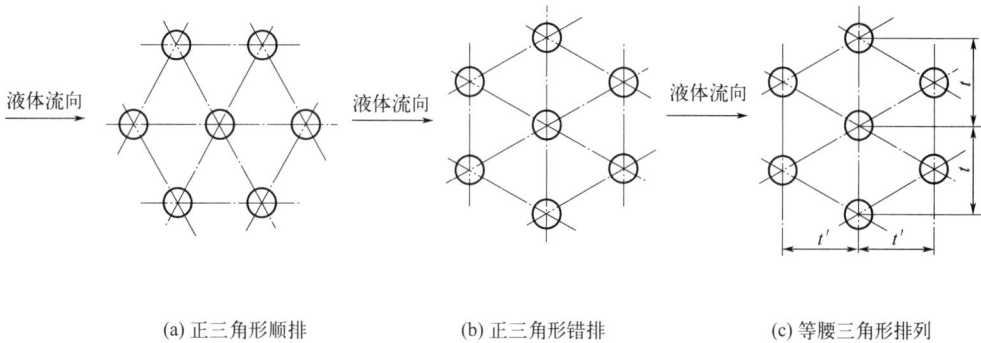

(a) 正三角形顺排　　　　　　(b) 正三角形错排　　　　　　(c) 等腰三角形排列

图 4-25　阀孔的排列

阀孔的排列方式和孔心距确定后，应进行作图，确定开孔区内的实际阀孔数。若实际阀孔数和式（4-43）求得的值不同，应按实际阀孔数重新计算实际阀孔气速 u_0 和实际阀孔动能因子 F_0，如 F_0 仍在 9～12 的范围内，即可认为作图得出的阀孔数能够满足要求；否则应调整孔心距，反复计算，直至满足要求。

d. 开孔率。浮阀塔板的开孔率是指阀孔总面积占塔截面积的百分比，即

$$\phi = \frac{A_0}{A_T} \times 100\% = \frac{\frac{\pi}{4}d_0^2 n}{\frac{\pi}{4}D^2} \times 100\% = n\left(\frac{d_0}{D}\right)^2 \times 100\% \qquad (4-45)$$

式中　ϕ——浮阀塔板的开孔率，%；

　　A_0——阀孔的总面积，m；

　　A_T——塔截面积，m²。

目前，工业生产中常压塔或减压塔的开孔率一般为 10%～14%，加压塔的开孔率常小于 10%。

（2）浮阀塔板的流体力学验算

① 塔板压降　气体通过浮阀塔板的压降 Δp_p 的计算式同式（4-25）和式（4-26）。

a. 干板阻力 h_c。对于 F1 型重阀，干板阻力 h_c 的经验估算式如下。

阀全开前：

$$h_c = 19.9\frac{u_0^{0.175}}{\rho_L} \qquad (4-46)$$

阀全开后：

$$h_c = 5.34\frac{\rho_V}{\rho_L} \times \frac{u_0^2}{2g} \qquad (4-47)$$

式中　u_0——阀孔气速，m/s；

　　　ρ_V——气相密度，kg/m³；

　　　ρ_L——液相密度，kg/m³。

联立式（4-46）和式（4-47）可解得阀刚全开时的临界阀孔气速为

$$u_{0c} = \left(\frac{73}{\rho_V}\right)^{1/1.825} \tag{4-48}$$

比较实际阀孔气速 u_0 和 u_{0c} 即可判断浮阀的开启状态。

b. 气体通过浮阀塔板液层的阻力 h_1。其估算式同式（4-28）。液相为水时，β 可取 0.5；液相为油时，β 可取 0.2～0.35；液相为碳氢化合物时，β 可取 0.4～0.5。

c. 液体表面张力的阻力 h_σ。其估算式同式（4-31），式中 d_0 为阀孔的直径。一般情况下，h_σ 的数值很小，计算时可忽略不计。

由上述各式分别求出 h_c、h_1 及 h_σ 后，即可计算出气体通过浮阀塔板的压降 Δp_p。该计算值应低于设计允许值，若 Δp_p 偏高，应适当增加开孔率 ϕ 或降低堰高 h_W。

② 液面落差　浮阀塔板的液面落差同筛板，一般很小，可忽略不计。

③ 液沫夹带　目前浮阀塔板的液沫夹带量通常采用操作时的空塔气速 u 与液泛气速 u_f 之比（即泛点率 F）来控制。

$$F = \frac{u}{u_f} \times 100\% \tag{4-49}$$

为保证液沫夹带量 $e_V < 0.1$kg/kg，对于 $D > 900$mm 的塔，F 应小于 0.8～0.82；对于 $D < 900$mm 的塔，F 应小于 0.65～0.75。减压塔的 F 常小于 0.75～0.77。

F 可用下面两式计算，取其中较大者核算是否满足上述要求。

$$F = \frac{V_s\sqrt{\dfrac{\rho_V}{\rho_L - \rho_V}} + 1.36 L_s Z}{A_b K C_F} \tag{4-50}$$

$$F = \frac{V_s\sqrt{\dfrac{\rho_V}{\rho_L - \rho_V}}}{0.78 A_T K C_F} \tag{4-51}$$

式中　Z——流体横过塔板流动的行程，m；

　　　K——系统因数，无量纲，其值可查表 4-6；

　　　ρ_L——液相密度，kg/m³；

　　　ρ_V——气相密度，kg/m³；

　　　V_s——塔内气相的体积流量，m³/s；

　　　L_s——塔内液相的体积流量，m³/s；

　　　C_F——泛点负荷因子，m/s，其值可根据塔板间距 H_T 和气相密度 ρ_V 由泛点负荷因子关联图（图 4-26）查取；

A_b——塔板上的液流面积，m^2。

表 4-6　系统因数 K

系统	K	系统	K
无泡沫，正常系统	1.0	多泡沫系统	0.73
氟化物	0.90	严重起泡沫	0.60
中等起泡沫	0.85	形成稳定泡沫系统	0.30

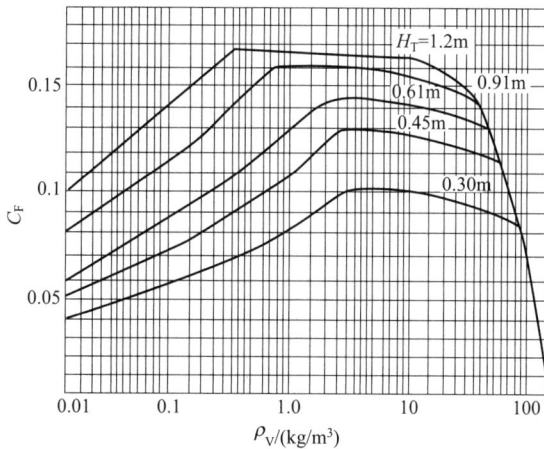

图 4-26　泛点负荷因子关联图

单溢流：

$$Z = D - 2W_d , \quad A_b = A_T - 2A_f$$

双溢流：

$$Z = \frac{D - 2W_d - W_d'}{2}, \quad A_b = \frac{A_T - 2A_f - A_f'}{2}$$

式中　W_d，W_d'——降液管和受液盘的宽度，m；

　　　A_f，W_f'——降液管和受液盘所占的面积，m^2；

　　　　D——塔的直径，m。

④ 气泡夹带　为减少气泡夹带，液体在降液管内要有足够的停留时间。由实践经验可知，液体在降液管内的停留时间不应小于 3～5s。其计算式同式（4-34）。若停留时间过小，可增加降液管面积 A_f 或增大塔板间距 H_T。

⑤ 液泛（淹塔）　浮阀塔板的降液管液泛核算同式（4-35）和式（4-38）。若求得的 H_d 过大，可设法减小塔板阻力 h_p，特别是其中的干板阻力 h_c，或适当增大塔板间距 H_T。

⑥ 漏液　阀重对浮阀塔板的漏液量影响较大。实践表明，当阀重大于 30g 时，对浮阀塔板的漏液量影响不大。因此，除减压操作外，一般均采用 F1 型重阀。液点动能因子 F_{0min} 为 5～6 时的气速为漏液点气速，用 u_{0min} 表示。为使浮阀塔板具有足够的操作弹性，应保

持一定范围的稳定系数（即气体通过筛孔的实际速度 u_0 与漏液点气速 u_{0min} 之比），即 $K=1.5\sim2.0$。如果稳定系数过小，可减小开孔率或降低堰高。

上述各项流体力学验算合格后，还需绘出板式塔塔板的操作负荷性能图，以检验设计的合理性。

五、塔板操作负荷性能图

绘制塔板操作负荷性能图便于确定塔的操作弹性。影响板式塔操作状况和分离效果的主要因素是塔板结构、物料性质和气液负荷。对于一定的塔板结构，处理固定的物系时，其操作状况只随气液负荷而变。若要维持塔板正常操作，必须将气液负荷的波动限定在一定范围内。在直角坐标系中，通常以气相流量 V_s 为纵坐标、以液相流量 L_s 为横坐标绘出出现异常流动时的气液负荷关系曲线，由这些曲线组成的图形即为塔板的操作负荷性能图。此图由五条线组成，分别为过量液沫夹带线、溢流液泛线、液相负荷上限线、严重漏液线和液相负荷下限线。如图 4-27 所示，各曲线的意义和作法如下。

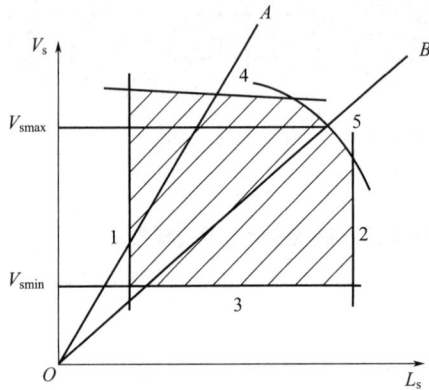

图 4-27　塔板的操作负荷性能图

1. 液相负荷下限线

曲线 1 为液相负荷下限线。L_s 低于此线时，塔板上的液流不能均匀分布，易出现液相滞留、反流、偏流等现象，导致塔板效率下降。对于平直堰，以堰上液层高度最小允许值 $h_{ow}=6mm$ 时对应的液相负荷作为其下限，可由式（4-14）计算；对于齿形堰，以由齿根算起的堰上液层高度最小允许值 $h_{ow}=6mm$ 时对应的液相负荷作为其下限，可由式（4-15）或式（4-16）计算。液相负荷下限与气相负荷无关，故液相负荷下限线为一垂线。

2. 液相负荷上限线

曲线 2 为液相负荷上限线，该线又称降液管超负荷线。液相负荷超过此线，表明液相流量过大，液体在降液管内的停留时间过短。因此，液体夹带的气泡来不及分离而被带至下层塔板，导致塔板效率降低。一般令式（4-34）中的停留时间 $\tau=5s$ 来计算液相负荷上限。液相负荷上限线也是一垂线。

3.严重漏液线

曲线 3 为严重漏液线，该线即为气相负荷下限线。气相负荷低于此线将发生严重的漏液现象，气液不能充分接触，塔板效率下降。对于筛板塔，可根据式（4-39）或式（4-40）及式（4-41）计算并绘制；对于浮阀塔，当采用 F1 型重阀时，可取阀孔漏液点动能因子 $F_{0min}=$ 5～6 时对应的气相负荷作为其下限。它与液相负荷无关，故严重漏液线为一水平线。

4.过量液沫夹带线

曲线 4 为过量液沫夹带线，是决定气相负荷上限的参数之一。当气相负荷超过此线时，液沫夹带量过大，塔板效率严重下降。对于筛板塔，可根据 $e_V < 0.1kg/kg$ 的极限值由式（4-33）绘制；对于浮阀塔，为保证 $e_V < 0.1kg/kg$，其泛点率 F 的极限值由式（4-50）或式（4-51）计算并绘制。

5.溢流液泛线

曲线 5 为溢流液泛线，是另一个决定气相负荷上限的参数。塔板的适宜操作区应在此线以下，否则会发生液泛，使塔不能正常操作。溢流液泛线可根据降液管内清液层最大允许高度，即式（4-35）～式（4-38）计算并绘制。

六、操作线和操作弹性

塔板操作负荷性能图上各条曲线所包围的区域是塔板的正常操作区，如图 4-27 中的阴影部分所示。超出此区域，就可能出现非正常流动，塔板效率明显降低。操作时的气相流量 V_s 和液相流量 L_s 在塔板操作负荷性能图上的交点称为操作点。一般情况下，塔板上的气液比 V_s/L_s 为定值，故每层塔板上的操作点都是沿着通过原点、斜率为 V_s/L_s 的直线变化。该直线称为操作线，如图 4-27 中的直线 OA 和 OB 所示。操作线与正常操作区边界线最内侧的两个交点分别表示塔板的上、下操作极限，两极限的气相流量之比称为塔板的操作弹性，即

$$操作弹性 = \frac{V_{smax}}{V_{smin}} \qquad (4-52)$$

操作弹性大，说明塔板适应负荷变动的能力大，操作性能好。浮阀塔的操作弹性较大，一般可达 3～4。若所设计的塔板操作弹性稍小，可适当调整塔板的尺寸。设计塔板时，应将操作点布置在操作区内的适中位置，这样可获得稳定良好的操作效果。

第四节

板式精馏塔的附属设备

精馏装置的辅助设备包括塔顶冷凝器、塔底再沸器、进料预热器、产品冷却器、原料

罐、回流装置和产品罐等。此外，还有连接各单元设备用于输送物料的管道和泵等。其中泵的选取应在对设备和管道作出总体布置后进行。下面介绍传热设备、容器、管路和泵的选取。

一、塔顶冷凝器

塔顶回流冷凝器通常采用管壳式换热器，其类型有卧式和立式两种，被冷凝的工艺蒸汽可以走壳程，也可以走管程。除此之外，塔顶冷凝器也可按其与塔的相对位置分类，如图 4-28 所示。

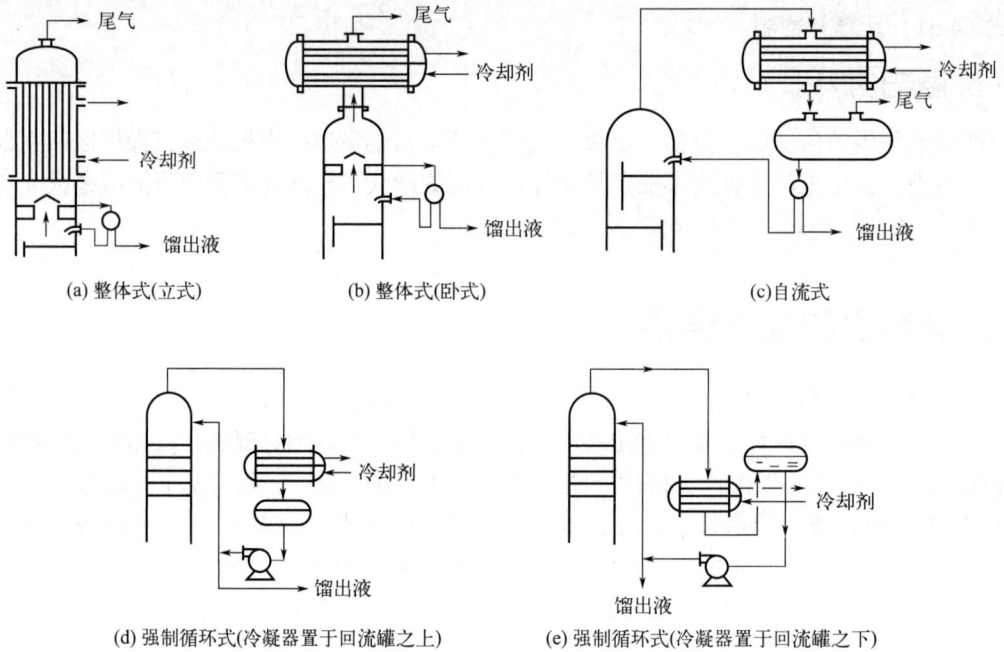

(a) 整体式(立式)　　　　(b) 整体式(卧式)　　　　(c)自流式

(d) 强制循环式(冷凝器置于回流罐之上)　　　　(e) 强制循环式(冷凝器置于回流罐之下)

图 4-28　塔顶冷凝器的类型

1. 整体式或自流式

冷凝器直接置于塔顶，冷凝液借重力回流入塔，即为整体式，又称内回流式，如图 4-28（a）和（b）所示。其优点是蒸汽压降较小，节省安装面积，可改变升气管或塔板位置来调节位差，以保证回流与采出所需的压头。其缺点是塔顶结构复杂，维修不便，且回流比难以精确控制。该方式常用于下列几种情况：

①传热面积较小（50m² 以下）；

②冷凝液难以用泵输送或用泵输送有危险的场合；

自流式是将冷凝器置于塔顶附近的台架上，靠改变台架高度来获得回流和采出所需的位差，如图 4-28（c）所示。目前多采用此种方式。

2. 强制循环式

当塔的处理量很大或塔板数很多，即塔很高时，若回流冷凝器置于塔顶，将造成安装、检修等诸多不便，且造价较高。此时可将冷凝器置于塔下部的适当位置，用泵向塔顶输送回流液，即强制循环式。其冷凝器和泵之间需设回流罐以作缓冲。冷凝器置于回流罐之上如图 4-28（d）所示。回流罐的位置应保证其液面与泵入口间的位差大于泵的气蚀余量，若罐内液温接近沸点时，罐内液面应高出泵入口 3m 以上。冷凝器置于回流罐之下如图 4-28（e）所示。可将冷凝器置于地面，用泵将冷凝液输送到回流罐中，这样可以减少台架，且便于维修，主要用于常压或加压精馏。

冷凝器选型时应考虑的因素很多，包括被冷凝工艺蒸汽的压力、组分数和冷凝液的特性。如工艺蒸汽的压力较低，为减小压降，宜在壳程冷凝。反之，对于压力较高的蒸汽，为减少设备投资，宜在管程冷凝。若冷凝多组分的工艺蒸汽或在汽提时能够防止低沸点组分冷凝，宜采用立式管程冷凝器。如冷凝液可能冻结，为使冻结物影响小些，宜在壳程冷凝。如工艺蒸汽含垢或有聚合作用，为便于清洗，宜在管程冷凝。

冷凝器的设计步骤与换热器的设计步骤相同，但当冷凝器用于精馏过程时，考虑到精馏塔操作回流比需要调整，同时还可能兼有调节塔压的作用，应适当加大冷凝器的面积裕度（一般在 30% 左右）。

二、塔底再沸器

再沸器（蒸馏釜）的作用是加热塔底料液，使之部分汽化，从而提供精馏塔内的上升气流。工业上常用的塔底再沸器如图 4-29 所示。

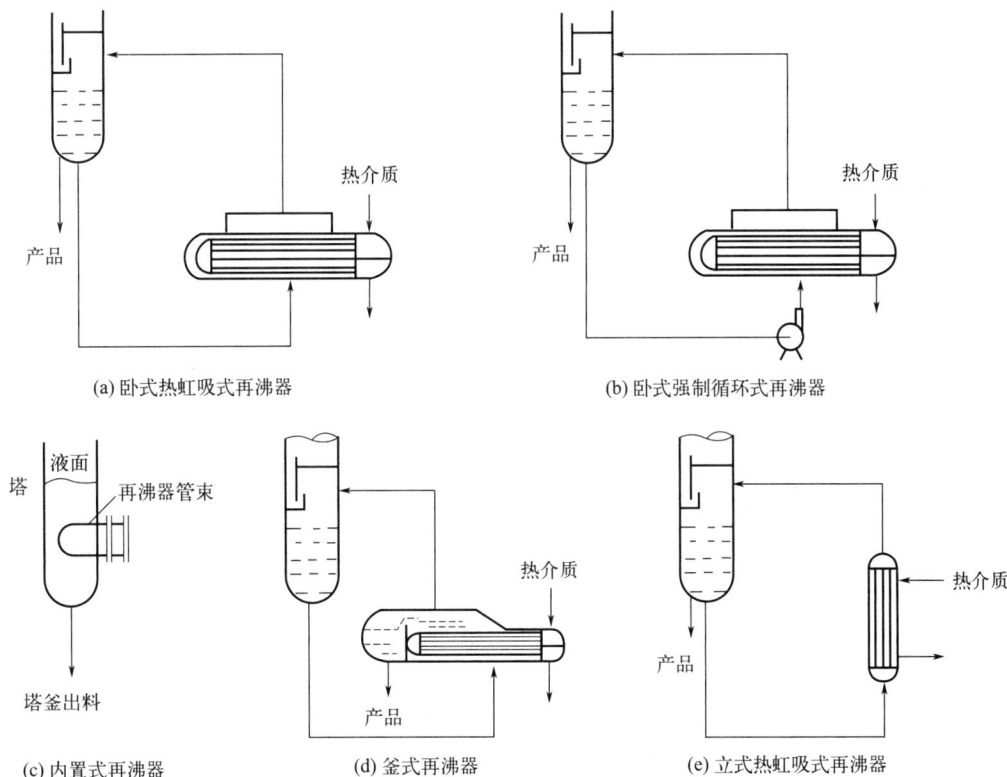

图 4-29　塔底再沸器的类型

1. 热虹吸式再沸器

利用热虹吸的原理，再沸器内的液体被加热部分汽化，由于气液混合物的密度小于塔内液相的密度，再沸器与塔间产生静压差，促使塔底液体被"虹吸"进入再沸器，在再沸器内又部分汽化重新进入塔中，如此周而复始，不需要泵便可使塔底液体循环。热虹吸式再沸器有立式和卧式两种，如图4-29（a）、（e）所示。立式热虹吸式再沸器的优点在于按单位面积计的金属耗用量显著低于其他型式，且传热效果好、占地面积小、连接管道短。但立式热虹吸式再沸器安装时要求精馏塔底部的液面与其顶部的管板持平，要有固定标高，其循环速率受流体力学因素制约。当处理量大，要求循环量和传热面积也大时，常选用卧式热虹吸式再沸器。一是因为随传热面积加大，其单位面积的金属耗量降低较快；二是因为其循环量受流体力学影响较小，可在一定范围内调整塔底与再沸器之间的高度差来适应要求。热虹吸式再沸器的汽化率不能大于40%，否则传热不良，且因加热管不能充分润湿而易结垢，故对于要求较高汽化率的工艺过程和处理易结垢的物料不宜采用。

2. 强制循环式再沸器

用泵使塔底液体在再沸器与塔间循环，称为强制循环式再沸器，可采用立式和卧式两种形式。图4-29（b）为卧式强制循环式再沸器。强制循环式再沸器的优点在于液体流速大，停留时间短，便于控制和调节液体循环量。该方式特别适合高黏度液体和热敏性物料的蒸馏过程。强制循环式再沸器因采用泵循环，使得操作费用增加，而且釜温较高时需选用耐高温泵，设备费用较高。另外，其料液易发生泄漏。因此除特殊需要外，一般不宜采用。

3. 内置式再沸器（蒸馏釜）

将加热装置直接置于塔的底部称为内置式再沸器（蒸馏釜），如图4-29（c）所示。加热装置可以采用夹套、蛇管或管壳式加热器等不同形式，其装料系数按物系气泡倾向取为60%～80%。内置式再沸器（蒸馏釜）的优点是安装方便、占地面积小，通常用于直径小于600mm的精馏塔中。

4. 釜式（罐式）再沸器

对于直径较大的塔，一般将再沸器置于塔外，如图4-29（d）所示。其管束可以抽出，为保证管束浸于沸腾液中，管束末端设有溢流堰，堰外空间为出料液的缓冲区。其液面以上空间为气液分离空间，设计中一般要求气液分离空间为再沸器总体积的30%以上。釜式（罐式）再沸器的优点是汽化率高，可达80%以上。若工艺过程要求较高的汽化率，宜采用釜式（罐式）再沸器。此外，对于某些塔底物料需分批移出的塔或间歇精馏塔，因操作范围变化大，也应采用釜式（罐式）再沸器。

再沸器设计需要考虑的因素很多，如再沸器进料的黏度、流动类型、汽化率和为再沸器提供进料的塔内液位等。再沸器的传热面积是决定塔操作弹性的主要因素之一，故估算其传热面积时应留有足够的裕度，以防塔底汽化量不足影响操作。

三、进料预热器和产品冷却器

进料预热器和产品冷却器可能采用公用工程物流进行加热或冷却，也可能采用工艺物流进行换热以回收热量，这与冷、热物流的物性及操作条件有关。应结合冷、热物流的性质及工艺条件选择换热器的型式，估算传热面积。

1. 塔主要的接管尺寸

接管用于连接工艺管路。板式塔主要的接管有塔顶蒸汽出口管、回流液管、进料管、塔釜出料管及塔底蒸汽入口管等。根据工艺计算提供的数据，例如物流的流量、密度、黏度等，选择适宜的流速，计算所需的管径，即

$$d = \sqrt{\frac{4V_s}{\pi u}} \tag{4-53}$$

根据管径圆整值查阅管材手册，确定管道规格。针对不同的流体，应选用适宜流速 u。

（1）塔顶蒸汽出口管 一般对于黏度大的流体，流度 u 应取小些；对于黏度小的流体，流度 u 应取大些。各种操作压力下管内蒸汽的许可流速见表 4-7。

表 4-7 管内蒸汽的许可流速

操作压强（绝压）	常压	13.3～6.7kPa	6.7kPa 以下
蒸汽流速 /（m/s）	12～20	30～45	45～60

（2）回流液管 通常，重力回流时，回流液管内的液流速度 u 一般取 0.2～0.5m/s；强制回流（用泵输送回流液）时，u 取 1～2.5m/s。

（3）进料管 料液由高位槽流入塔内时，进料管内的流速 u 可取为 0.4～0.8m/s；泵送料液入塔时，进料管内的流速 u 取为 1.5～2.5m/s。

（4）塔釜出料管 塔釜馏出液体的速度 u 一般可取为 0.5～1.0m/s。

（5）饱和水蒸气管 表压为 295kPa 以下时，流速 u 取为 20～40m/s；表压为 785kPa 以下时，流速 u 取为 40～60m/s；表压为 2950kPa 以上时，流速 u 取为 80kPa。

2. 泵

精馏装置使用的泵一般包括进料泵、回流泵、产品泵、冷却泵等。在装置的平、立面图布置完成前，只能采用机械能衡算的方法对物流通过的管道、阀门、管件和单元设备的总阻力进行估算，从而确定泵所需的扬程。根据泵的扬程和流量要求，结合输送介质的物性和操作条件可选择泵的类型和型号。选泵时应以最大流量为基础，如果所取流量值为正常流量，应根据工艺可能出现的波动在正常流量的基础上乘 1.1～1.2 的系数。特殊情况下，此系数还可加大。上述计算出的扬程一般也要乘 1.05～1.1 的安全系数，从而作为选泵的依据。

第五节

筛板精馏塔设计计算示例

【设计题目】

年处理 20000t 乙醇 - 水溶液连续筛板精馏塔设计。

【设计条件】

料液组成（质量分数）：40%；

塔顶产品组成（质量分数）：93%；

塔顶易挥发组分回收率：99%；

塔顶压力：p=4kPa（塔顶表压力）；

进料状况：泡点进料；

回流比：R=1.8R_{min}；

单板压降：$\Delta p \leqslant 0.7$kPa；

每年实际生产时间：7200h（300 天）；

工艺操作条件：常压精馏，塔顶全凝器，塔底间接蒸汽加热，泡点回流；

建厂地址：天津地区。

【设计计算】

一、设计方案的确定

本设计任务为分离乙醇 - 水混合物，处理量较大，采用普通连续精馏流程。设计中采用泡点进料，通过预热器将原料加热至泡点后送入精馏塔内。塔顶上升蒸气采用全凝器冷凝，泡点回流，操作回流比可取最小回流比的 1.8 倍，塔釜采用间接蒸汽加热。

二、物料衡算

1. 原料液和塔顶、塔底产品的摩尔分数

进料组成：$x_F = \dfrac{0.40 / 46.07}{0.40 / 46.07 + 0.60 / 18.02} = 0.21$

塔顶馏出液组成：$x_D = \dfrac{0.93 / 46.07}{0.93 / 46.07 + 0.07 / 18.02} = 0.84$

进料的平均摩尔质量：$M_F = 0.21 \times 46.07 + (1 - 0.21) \times 18.02 = 23.91 \text{(kg / kmol)}$

塔顶产品的平均摩尔质量：$M_D = 0.84 \times 46.07 + (1 - 0.84) \times 18.02 = 41.58 \text{(kg / kmol)}$

塔底产品的平均摩尔质量：$M_W = 0.0028 \times 46.07 + (1 - 0.0028) \times 18.02 = 18.10 \text{(kg / kmol)}$

进料量：$F = \dfrac{20000 \times 10^{3}}{300 \times 24 \times 23.91} = 116.18(\text{kmol}/\text{h})$

塔顶易挥发组分回收率：$\eta = \dfrac{Dx_D}{Fx_F} \times 100\% = \dfrac{0.84D}{116.18 \times 0.21} \times 100\% = 99\%$

解得 $D = 28.75\text{kmol}/\text{h}$。

2. 全塔的物料衡算

$$\begin{cases} F = D + W \\ Fx_F = Dx_D + Wx_W \end{cases} \Longrightarrow \begin{cases} 116.18 = 28.75 + W \\ 116.18 \times 0.21 = 28.75 \times 0.84 + Wx_W \end{cases}$$

解得 $W = 87.43\text{kmol}/\text{h}$，$x_W = 0.0028$。

三、物性参数的计算

1. 温度的确定

常压下乙醇-水的气液相平衡组成见表 4-8。

表 4-8　乙醇-水的气液相平衡组成

乙醇的摩尔分数		温度 /℃	乙醇的摩尔分数		温度 /℃
液相 x	气相 y		液相 x	气相 y	
0.00	0.00	100	0.3273	0.5826	81.5
0.0190	0.1700	95.5	0.3965	0.6122	80.7
0.0721	0.3891	89.0	0.5079	0.6564	79.8
0.0966	0.4375	86.7	0.5198	0.6599	79.7
0.1238	0.4704	85.3	0.5732	0.6841	79.3
0.1661	0.5089	84.1	0.6763	0.7385	78.74
0.2337	0.5445	82.7	0.7472	0.7815	78.41
0.2608	0.5580	82.3	0.8943	0.8943	78.15

利用表 4-8，结合 $x_D = 0.84$、$x_F = 0.21$、$x_W = 0.0028$，采用内插法求塔顶温度 t_D、进料温度 t_F 和塔底温度 t_W。

塔顶温度：$\dfrac{78.41 - 78.15}{0.7472 - 0.8943} = \dfrac{t_D - 78.15}{0.84 - 0.8943} \Longrightarrow t_D = 78.25℃$

进料温度：$\dfrac{84.1 - 82.7}{0.1661 - 0.2337} = \dfrac{t_F - 82.7}{0.21 - 0.2337} \Longrightarrow t_F = 83.19℃$

塔底温度：$\dfrac{100-95.5}{0-0.019}=\dfrac{t_W-95.5}{0.0028-0.019}\implies t_W=99.34\,\text{℃}$

精馏段的平均温度：$t_{1m}=\dfrac{t_F+t_D}{2}=\dfrac{83.19+78.25}{2}=80.72(\text{℃})$

提馏段的平均温度：$t_{2m}=\dfrac{t_F+t_W}{2}=\dfrac{83.19+99.34}{2}=91.27(\text{℃})$

2. 与 x_D、x_F、x_W 对应的气相组成计算

利用表 4-8，结合 $x_D=0.84$、$x_F=0.21$、$x_W=0.0028$，采用内插法求塔顶温度 t_D、进料温度 t_F 和塔底温度 t_W 下的气相组成 y_D、y_F、y_W。

塔顶温度 $t_D=78.25\,\text{℃}$ 下的气相组成：

$$\frac{78.41-78.15}{0.7815-0.8943}=\frac{78.25-78.15}{y_D-0.8943}\implies y_D=0.8509$$

进料温度 $t_F=83.19\,\text{℃}$ 下的气相组成：

$$\frac{84.1-82.7}{0.5089-0.5445}=\frac{83.19-82.7}{y_F-0.5445}\implies y_F=0.5320$$

塔底温度 $t_W=99.34\,\text{℃}$ 下的气相组成：

$$\frac{100-95.5}{0-0.17}=\frac{99.34-95.5}{y_W-0.17}\implies y_W=0.0249$$

精馏段的平均液相组成：$x_{1m}=\dfrac{x_D+x_F}{2}=\dfrac{0.84+0.21}{2}=0.525$

精馏段的平均气相组成：$y_{1m}=\dfrac{y_D+y_F}{2}=\dfrac{0.8509+0.5320}{2}=0.691$

提馏段的平均液相组成：$x_{2m}=\dfrac{x_F+x_W}{2}=\dfrac{0.21+0.0028}{2}=0.106$

提馏段的平均气相组成：$y_{2m}=\dfrac{y_W+y_F}{2}=\dfrac{0.0249+0.5320}{2}=0.278$

3. 平均分子量计算

精馏段液相的平均分子量：

$$\overline{M}_{L1}=x_{1m}M_{\text{乙醇}}+(1-x_{1m})M_{\text{水}}=0.525\times46.07+(1-0.525)\times18.02=32.75(\text{kg}/\text{kmol})$$

精馏段气相的平均分子量：

$$\overline{M}_{V1}=y_{1m}M_{\text{乙醇}}+(1-y_{1m})M_{\text{水}}=0.689\times46.07+(1-0.691)\times18.02=37.40(\text{kg}/\text{kmol})$$

提馏段液相的平均分子量：

$$\overline{M}_{L2}=x_{2m}M_{\text{乙醇}}+(1-x_{2m})M_{\text{水}}=0.106\times46.07+(1-0.106)\times18.02=20.99(\text{kg}/\text{kmol})$$

提馏段气相的平均分子量：

$$\overline{M}_{V2} = y_{2m}M_{乙醇} + (1-y_{2m})M_{水} = 0.278 \times 46.07 + (1-0.278) \times 18.02 = 25.82(kg/kmol)$$

4. 混合物的黏度

利用液体黏度共线图查得精馏段的平均温度 $t_{1m} = 80.72\,℃$ 时，$\mu_{水} = 0.352mPa \cdot s$，$\mu_{乙醇} = 0.425mPa \cdot s$；提馏段的平均温度 $t_{2m} = 91.27\,℃$ 时，$\mu'_{水} = 0.313mPa \cdot s$，$\mu'_{乙醇} = 0.392mPa \cdot s$。

精馏段的平均黏度：

$$\mu_{L1m} = x_{1m}\mu_{乙醇} + (1-x_{1m})\mu_{水} = 0.525 \times 0.425 + (1-0.525) \times 0.352 = 0.39(mPa \cdot s)$$

提馏段的平均黏度：

$$\mu_{L2m} = x_{2m}\mu'_{乙醇} + (1-x_{2m})\mu'_{水} = 0.106 \times 0.392 + (1-0.106) \times 0.313 = 0.321(mPa \cdot s)$$

5. 平均相对挥发度计算

相对挥发度计算公式：$\alpha = \dfrac{\upsilon_A}{\upsilon_B} = \dfrac{p_A/x_A}{p_B/x_B} = \dfrac{py_A/x_A}{py_B/x_B} = \dfrac{y_A x_B}{y_B x_A}$

塔顶相对挥发度：$\alpha_D = \dfrac{y_A x_B}{y_B x_A} = \dfrac{y_D(1-x_D)}{(1-y_D)x_D} = \dfrac{0.8509 \times (1-0.84)}{(1-0.8509) \times 0.84} = 1.087$

进料相对挥发度：$\alpha_F = \dfrac{y_A x_B}{y_B x_B} = \dfrac{y_F(1-x_F)}{(1-y_F)x_F} = \dfrac{0.5230 \times (1-0.21)}{(1-0.5271) \times 0.21} = 4.276$

塔底相对挥发度：$\alpha_W = \dfrac{y_A x_B}{y_B x_B} = \dfrac{y_W(1-x_W)}{(1-y_W)x_W} = \dfrac{0.0249 \times (1-0.0028)}{(1-0.0249) \times 0.0028} = 9.10$

全塔平均相对挥发度：$\alpha_m = \sqrt[3]{\alpha_D \alpha_F \alpha_W} = \sqrt[3]{1.087 \times 4.276 \times 9.1} = 3.48$

精馏段平均相对挥发度：$\alpha_{1m} = \sqrt{\alpha_D \alpha_F} = \sqrt{1.087 \times 4.276} = 2.16$

提馏段平均相对挥发度：$\alpha_{2m} = \sqrt{\alpha_F \alpha_W} = \sqrt{4.193 \times 9.1} = 6.18$

气液相平衡方程：$y = \dfrac{\alpha_m x}{1+(\alpha_m-1)x} = \dfrac{3.48x}{1+2.48x}$

四、塔板数的计算

1. 最小回流比与回流比的确定

由表 4-8 作出乙醇 - 水的 y-x 图，如图 4-30 所示。由图 4-30 可得 b（0，0.328），即

$$\frac{x_D}{R_{min}+1} = 0.328$$

解得 $R_{min} = 1.56$。

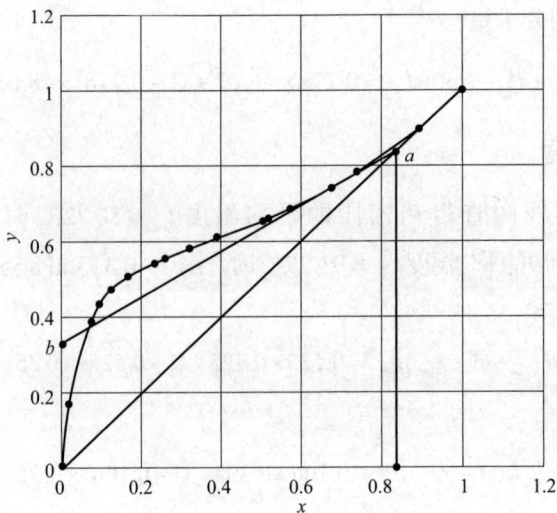

图 4-30　乙醇 - 水的 y-x 图

操作回流比取最小回流比的 1.8 倍，则操作回流比 $R = 1.8R_{\min} = 1.8 \times 1.56 = 2.808$。

2. 精馏塔的气、液相负荷

精馏段：

$$L = RD = 2.808 \times 28.75 = 80.73(\text{kmol} / \text{h})$$

$$V = (R+1)D = (2.808 + 1) \times 28.75 = 109.48(\text{kmol} / \text{h})$$

提馏段：

$$L' = L + qF = 80.73 + 1 \times 116.18 = 196.91(\text{kmol} / \text{h})$$

$$V' = V + (q-1)F = 109.48 + (1-1) \times 116.18 = 109.48(\text{kmol} / \text{h})$$

3. 精馏段与提馏段的操作线方程

精馏段：

$$y_{n+1} = \frac{R}{R+1}x_n + \frac{x_{\text{D}}}{R+1} = \frac{2.808}{2.808+1}x_n + \frac{0.84}{2.808+1} = 0.74x_n + 0.22$$

提馏段：

$$y_{m+1} = \frac{L'}{V'}x_m - \frac{W}{V'}x_{\text{W}} = \frac{196.9}{109.48}x_m - \frac{87.43 \times 0.0028}{109.48} = 1.80x_m - 0.0022$$

4. 图解法确定理论塔板数 N_{T} 及进料位置

采用图解法求理论塔板数如图 4-31 所示。精馏段 14 块塔板，$N_{\text{T1}} = 14$；进料板为第 15 块塔板；提馏段 2.7 块塔板，$N_{\text{T2}} = 2.7$。

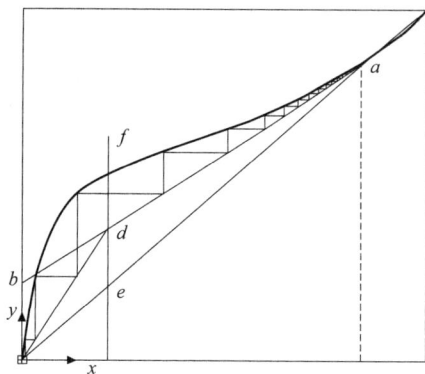

图 4-31　乙醇 - 水的 y-x 图及图解理论塔板数

5. 全塔效率 E_T

前面计算的精馏段平均相对挥发度 $\alpha_{1m} = 2.16$，提馏段平均相对挥发度 $\alpha_{2m} = 6.18$，精馏段平均黏度 $\mu_{L1m} = 0.39\text{mPa} \cdot \text{s}$，提馏段平均黏度 $\mu_{L2m} = 0.321\text{mPa} \cdot \text{s}$。

精馏段塔板效率：$E_{T1} = 0.49(\alpha_{1m}\mu_{L1m})^{-0.245} = 0.49 \times (2.16 \times 0.39)^{-0.245} = 0.511 \approx 51\%$

提馏段塔板效率：$E_{T2} = 0.49(\alpha_{2m}\mu_{L2m})^{-0.245} = 0.49 \times (6.18 \times 0.392)^{-0.245} = 0.394 \approx 39\%$

6. 实际塔板数 N

精馏段实际塔板数：$N_1 = \dfrac{N_T}{E_{T1}} = \dfrac{14}{0.51} \approx 27$（块）

提馏段实际塔板数：$N_2 = \dfrac{N_{T2}}{E_{T2}} = \dfrac{2.7}{0.39} \approx 7$（块）

全塔实际塔板数：$N = N_1 + N_2 = 27 + 7 = 34$（块）

全塔板效率：$E_T = \dfrac{N_T}{N} \times 100\% = \dfrac{16.7}{34} \times 100\% = 49\%$

实际加料板位置：$N_{加料} = \dfrac{15}{0.49} \approx 31$（块）

五、精馏塔的工艺条件及有关物性数据的计算

1. 塔操作压力的计算

塔顶压力 $p=4\text{kPa}$（塔顶压表压力），单板压降 $\Delta p \leq 0.7\text{kPa}$，每层塔板取 0.7kPa，实际进料板 31 块。

塔顶压力：$p_D = 101.3 + 4 = 105.3$（kPa）

进料板压强：$p_F = 105.3 + 0.7 \times 31 = 127$（kPa）

塔底压强：$p_W = 105.3 + 0.7 \times 34 = 129.1(kPa)$

精馏段的平均操作压力：$p_{1m} = \dfrac{p_D + p_F}{2} = \dfrac{105.3 + 127}{2} = 116.15(kPa)$

提馏段的平均操作压力：$p_{2m} = \dfrac{p_F + p_W}{2} = \dfrac{127 + 129.1}{2} = 128.05(kPa)$

2. 平均密度的计算

混合液相的平均密度计算公式：$\dfrac{1}{\rho_{Lm}} = \dfrac{w_A}{\rho_{LA}} + \dfrac{w_B}{\rho_{LB}}$

式中，w_A、w_B 为质量分数。

混合气相的平均密度计算公式：$\rho_{Vm} = \dfrac{p_m \bar{M}_m}{RT}$

（1）混合液相的平均密度计算　查得不同温度下乙醇和水的密度（表4-9），采用内插法分别求塔顶温度 t_D、进料温度 t_F 和塔底温度 t_W 下乙醇和水的密度。

表 4-9　不同温度下乙醇和水的密度

温度 /℃	$\rho_{乙醇}$/（kg/m³）	$\rho_{水}$/（kg/m³）
70	746.0	977.20
80	735.0	971.80
85	730.0	968.60
90	724.0	965.30
95	720.0	961.85
100	716.0	958.40

塔顶温度 $t_D = 78.25℃$：

馏出液中乙醇的密度：$\dfrac{70-80}{746-735} = \dfrac{78.25-80}{\rho_{LD乙醇}-735}$ $\Longrightarrow$ $\rho_{LD乙醇} = 736.93 kg/m^3$

馏出液中水的密度：$\dfrac{70-80}{977.20-971.80} = \dfrac{78.25-80}{\rho_{LD水}-971.80}$ $\Longrightarrow$ $\rho_{LD水} = 972.75 kg/m^3$

馏出液的平均密度：$\dfrac{1}{\rho_{LDm}} = \dfrac{w_{乙醇}}{\rho_{LD乙醇}} + \dfrac{w_{水}}{\rho_{LD水}} = \dfrac{0.93}{736.93} + \dfrac{1-0.93}{972.75}$ $\Longrightarrow$ $\rho_{LDm} = 749.65 kg/m^3$

进料温度 $t_F = 83.19℃$：

进料中乙醇的密度：$\dfrac{80-85}{735-730} = \dfrac{83.19-85}{\rho_{LF乙醇}-730}$ $\Longrightarrow$ $\rho_{LF乙醇} = 731.81 kg/m^3$

进料中水的密度：$\dfrac{80-85}{971.8-968.6} = \dfrac{83.19-85}{\rho_{LF水}-968.6}$ $\Longrightarrow$ $\rho_{LF水} = 969.76 kg/m^3$

进料的平均密度：$\dfrac{1}{\rho_{LFm}} = \dfrac{w_{乙醇}}{\rho_{LF乙醇}} + \dfrac{w_{水}}{\rho_{LF水}} = \dfrac{0.4}{731.81} + \dfrac{1-0.4}{969.76} \implies \rho_{LFm} = 858.15\text{kg} / \text{m}^3$

塔底温度 $t_W = 99.34\text{℃}$：

残液中乙醇的密度：$\dfrac{95-100}{720-716} = \dfrac{99.34-100}{\rho_{LW乙醇}-716} \implies \rho_{LW乙醇} = 716.53\text{kg} / \text{m}^3$

残液中水的密度：$\dfrac{95-100}{961.85-958.4} = \dfrac{99.34-100}{\rho_{LW水}-958.4} \implies \rho_{LW水} = 958.86\text{kg} / \text{m}^3$

残液的平均密度：$\dfrac{1}{\rho_{LWm}} = \dfrac{w_{乙醇}}{\rho_{LW乙醇}} + \dfrac{w_{水}}{\rho_{LW水}} = \dfrac{0.007}{716.53} + \dfrac{1-0.007}{958.86} \implies \rho_{LWm} = 956.60\text{kg} / \text{m}^3$

残液中乙醇的摩尔分数 $x_W = 0.0028$，转化为质量分数则 $w_{乙醇} = 0.7\%$。

精馏段液相的平均密度：$\rho_{L1m} = \dfrac{\rho_{LDm} + \rho_{LFm}}{2} = \dfrac{749.65+858.15}{2} = 803.89(\text{kg} / \text{m}^3)$

提馏段液相的平均密度：$\rho_{L2m} = \dfrac{\rho_{LWm} + \rho_{LFm}}{2} = \dfrac{956.60+858.15}{2} = 907.38(\text{kg} / \text{m}^3)$

（2）混合气相的平均密度计算 前面已计算出精馏段的平均温度 $t_{1m} = 80.72\text{℃}$、提馏段的平均温度 $t_{2m} = 91.27\text{℃}$、精馏段气相的平均分子量 $\overline{M}_{V1} = 37.40\text{kg} / \text{kmol}$、提馏段气相的平均分子量 $\overline{M}_{V2} = 25.82\text{kg} / \text{kmol}$。

精馏段气相的平均密度：

$$\rho_{V1m} = \dfrac{p_{1m}\overline{M}_{V1}}{RT} = \dfrac{116.15 \times 37.40}{8.314 \times (273.15 + 80.72)} = 1.48(\text{kg} / \text{m}^3)$$

提馏段气相的平均密度：

$$\rho_{V2m} = \dfrac{p_{2m}\overline{M}_{V2}}{RT} = \dfrac{128.05 \times 25.82}{8.314 \times (273.15 + 91.27)} = 1.09(\text{kg} / \text{m}^3)$$

3. 液体表面张力的计算

平均表面张力的计算公式：$\sigma_m = \sum\limits_{i=1}^{n} x_i \sigma_i$

利用表 4-10，采用内插法分别求塔顶温度 t_D、进料温度 t_F 和塔底温度 t_W 下乙醇和水的表面张力。

表 4-10　不同温度下乙醇和水的表面张力

$t/\text{℃}$	70	80	90	100
乙醇的表面张力 $/10^{-3}$（N/m）	18	17.15	16.2	15.2
水的表面张力 $/10^{-3}$（N/m）	64.3	62.6	60.7	58.8

塔顶温度 $t_D = 78.25℃$:

馏出液中乙醇的表面张力： $\dfrac{70-80}{18-17.15} = \dfrac{78.25-80}{\sigma_{LD乙醇}-17.15}$ $\Longrightarrow$ $\sigma_{LD乙醇} = 17.3\text{mN/m}$

馏出液中水的表面张力： $\dfrac{70-80}{64.3-62.6} = \dfrac{78.25-80}{\sigma_{LD水}-62.6}$ $\Longrightarrow$ $\sigma_{LD水} = 62.9\text{mN/m}$

馏出液的平均表面张力： $\sigma_{LmD} = 0.84 \times 17.30 + 0.16 \times 62.9 = 24.6(\text{mN/m})$

进料温度 $t_F = 83.19℃$:

进料中乙醇的表面张力： $\dfrac{80-90}{17.15-16.2} = \dfrac{83.19-90}{\sigma_{LF乙醇}-16.2}$ $\Longrightarrow$ $\sigma_{LF乙醇} = 16.85\text{mN/m}$

进料中水的表面张力： $\dfrac{80-90}{62.6-60.7} = \dfrac{83.19-90}{\sigma_{LF水}-60.7}$ $\Longrightarrow$ $\sigma_{LF水} = 61.99\text{mN/m}$

进料的平均表面张力： $\sigma_{LmF} = 0.21 \times 16.85 + 0.79 \times 61.99 = 52.51(\text{mN/m})$

塔底温度 $t_W = 99.34℃$:

残液中乙醇的表面张力： $\dfrac{90-100}{16.2-15.2} = \dfrac{99.34-100}{\sigma_{LW乙醇}-15.2}$ $\Longrightarrow$ $\sigma_{LW乙醇} = 15.27\text{mN/m}$

残液中水的表面张力： $\dfrac{90-100}{60.7-58.8} = \dfrac{99.34-100}{\sigma_{LW水}-58.8}$ $\Longrightarrow$ $\sigma_{LW水} = 58.93\text{mN/m}$

残液的平均表面张力： $\sigma_{LmW} = 0.0028 \times 15.27 + 0.9972 \times 58.93 = 58.81(\text{mN/m})$

精馏段的平均表面张力： $\sigma_{L1m} = \dfrac{\sigma_{LDm}+\sigma_{LFm}}{2} = \dfrac{24.6+52.51}{2} = 38.56(\text{mN/m})$

提馏段的平均表面张力： $\sigma_{L2m} = \dfrac{\sigma_{LWm}+\sigma_{LFm}}{2} = \dfrac{58.81+52.51}{2} = 55.66(\text{mN/m})$

4. 精馏塔气、液相体积流量的计算

前面已计算出精馏段的液相、气相负荷 $L = 80.73\text{kmol/h}$ 、 $V = 109.48\text{kmol/h}$ ，精馏段的液相、气相平均分子量 $\bar{M}_{L1} = 32.75\text{kg/kmol}$ 、 $\bar{M}_{V1} = 37.40\text{kg/kmol}$ ，精馏段的液相、气相平均密度 $\rho_{L1m} = 803.89\text{kg/m}^3$ 、 $\rho_{V1m} = 1.48\text{kg/m}^3$ 。

精馏段气相的体积流量： $V_{s1} = \dfrac{V\bar{M}_{V1}}{3600\rho_{V1m}} = \dfrac{109.48 \times 37.40}{3600 \times 1.48} = 0.77(\text{m}^3/\text{s})$

精馏段液相的体积流量： $L_{s1} = \dfrac{L\bar{M}_{L1}}{3600\rho_{L1m}} = \dfrac{80.73 \times 32.75}{3600 \times 803.89} = 0.0009(\text{m}^3/\text{s}) = 3.29(\text{m}^3/\text{h})$

前面已计算出提馏段的液相、气相负荷 $L' = 196.91\text{kmol/h}$ 、 $V' = 109.48\text{kmol/h}$ ，提馏段的液相、气相平均分子量 $\bar{M}_{L2} = 20.99\text{kg/kmol}$ 、 $\bar{M}_{V2} = 25.82\text{kg/kmol}$ ，提馏段的液相、气相平均密度 $\rho_{L2m} = 907.38\text{kg/m}^3$ 、 $\rho_{V2m} = 1.09\text{kg/m}^3$ 。

提馏段气相的体积流量： $V_{s2} = \dfrac{V'\overline{M}_{V2}}{3600\rho_{V2m}} = \dfrac{109.48 \times 25.82}{3600 \times 1.09} = 0.72(\text{m}^3/\text{s})$

提馏段液相的体积流量： $L_{s2} = \dfrac{L'\overline{M}_{L2}}{3600\rho_{L2m}} = \dfrac{196.91 \times 20.99}{3600 \times 907.38} = 0.00127(\text{m}^3/\text{s}) = 4.56(\text{m}^3/\text{h})$

六、精馏塔塔体工艺尺寸的计算

1. 塔径 D 的计算

参考表 4-3，初选塔板间距 $H_T = 0.40\text{m}$，取板上液层高度 $h_L = 0.06\text{m}$，那么分离空间 $H_T - h_L = 0.40 - 0.06 = 0.34(\text{m})$。

（1）精馏段塔径 D_1 的估算　下面利用史密斯关联图求操作物系的负荷因子 C。图 4-10 中的横坐标为

$$\left(\frac{L_{s1}}{V_{s1}}\right)\left(\frac{\rho_{L1m}}{\rho_{V1m}}\right)^{0.5} = \left(\frac{0.0009}{0.77}\right)\left(\frac{803.89}{1.48}\right)^{0.5} = 0.027$$

查图 4-10 得 $C_{20} = 0.074$，依式（4-11）将其校正到精馏段的液相平均表面张力 $\sigma_{L1m} = 38.56\text{mN}/\text{m}$ 时，即

$$C = C_{20}\left(\frac{\sigma}{20}\right)^{0.2} = 0.074 \times \left(\frac{38.56}{20}\right)^{0.2} = 0.0844$$

泛点气速：

$$u_{max} = C\sqrt{\frac{\rho_{L1m} - \rho_{V1m}}{\rho_{V1m}}} = 0.0844\sqrt{\frac{803.89 - 1.48}{1.48}} = 1.972(\text{m}/\text{s})$$

取安全系数为 0.60，则空塔气速为

$$u = 0.60u_{max} = 0.60 \times 1.972 = 1.18(\text{m}/\text{s})$$

故精馏段塔径为

$$D_1 = \sqrt{\frac{4V_{s1}}{\pi u}} = \sqrt{\frac{4 \times 0.77}{3.14 \times 1.18}} = 0.91(\text{m})$$

精馏段塔径按标准塔径圆整为 1.0m。

（2）提馏段塔径 D_2 的估算　图 4-10 中的横坐标为

$$\left(\frac{L_{s2}}{V_{s2}}\right)\left(\frac{\rho_{L2m}}{\rho_{V2m}}\right)^{0.5} = \left(\frac{0.00127}{0.72}\right)\left(\frac{907.38}{1.09}\right)^{0.5} = 0.051$$

查图 4-10 得 $C_{20} = 0.077$，依式（4-11）将其校正到提馏段的液相平均表面张力 $\sigma_{L2m} = 55.66\text{mN}/\text{m}$ 时，即

$$C = C_{20}\left(\frac{\sigma}{20}\right)^{0.2} = 0.077 \times \left(\frac{55.66}{20}\right)^{0.2} = 0.094$$

$$u_{\max} = C\sqrt{\frac{\rho_{L2m} - \rho_{V2m}}{\rho_{V2m}}} = 0.094\sqrt{\frac{907.38 - 1.09}{1.09}} = 2.710(\text{m/s})$$

取安全系数为 0.60，则空塔气速为

$$u = 0.60 u_{\max} = 0.60 \times 2.537 = 1.52(\text{m/s})$$

故提馏段塔径为

$$D_2 = \sqrt{\frac{4V_{s2}}{\pi u}} = \sqrt{\frac{4 \times 0.72}{3.14 \times 1.52}} = 0.78(\text{m})$$

提馏段塔径按标准塔径圆整为 0.8m。由于精馏段和提馏段的塔径相差不大，故取大塔径（即 1.0m）为精馏塔塔径。下面均按精馏段的数据进行设计。

塔的截面积为

$$A_T = \frac{\pi}{4}D^2 = \frac{3.14 \times 1.0^2}{4} = 0.785(\text{m}^2)$$

则空塔气速为

$$u = \frac{4V_{s1}}{\pi D^2} = \frac{4 \times 0.77}{3.14 \times 1.0^2} = 0.98(\text{m/s})$$

2. 塔有效高度的计算

对于 $D \geqslant 1000\text{mm}$ 的板式塔，处理不需要经常清洗的物料，为安装、检修的需要，可隔 8～10 块塔板设置一个人孔。因精馏段的实际板数为 27 块，提馏段的实际板数为 7 块，故精馏段设置 2 个人孔，提馏段设置 1 个人孔，共 3 个人孔（不包括塔顶空间和塔底空间的人孔）。人孔直径取 450mm，人孔处的塔板间距等于或大于 600mm，此处取 700mm，则塔的有效高度计算如下。

精馏段的有效高度：$Z_1 = (N_1 - n_P - 1)H_T + n_P H_P = (27 - 2 - 1) \times 0.4 + 2 \times 0.7 = 11(\text{m})$

提馏段的有效高度：$Z_2 = (N_2 - 1)H_T = (7 - 1 - 1) \times 0.4 + 0.7 = 2.7(\text{m})$

塔的有效高度：$Z = Z_1 + Z_2 = 11 + 2.7 = 13.7(\text{m})$

3. 溢流装置设计

采用单溢流、弓形降液管、平形受液盘及平形溢流堰，不设进口堰，则各项计算如下。

（1）溢流堰长　单溢流时 $l_W/D = 0.6～0.75$，取堰长 l_W 为 $0.66D$，则

$$l_W = 0.66 \times 1.0 = 0.66(\text{m})$$

（2）出口堰高 h_W

$$h_W = h_L - h_{OW}$$

用图 4-14 求液流收缩系数 E。由 $l_{\text{w}}/D = 0.66/1.0 = 0.66$，$L_{\text{h}}/l_{\text{w}}^{2.5} = 3.29/0.66^{2.5} = 9.29(\text{m})$，查图 4-14 得 $E = 1.0$，则

$$h_{\text{OW}} = \frac{2.84}{1000}E\left(\frac{L_{\text{h}}}{l_{\text{w}}}\right)^{\frac{2}{3}} = \frac{2.84}{1000} \times 1.0 \times \left(\frac{3.29}{0.66}\right)^{\frac{2}{3}} = 0.0083(\text{m})$$

$$h_{\text{W}} = h_{\text{L}} - h_{\text{OW}} = 0.06 - 0.0083 = 0.0517(\text{m})$$

（3）降液管的宽度 W_{d} 与降液管的面积 A_{f}　由 $l_{\text{w}}/D = 0.66/1.0 = 0.66$ 查图 4-17 得 $W_{\text{d}}/D = 0.124$，$A_{\text{f}}/A_{\text{T}} = 0.072$，故

$$W_{\text{d}} = 0.124D = 0.124 \times 1.0 = 0.124(\text{m})$$

$$A_{\text{f}} = 0.072 \times \frac{\pi}{4}D^2 = 0.072 \times \frac{\pi}{4} \times 1.0^2 = 0.0565(\text{m}^2)$$

根据式（4-34）计算液体在降液管中的停留时间，以检验降液管的面积，具体如下：

$$\tau = \frac{A_{\text{f}}H_{\text{T}}}{L_{\text{s}}} = \frac{0.0565 \times 0.40}{0.0009} = 25.12(\text{s})$$

大于 5s，符合要求。

（4）降液管的底隙高度 h_{O}　为简便起见，有时也用下式确定：

$$h_{\text{O}} = h_{\text{W}} - 0.006 = 0.0517 - 0.006 = 0.0457(\text{m})$$

即降液管的底隙高度比溢流堰的高度低 6mm，以保证降液管底部的液封。降液管的底隙高度一般不宜小于 $20 \sim 25$mm，否则易堵塞。

4. 塔板布置

取边缘区宽度 $W_{\text{c}} = 0.035$m，安定区宽度 $W_{\text{s}} = 0.065$m。

（1）开孔区面积

$$x = \frac{D}{2} - (W_{\text{d}} + W_{\text{s}}) = \frac{1.0}{2} - (0.124 + 0.065) = 0.311(\text{m})$$

$$R = \frac{D}{2} - W_{\text{c}} = \frac{1.0}{2} - 0.035 = 0.465(\text{m})$$

$$\begin{aligned}
A_{\text{a}} &= 2\left(x\sqrt{R^2 - x^2} + \frac{\pi}{180°}R^2\arcsin\frac{x}{R}\right) \\
&= 2 \times \left(0.311 \times \sqrt{0.465^2 - 0.311^2} + \frac{\pi}{180°} \times 0.465^2\arcsin\frac{0.311}{0.465}\right) \\
&= 0.532(\text{m}^2)
\end{aligned}$$

（2）筛孔数 n

筛孔直径 d_0：按设计经验，表面张力为正系统的物系易起泡沫，可采用 d_0 为 $3 \sim 8$mm 的小孔径筛板，属鼓泡型操作，因此取筛孔的孔径 d_0 为 5mm，正三角形排列。对于碳钢塔板，板厚 δ 为 $3 \sim 4$mm，或 $\delta = (0.4 \sim 0.8)d_0$，孔径 d_0 应不小于板厚 δ。

孔心距 t：孔中心距一般为 $(2.5 \sim 5) d_0$，因此取孔中心距 $t = 3.0 \times 5.0 = 15.0 \text{(mm)}$。

塔板上的筛孔数 n：可用式（4-23）计算，即

$$n = \left(\frac{1158 \times 10^3}{t^2} \right) A_{\text{a}} = \left(\frac{1158 \times 10^3}{15.0^2} \right) \times 0.532 = 2738$$

（3）开孔率 ϕ　可用式（4-24）计算，即

$$\phi = \frac{A_0}{A_{\text{a}}} \times 100\% = \frac{0.907}{(t / d_0)^2} \times 100\% = \frac{0.907}{3.0^2} \times 100\% = 10.1\% \quad （\text{在 } 5\% \sim 15\% \text{ 范围内}）$$

每层塔板上的开孔面积：$A_0 = \phi A_{\text{a}} = 0.101 \times 0.532 = 0.0537 \text{(m}^2)$

气体通过筛孔的气速：$u_0 = \dfrac{V_{\text{s1}}}{A_0} = \dfrac{0.77}{0.0537} = 14.34 \text{(m / s)}$

由于塔径 $D \geqslant 800\text{mm}$，采用分块塔板。参考表 4-5，此塔 $D = 1000\text{mm}$，塔板应分三块。筛孔塔板的分块及塔板布置如图 4-32 所示。

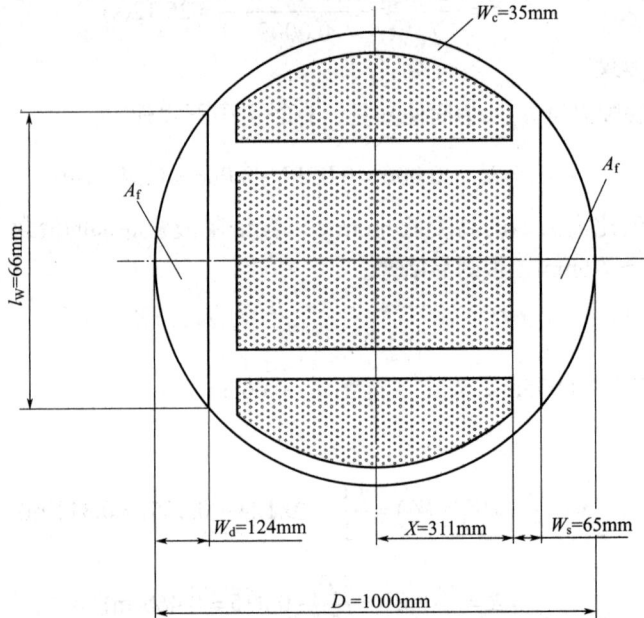

图 4-32　筛孔塔板的布置

5. 塔体总高度的计算

板式塔的塔体如图 4-9 所示。塔体总高度（包括封头和裙座的高度，且考虑人孔和进料板处的塔板间距）由式（4-7）计算。

$$H = (N - n_{\text{F}} - n_{\text{P}} - 1)H_{\text{T}} + n_{\text{F}}H_{\text{F}} + n_{\text{P}}H_{\text{P}} + H_{\text{D}} + H_{\text{B}} + H_1 + H_2$$

式中　H_1——塔顶封头的高度，本设计选用椭圆形封头，DN1000，曲面高度 $h_1 = 250\text{mm}$，直边高度 $h_2 = 40\text{mm}$，内表面积 $A = 1.2\text{m}^2$，容积 $V = 0.1623\text{m}^3$，则封头高度 $H_1 = h_1 + h_2 = 250 + 40 = 290 \text{(mm)}$；

H_2——塔底裙座的高度，本设计取 3m；

N——塔内所需的实际塔板数，本设计为 34 块；

n_p——人孔数目，本设计为 3 个（不包括塔顶空间和塔底空间的人孔）；

n_F——进料板数，本设计为 1 个；

H_T——塔板间距，本设计为 0.4m；

H_F——进料板处的塔板间距，本设计为 0.7m；

H_p——人孔处的塔板间距，本设计为 0.7m；

H_D——塔顶空间，通常取 $(1.5\sim2.0)H_T$，此处取 0.8m，再考虑安装除雾器，取 1.2m；

H_B——塔底空间，取釜液停留时间为 5min，塔底液面至塔内最下层塔板的距离取 1.5m，则

$$H_B = \frac{塔釜储液量-封头容积}{塔的截面积}+1.5 = \frac{tL_{h2}/60-V}{A_T}+1.5$$

$$= \frac{5\times4.56/60-0.1623}{0.785\times1.0^2}+1.5 = 1.8(m)$$

所以塔体总高度为

$$H = (34-1-3-1)\times0.4+0.7+3\times0.7+1.2+1.8+0.29+3 = 20.7(m)$$

七、筛板塔的流体力学验算

1. 气体通过筛板压降相当的液柱高度

$$h_p = h_c + h_l + h_\sigma$$

（1）干板压降相当的液柱高度 h_c　d_0 取 5mm，对于碳钢塔板，板厚 δ 为 3mm，则 $d_0/\delta=5/3=1.67$，查图 4-22 得 $C_0=0.84$。因筛板的开孔率 $\phi\leqslant15\%$，可用（4-27b）计算 h_c：

$$h_c = 0.051\left(\frac{u_0}{C_0}\right)^2\left(\frac{\rho_V}{\rho_L}\right) = 0.051\left(\frac{14.34}{0.84}\right)^2\left(\frac{1.48}{803.90}\right) = 0.027(m)$$

（2）气流穿过板上液层压降相当的液柱高度 h_l

$$u_a = \frac{V_s}{A_T-A_f} = \frac{0.77}{0.785-0.0567} = 1.057(m/s)$$

$$F_a = u_a\sqrt{\rho_V} = 1.057\times\sqrt{1.48} = 1.28$$

查图 4-23 可得板上液层的充气系数 β 为 0.63，根据式（4-28）有

$$h_l = \beta h_L = 0.63\times0.06 = 0.0378(m)$$

（3）克服液体表面张力压降相当的液柱高度 h_σ　精馏段的液相平均表面张力 $\sigma_{L1m}=38.56mN/m$，根据式（4-31）有

$$h_\sigma = \frac{4\sigma_L}{\rho_L g d_0} = \frac{4 \times 38.56 \times 10^{-3}}{803.90 \times 9.81 \times 0.005} = 0.0039 \text{(m)}$$

由上述计算可得 $h_p = h_c + h_l + h_\sigma = 0.027 + 0.0378 + 0.0039 = 0.069 \text{(m)}$。

单板压强降：

$$\Delta p_p = h_p \rho_L g = 0.069 \times 803.89 \times 9.81 = 544 \text{Pa} < 0.7 \text{kPa}（设计允许值，设计合理）$$

2. 雾沫夹带量 e_V 的验算

根据式（4-33）有

$$\begin{aligned}
e_V &= \frac{5.7 \times 10^{-6}}{\sigma_L}\left(\frac{u_a}{H_T - h_f}\right)^{3.2} \\
&= \frac{5.7 \times 10^{-6}}{38.56 \times 10^{-3}}\left(\frac{1.057}{0.4 - 2.5 \times 0.06}\right)^{3.2} \\
&= 0.0149 \text{kg / kg} < 0.1 \text{kg / kg}
\end{aligned}$$

故在设计负荷下不会发生过量雾沫夹带。

3. 漏液的验算

计算筛板漏液点气速的经验公式较多，这里采用式（4-40）。

$$\begin{aligned}
u_{0\min} &= 4.4 C_0 \sqrt{(0.0056 + 0.13 h_L - h_\sigma)\rho_L / \rho_V} \\
&= 4.4 \times 0.84 \times \sqrt{(0.0056 + 0.13 \times 0.06 - 0.0039) \times 803.89 / 1.48} \\
&= 8.42 \text{(m / s)}
\end{aligned}$$

根据式（4-42）有

$$K = \frac{u_0}{u_{0\min}} = \frac{14.34}{8.42} = 1.70（> 1.5）$$

故在设计负荷下不会产生过量漏液。

4. 液泛验算

为防止降液管液泛，降液管内的液层高度 H_d 不能超过上层塔板的出口堰高度，即

$$H_d \leqslant \varphi(H_T + h_W)$$

若忽略塔板的液面落差，则可用式（4-35）计算 H_d，即

$$H_d = h_p + h_L + h_d$$

塔板上不设进口堰，依式（4-36）计算，即

$$h_d = 0.153 u_0'^2 = 0.153\left(\frac{L_s}{l_W h_0}\right)^2 = 0.153 \times \left(\frac{0.0009}{0.66 \times 0.0457}\right)^2 = 0.00014 \text{(m)}$$

故降液管内的液层高度 $H_d = h_p + h_L + h_d = 0.069 + 0.06 + 0.00014 = 0.129(\text{m})$。

对于一般物系，φ 取 0.5，则

$$\varphi(H_T + h_W) = 0.5 \times (0.40 + 0.0517) = 0.226(\text{m})$$

故 $H_d \leqslant \varphi(H_T + h_W)$，在设计负荷下不会发生液泛。

根据上述塔板的各项流体力学验算，可认为精馏段的塔径及各工艺尺寸是合适的。

八、筛板操作负荷性能图

1. 雾沫夹带线①

$$u_a = \frac{V_s}{A_T - A_f} = \frac{V_s}{0.785 - 0.0567} = 1.373V_s \tag{a}$$

$$h_f = 2.5h_L = 2.5(h_W + h_{OW}) = 2.5\left[h_W + 2.84 \times 10^{-3} E\left(\frac{3600L_s}{l_W}\right)^{\frac{2}{3}}\right]$$

近似取 $E \approx 1.0$，$h_W = 0.0517\text{m}$，$l_W = 0.66\text{m}$，则

$$h_f = 2.5\left[0.0517 + 2.84 \times 10^{-3}\left(\frac{3600L_s}{0.66}\right)^{\frac{2}{3}}\right] \tag{b}$$

$$= 0.13 + 2.2L_s^{\frac{2}{3}}$$

取雾沫夹带极限值 e_v 为 0.1kg/kg，已知 $\sigma_L = 38.56 \times 10^{-3}\text{N/m}$，$H_T = 0.4\text{m}$，将式（a）、式（b）代入式（4-33）得

$$0.1 = \frac{5.7 \times 10^{-6}}{38.53 \times 10^{-3}}\left(\frac{1.373V_s}{0.4 - 0.13 - 2.2L_s^{\frac{2}{3}}}\right)^{3.2}$$

整理得

$$V_s = 1.51 - 12.28L_s^{\frac{2}{3}} \tag{1}$$

在操作范围内取若干 L_s 值，由式（1）算出相应的 V_s 值并列于表 4-11 中。

表 4-11 雾沫夹带线计算结果

L_s/(m³/s)	0.6×10^{-3}	1.5×10^{-3}	3.0×10^{-3}	4.5×10^{-3}
V_s/(m³/s)	1.42	1.35	1.25	1.18

根据表 4-11 中的数据在 V_s - L_s 图中作出雾沫夹带线①，如图 4-33 所示。

2. 液泛线②

联立式（4-13）、式（4-38）及式（4-35）得

$$\varphi(H_T + h_W) = h_p + h_W + h_{OW} + h_d$$

近似取 $E \approx 1.0$，$l_W = 0.66m$，得

$$h_{OW} = \frac{2.84}{1000} E \left(\frac{3600 L_s}{l_W} \right)^{\frac{2}{3}} \tag{c}$$

$$= 0.00284 \times 1.0 \times \left(\frac{3600 L_s}{0.66} \right)^{\frac{2}{3}} = 0.88 L_s^{\frac{2}{3}}$$

由式（4-27b）得

$$h_c = 0.051 \left(\frac{u_0}{C_0} \right)^2 \left(\frac{\rho_V}{\rho_L} \right) = 0.051 \left(\frac{V_s}{C_0 A_0} \right)^2 \left(\frac{\rho_V}{\rho_L} \right)$$

$$= 0.051 \left(\frac{V_s}{0.84 \times 0.0537} \right)^2 \times \frac{1.47}{803.89} = 0.046 V_s^2$$

由式（4-28）得

$$h_l = \beta h_L = \beta(h_W + h_{OW}) = 0.63 \times (0.0517 + 0.88 L_s^{\frac{2}{3}})$$

$$= 0.0326 + 0.55 L_s^{\frac{2}{3}}$$

$$h_\sigma = 0.0039m \text{（已算出）}$$

由式（4-35）得

$$h_p = 0.046 V_s^2 + 0.0326 + 0.55 L_s^{\frac{2}{3}} + 0.0039 \tag{d}$$

$$= 0.037 + 0.046 V_s^2 + 0.55 L_s^{\frac{2}{3}}$$

由式（4-36）得

$$h_d = 0.153 \left(\frac{L_s}{l_W h_0} \right)^2 = 0.153 \left(\frac{L_s}{0.66 \times 0.0457} \right)^2 = 168.18 L_s^2 \tag{e}$$

将 $H_T = 0.4m$、$h_W = 0.0517m$、$\varphi = 0.5$ 及式（c）～式（e）代入 $\varphi(H_T + h_W) = h_p + h_W + h_{OW} + h_d$ 得

$$0.5 \times (0.4 + 0.0517) = 0.037 + 0.046 V_s^2 + 0.55 L_s^{\frac{2}{3}} + 0.0517 + 0.88 L_s^{\frac{2}{3}} + 168.18 L_s^2$$

整理得

$$V_s^2 = 2.98 - 31.09L_s^{\frac{2}{3}} - 3656L_s^2 \tag{2}$$

在操作范围内取若干 L_s 值，由式（2）算出相应的 V_s 值并列于表4-12中。

表4-12　液泛线计算结果

$L_s/$（m^3/s）	0.6×10^{-4}	1.5×10^{-3}	3.0×10^{-3}	4.5×10^{-3}
$V_s/$（m^3/s）	1.71	1.60	1.52	1.43

根据表4-12中的数据作出液泛线②，如图4-33所示。

3. 液相负荷上限线③

取液体在降液管中的停留时间为4s，根据式（4-34）有

$$L_{s,max} = \frac{H_T A_f}{\tau} = \frac{0.4\times0.0567}{4} = 0.00567(m^3/s) \tag{3}$$

液相负荷上限线③在 V_s-L_s 图上为与气体流量 V_s 无关的垂直线，如图4-33所示。

4. 漏液线（气相负荷下限线）④

将 $h_L = h_W + h_{OW} = 0.0517 + 0.88L_s^{\frac{2}{3}}$，$u_{0min} = \dfrac{V_{s,min}}{A_0}$ 代入式（4-40）得

$$u_{0min} = 4.43C_0\sqrt{(0.0056 + 0.13h_L - h_\sigma)\rho_L/\rho_V}$$

$$\frac{V_{s,min}}{0.0537} = 4.43\times0.84\sqrt{[0.0056 + 0.13\times(0.0517 + 0.88L_s^{\frac{2}{3}}) - 0.0039]\times803.89/1.48}$$

整理上式得

$$V_{s,min} = 4.67\sqrt{0.00842 + 0.1144L_s^{\frac{2}{3}}} \tag{4}$$

在操作范围内取若干 L_s 值，由式（4）计算出相应的 V_s 值并列于表4-13中。

表4-13　漏液线计算结果

$L_s/$（m^3/s）	0.6×10^{-4}	1.5×10^{-3}	3.0×10^{-3}	4.5×10^{-3}
$V_s/$（m^3/s）	0.43	0.47	0.49	0.50

根据表4-13中的数据作气相负荷下限线④，如图4-33所示。

5. 液相负荷下限线⑤

取平流堰、堰上液层高度 $h_{OW} = 0.006m$ 作为液相负荷下限条件，取 $E\approx1.0$，由式（4-14）得

$$0.006 = \frac{2.84}{1000} \times 1.0 \times \left(\frac{3600 L_{s,min}}{0.66} \right)^{\frac{2}{3}}$$

整理上式得 $L_{s,min} = 5.61 \times 10^{-4} \, \text{m}^3/\text{s}$，依此在 V_s-L_s 图上作液相负荷下限线⑤，如图 4-33 所示。

根据上述计算结果可以得到筛板的负荷性能图，如图 4-33 所示。在图中作出操作点 P，连接 OP 即可得操作线。

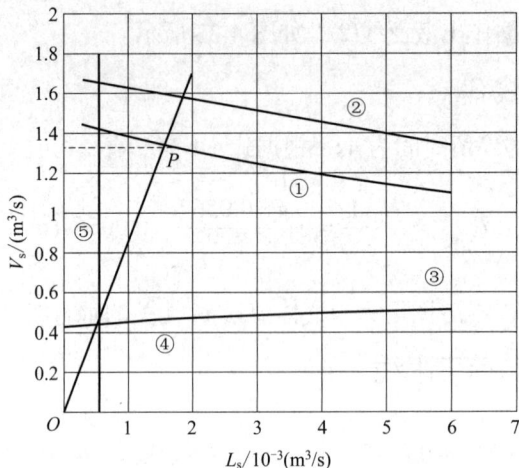

图 4-33　精馏段负荷性能图

由图 4-33 可知，本设计塔板上限由雾沫夹带控制，下限由漏液控制。

$$\text{精馏段的操作弹性} = \frac{V_{s,max}}{V_{s,min}} = \frac{1.331}{0.429} = 3.10$$

本设计操作弹性合适。

九、筛板塔的工艺设计结果汇总

筛板塔的工艺设计结果汇总见表 4-14。

表 4-14　筛板塔的工艺设计计算结果汇总

项目	符号	单位	计算数值	
			精馏段	提馏段
各段的平均压强	p_m	kPa	116.15	128.05
各段的平均温度	t_m	℃	80.72	91.27
各段气相的平均密度	ρ_{Vm}	kg/m³	1.48	1.09

项目		符号	单位	计算数值	
				精馏段	提馏段
各段液相的平均密度		ρ_{Lm}	kg/m³	803.90	907.38
各段气相的平均分子量		$\overline{M}_V$	kg/kmol	37.40	25.82
各段液相的平均分子量		$\overline{M}_L$	kg/kmol	32.75	20.99
各段的平均表面张力		σ_m	mN/m	38.56	55.66
各段液相的体积流量		L_s	m³/s	0.0009	0.00127
各段气相的体积流量		V_s	m³/s	0.77	0.72
各段的直径		D	m	1.0	0.8
全塔直径		D	m	1.0	
各段的有效高度		Z	m	11	2.7
全塔的有效高度		Z	m	13.7	
各段的平均相对挥发度		α_m		2.16	6.18
全塔的平均相对挥发度		α_m		3.48	
各段的实际塔板数		N	块	27	7
全塔的实际塔板数		N	块	34	
塔板间距		H_T	m	0.4	0.4
空塔气速		u	m/s	0.98	
溢流装置	溢流形式			单溢流	
	降液管形式			弓形	
	堰长	l_W	m	0.66	
	堰高	h_W	m	0.0517	
	降液管宽度	W_d	m	0.124	
	降液管的底隙高度	h_0	m	0.0457	
板上液层高度		h_L	m	0.06	
筛孔直径		d_0	mm	5.0	

项目	符号	单位	计算数值	
			精馏段	提馏段
孔心距	t	mm	15.0	
筛孔数	n	个	2738	
每层塔板上的开孔面积	A_0	m^2	0.0537	
筛孔气速	u_0	m/s	14.34	
塔板压降	Δp_p	kPa	0.7	
液体在降液管中的停留时间	τ	s	25.12	
降液管内清液层高度	H_d	m	0.129	
雾沫夹带限值	e_V	kg/kg	0.0149	
液相负荷上限（雾沫夹带控制）	$L_{s,max}$	m^3/s	$5.67×10^{-3}$	
液相负荷下限（漏液控制）	$L_{s,min}$	m^3/s	$5.61×10^{-4}$	
气相最大负荷	$V_{s,max}$	m^3/s	1.331	
气相最小负荷	$V_{s,min}$	m^3/s	0.429	
操作弹性	$\dfrac{V_{s,max}}{V_{s,min}}$		3.10	
塔顶封头的高度	H_1	m	0.29	
裙座的高度	H_2	m	3	
塔顶空间	H_D	m	1.2	
塔底空间	H_B	m	1.8	
塔体总高度	H	m	20.7	

十、筛板精馏塔的工艺条件图

可参考图 2-24，本设计略。

十一、塔的附属设备及接管尺寸

略。

第六节

浮阀精馏塔设计计算示例

【设计题目】

试设计一座苯 - 氯苯连续精馏塔，要求生产纯度为 99.8% 的氯苯，年处理原料量为 65000t，塔顶馏出液中氯苯含量不高于 2%。原料液中氯苯含量为 38%（以上均为质量分数）。

【操作条件】

1. 塔顶压强 4kPa（表压）；

2. 进料热状况，泡点进料；

3. 回流比，自选；

4. 塔釜加热蒸汽压力 0.5MPa（表压）；

5. 单板压降不大于 0.7kPa；

6. 年工作日 300 天，每天 24 小时连续运行。

【设计计算】

一、设计方案的确定

本设计任务为分离苯 - 氯苯混合物，处理量较大，采用连续精馏流程。设计中采用泡点进料，通过预热器将原料加热至泡点后送入精馏塔内。塔顶上升蒸汽采用全凝器冷凝，泡点回流。该物系属高沸点物系，蒸汽费用较高，且分离相对容易，故操作回流比可取最小回流比的 1.3 倍。塔釜采用间接蒸汽加热。

二、物料衡算

1. 原料液及塔顶、塔底产品的摩尔分数

苯和氯苯的摩尔质量分别为 78.11kg/kmol 和 112.56kg/kmol。

进料组成：$x_F = \dfrac{62/78.11}{62/78.11 + 38/112.56} = 0.702$

塔顶馏出液组成：$x_D = \dfrac{98/78.11}{98/78.11 + 2/112.56} = 0.986$

塔底残留液的摩尔组成：$x_W = \dfrac{0.2/78.11}{0.2/78.11 + 99.8/112.56} = 0.003$

2. 平均摩尔质量

进料：$M_F = 0.702 \times 78.11 + (1 - 0.702) \times 112.56 = 88.38(\text{kg/kmol})$

塔顶：$M_D = 0.986 \times 78.11 + (1-0.986) \times 112.56 = 78.59(\text{kg}/\text{kmol})$

塔底：$M_W = 0.003 \times 78.11 + (1-0.003) \times 112.56 = 112.46(\text{kg}/\text{kmol})$

3. 全塔物料衡算

根据设计条件，一年以 300 天，一天以 24 小时计，则进料量为

$$F = \frac{65000 \times 10^3}{300 \times 24 \times 88.38} = 102.15(\text{kmol}/\text{h})$$

$$\begin{cases} F = D + W \\ Fx_F = Dx_D + Wx_W \end{cases} \implies \begin{cases} 102.15 = D + W \\ 102.15 \times 0.702 = D \times 0.986 + W \times 0.003 \end{cases}$$

解得 $D = 72.64\text{kmol/h}$，$W = 29.51\text{kmol/h}$。

三、物性数据确定

1. 苯 - 氯苯的主要基础数据

苯 - 氯苯的主要基础数据见表 4-15 ～表 4-19。

表 4-15　苯和氯苯的物理性质

项目	分子式	分子量 M	沸点 /℃	临界温度 t_c/℃	临界压强 p_c/kPa
苯 A	C_6H_6	78.11	80.1	289.2	4910
氯苯 B	C_6H_5Cl	112.56	131.8	359.2	4518

表 4-16　苯和氯苯的 Antoine 常数

组分	A	B	C
苯	15.9008	2788.51	−52.36
氯苯	16.0676	3295.12	−55.60

表 4-17　苯和氯苯的液相密度 ρ_L

温度 /℃	60	70	80	90	100	110	120	130	140
苯 /（kg/m³）	836.6	825.8	815.0	805	792.5	782	768.9	757	744.1
氯苯 /（kg/m³）	1064	1053	1042	1028	1019	1008	996.4	985	972.9

表 4-18　苯和氯苯的液体表面张力 σ

温度 /℃	60	70	80	90	100	110	120	130	140
苯 /（mN/m）	23.74	22.51	21.27	20.06	18.85	17.3	16.49	15.3	14.17
氯苯 /（mN/m）	25.96	24.86	23.75	22.66	21.57	22.7	19.42	20.4	17.32

表 4-19　苯和氯苯的液体黏度 μ_L

温度 /℃	60	70	80	90	100	110	120	130	140
苯 /mPa·s	0.381	0.345	0.308	0.279	0.255	0.233	0.215	0.199	0.184
氯苯 /mPa·s	0.515	0.472	0.428	0.396	0.363	0.338	0.313	0.294	0.274

2. 饱和蒸气压计算

苯 - 氯苯为理想物系，利用 Antoine 方程，结合表 4-16，分别求出苯、氯苯在不同温度下的饱和蒸气压并列于表 4-20 中。

$$\lg p^0 = A - \frac{B}{t + C}$$

式中　p^0——在温度 t 时的饱和蒸气压，mmHg(1mmHg = 133.322Pa)；

A，B，C——Antoine 常数。

表 4-20　常压下苯和氯苯的饱和蒸气压

温度 /℃	p_A^0/mmHg	p_B^0/mmHg
80	757.62	147.44
85	889.26	179.395
90	1020.9	211.35
95	1185.65	253.755
100	1350.4	296.16
105	1831.7	351.355
110	2313	406.55
115	2638.5	477.125
120	2964	547.7
125	3355	636.505
130	3764	725.31
140	4674	945.55

3. 常压下苯和氯苯的气液平衡数据

根据泡点方程和露点方程反复试差，分别计算出苯和氯苯的气液平衡数据并列于表 4-21 中。

$$x_A = \frac{p - p_B^0}{p_A^0 - p_B^0} \qquad y_A = \frac{p_A}{p} = \frac{p_A^0 x_A}{p}$$

表 4-21　常压下苯和氯苯的气液相平衡数据

苯的摩尔分数		温度 /℃	苯的摩尔分数		温度 /℃
液相	气相		液相	气相	
1	1	80.1	0.185	0.563	110
0.818	0.957	85	0.131	0.455	115
0.678	0.911	90	0.0879	0.343	120
0.543	0.847	95	0.0454	0.200	125
0.440	0.782	100	0.0115	0.0567	130
0.276	0.665	105	0	0	131.75

4. 温度的确定

利用表 4-21，结合 $x_D = 0.986$、$x_F = 0.702$、$x_W = 0.00288$，采用内插法求塔顶温度 t_D、进料温度 t_F 和塔底温度 t_W。

塔顶温度：$\dfrac{80.1 - 85}{1 - 0.818} = \dfrac{t_D - 85}{0.986 - 0.818} \implies t_D = 80.48℃$

进料温度：$\dfrac{90 - 85}{0.678 - 0.818} = \dfrac{t_F - 85}{0.702 - 0.818} \implies t_F = 89.14℃$

塔底温度：$\dfrac{131.75}{0 - 0.0115} = \dfrac{t_W - 130}{0.00288 - 0.0115} \implies t_W = 131.31℃$

精馏段的平均温度：$t_{1m} = \dfrac{t_F + t_D}{2} = \dfrac{89.14 + 80.48}{2} = 84.81℃$

提馏段的平均温度：$t_{2m} = \dfrac{t_F + t_W}{2} = \dfrac{89.14 + 131.31}{2} = 110.23℃$

5. 气相组成的计算

利用表 4-21，采用内插法求塔顶温度 t_D、进料温度 t_F 和塔底温度 t_W 下的气相组成 y_D、y_F、y_W。

塔顶温度 $t_D = 80.48℃$ 下的气相组成：

$$\frac{85 - 80.1}{0.957 - 1} = \frac{85 - 80.48}{0.957 - y_D} \implies y_D = 0.9967$$

进料温度 $t_F = 89.14℃$ 下的气相组成：

$$\frac{90 - 85}{0.911 - 0.957} = \frac{90 - 89.14}{0.911 - y_F} \implies y_F = 0.9189$$

塔底温度 $t_W = 131.31℃$ 下的气相组成：

$$\frac{131.75-130}{0-0.0567}=\frac{131.75-131.31}{0-y_W}\implies y_W=0.0143$$

精馏段的平均液相组成：$x_{1m}=\dfrac{x_D+x_F}{2}=\dfrac{0.986+0.702}{2}=0.844$

精馏段的平均气相组成：$y_{1m}=\dfrac{y_D+y_F}{2}=\dfrac{0.9967+0.9189}{2}=0.958$

提馏段的平均液相组成：$x_{2m}=\dfrac{x_F+x_W}{2}=\dfrac{0.702+0.00288}{2}=0.352$

提馏段的平均气相组成：$y_{2m}=\dfrac{y_W+y_F}{2}=\dfrac{0.0143+0.9189}{2}=0.467$

6. 平均分子量的计算

精馏段液相的平均分子量：

$$\overline{M}_{L1}=x_{1m}M_{苯}+(1-x_{1m})M_{氯苯}=0.844\times78.11+(1-0.844)\times112.56=83.48(kg/kmol)$$

精馏段气相的平均分子量：

$$\overline{M}_{V1}=y_{1m}M_{苯}+(1-y_{1m})M_{氯苯}=0.958\times78.11+(1-0.958)\times112.56=79.56(kg/kmol)$$

提馏段液相的平均分子量：

$$\overline{M}_{L2}=x_{2m}M_{苯}+(1-x_{2m})M_{氯苯}=0.352\times78.11+(1-0.352)\times112.56=100.43(kg/kmol)$$

提馏段气相的平均分子量：

$$\overline{M}_{V2}=y_{2m}M_{苯}+(1-y_{2m})M_{氯苯}=0.467\times78.11+(1-0.467)\times112.56=96.47(kg/kmol)$$

7. 混合物的黏度

利用表4-19的数据，采用内插法求精馏段和提馏段平均温度下苯和氯苯的液体黏度，然后分别求精馏液和提馏段的平均黏度。

精馏段的平均温度 $t_{1m}=84.81℃$ 时，$\mu_{苯}=0.294mPa\cdot s$，$\mu_{氯苯}=0.413mPa\cdot s$；提馏段的平均温度 $t_{2m}=110.23℃$ 时，$\mu'_{苯}=0.233mPa\cdot s$，$\mu'_{氯苯}=0.337mPa\cdot s$。

精馏段的平均黏度：

$$\mu_{L1m}=x_{1m}\mu_{苯}+(1-x_{1m})\mu_{氯苯}=0.844\times0.294+(1-0.844)\times0.413=0.313(mPa\cdot s)$$

提馏段的平均黏度：

$$\mu_{L2m}=x_{2m}\mu'_{苯}+(1-x_{2m})\mu'_{氯苯}=0.352\times0.233+(1-0.352)\times0.337=0.30(mPa\cdot s)$$

8. 平均相对挥发度的计算

相对挥发度计算公式：$\alpha=\dfrac{\upsilon_A}{\upsilon_B}=\dfrac{p_A/x_A}{p_B/x_B}=\dfrac{py_A/x_A}{py_B/x_B}=\dfrac{y_Ax_B}{y_Bx_A}$

塔顶相对挥发度：$\alpha_D = \dfrac{y_A x_B}{y_B x_A} = \dfrac{y_D(1-x_D)}{(1-y_D)x_D} = \dfrac{0.9967 \times (1-0.986)}{(1-0.9967) \times 0.986} = 4.288$

进料相对挥发度：$\alpha_F = \dfrac{y_A x_B}{y_B x_B} = \dfrac{y_F(1-x_F)}{(1-y_F)x_F} = \dfrac{0.9189 \times (1-0.702)}{(1-0.9189) \times 0.702} = 4.810$

塔底相对挥发度：$\alpha_W = \dfrac{y_A x_B}{y_B x_B} = \dfrac{y_W(1-x_W)}{(1-y_W)x_W} = \dfrac{0.0143 \times (1-0.00288)}{(1-0.0143) \times 0.00288} = 5.023$

全塔平均相对挥发度：$\alpha_m = \sqrt[3]{\alpha_D \alpha_F \alpha_W} = \sqrt[3]{4.288 \times 4.81 \times 5.023} = 4.7$

精馏段平均相对挥发度：$\alpha_{1m} = \sqrt{\alpha_D \alpha_F} = \sqrt{4.288 \times 4.81} = 4.54$

提馏段平均相对挥发度：$\alpha_{2m} = \sqrt{\alpha_F \alpha_W} = \sqrt{4.81 \times 5.023} = 4.92$

气液相平衡方程：$y = \dfrac{\alpha_m x}{1+(\alpha_m - 1)x} = \dfrac{4.7x}{1+3.7x}$

四、塔板数的求取

将苯 - 氯苯视为理想物系，采用图解法求 N_T。

根据表 4-21 的数据作 y-x 图，如图 4-34 所示。

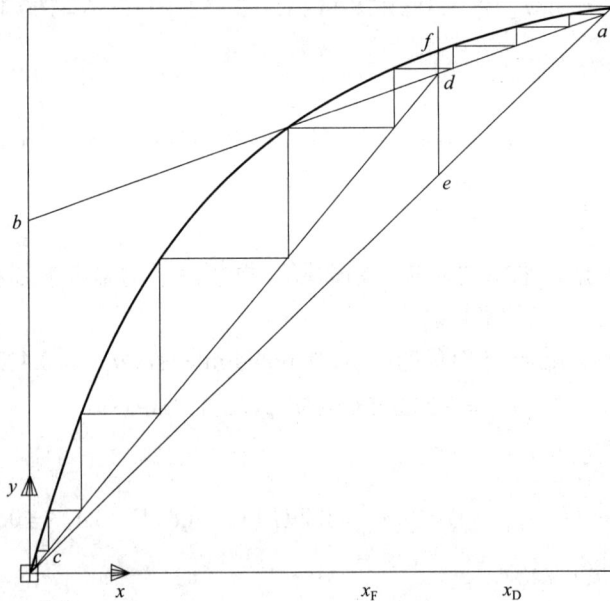

图 4-34　苯和氯苯的 y-x 图及图解理论塔板

1. 最小回流比确定

因泡点进料，在图 4-34 的对角线上自 e 点作垂线，此线即为进料线（q 线）。该线与平

衡线的交点为（0.702，0.917），此即为最小回流比时操作线与平衡线的交点坐标。由最小回流比计算式得

$$R_{\min} = \frac{x_D - y_q}{y_q - x_q} = \frac{0.986 - 0.917}{0.917 - 0.702} = 0.321$$

取回流比 $R = 2R_{\min} = 2 \times 0.321 = 0.642$。

2. 理论塔板数 N_T

精馏段的操作线为

$$y = \frac{R}{R+1}x + \frac{x_D}{R+1} = \frac{0.632}{0.632+1}x + \frac{0.986}{0.632+1} = 0.387x + 0.6$$

如图 4-34 所示，按常规图解法解得 $N_T = 9.5 - 1 = 8.5$。其中精馏段为 3 块，提馏段为 5.5 块（不包括蒸馏釜），第 4 块为加料板。

3. 全塔效率估算（此处可用两种方法估算）

（1）第一种方法　前面计算的精馏段平均相对挥发度 $\alpha_{1m} = 4.54$，提馏段平均相对挥发度 $\alpha_{2m} = 4.92$，精馏段平均黏度 $\mu_{L1m} = 0.313 \text{mPa} \cdot \text{s}$，提馏段平均黏度 $\mu_{L2m} = 0.30 \text{mPa} \cdot \text{s}$。

精馏段塔板效率：$E_{T1} = 0.49(\alpha_{1m}\mu_{L1m})^{-0.245} = 0.49 \times (4.54 \times 0.313)^{-0.245} = 0.450 \approx 45\%$

提馏段塔板效率：$E_{T2} = 0.49(\alpha_{2m}\mu_{L2m})^{-0.245} = 0.49 \times (4.92 \times 0.30)^{-0.245} = 0.445 \approx 45\%$

（2）第二种方法　选用公式 $E_T = 0.17 - 0.616\lg\mu_m$ 计算。该式适用于液相黏度为 $0.07 \sim 1.4 \text{mPa} \cdot \text{s}$ 的烃类物系，式中的 μ_m 为全塔平均温度下以进料组成表示的平均黏度。

全塔平均温度为

$$t = \frac{t_D + t_W}{2} = \frac{80.48 + 131.31}{2} = 105.9(℃)$$

在此平均温度下利用表 4-19 的数据内插得 $\mu_A = 0.24 \text{mPa} \cdot \text{s}$，$\mu_B = 0.35 \text{mPa} \cdot \text{s}$。

$$\mu_m = \mu_A \mu_F + (1 - x_F) = 0.24 \times 0.702 + 0.35 \times (1 - 0.702) = 0.273$$

$$E_T = 0.17 - 0.616\lg\mu_m = 0.17 - 0.616\lg0.273 = 0.52 = 52\%$$

本设计的全塔效率采用第二种方法计算的结论 52%。

4. 实际塔板数 N

精馏段：$N_1 = 3 / 0.52 = 5.77$（块）

取 $N_1 = 6$ 块。

提馏段：$N_2 = 5.5 / 0.52 = 10.58$（块）

取 $N_2 = 11$ 块。

全塔实际塔板数：$N = N_1 + N_2 = 17$（块）。

五、塔的工艺条件及物性数据计算

1. 操作压强

塔顶操作压强：$p_D = 101.3 + 4 = 105.3(kPa)$

每层塔板压降：$\Delta p = 0.7 kPa$

进料板压强：$p_F = 105.3 + 0.7 \times 6 = 109.5(kPa)$

塔底操作压强：$p_W = 105.3 + 0.7 \times 17 = 117.2(kPa)$

精馏段的平均操作压强：$p_{m1} = (105.3 + 109.5)/2 = 107.4(kPa)$

提馏段的平均操作压强：$p_{m2} = (117.2 + 109.5)/2 = 113.35(kPa)$

2. 液相平均密度

混合液相的平均密度计算公式：$\dfrac{1}{\rho_{Lm}} = \dfrac{w_A}{\rho_{LA}} + \dfrac{w_B}{\rho_{LB}}$

式中，w_A、w_B 为质量分数。

混合气相的平均密度计算公式：$\rho_{Vm} = \dfrac{p_m \overline{M}_m}{RT}$

查得不同温度下苯和氯苯的密度（表 4-17），采用内插法分别求塔顶温度 t_D、进料温度 t_F 和塔底温度 t_W 下苯和氯苯的密度。

塔顶温度 $t_D = 80.48℃$：

馏出液中苯的密度：$\dfrac{90-80}{805-815} = \dfrac{80.48-80}{\rho_{LD苯}-815} \Longrightarrow \rho_{LD苯} = 814.52 kg/m^3$

馏出液中氯苯的密度：$\dfrac{90-80}{1028-1042} = \dfrac{80.48-80}{\rho_{LD氯苯}-1042} \Longrightarrow \rho_{LD氯苯} = 1041.33 kg/m^3$

馏出液的平均密度：$\dfrac{1}{\rho_{LDm}} = \dfrac{w_苯}{\rho_{LD苯}} + \dfrac{w_氯苯}{\rho_{LD氯苯}} = \dfrac{1-0.02}{814.52} + \dfrac{0.02}{1041.33} \Longrightarrow \rho_{LDm} = 818.08 kg/m^3$

进料温度：$t_F = 89.14℃$：

进料中苯的密度：$\dfrac{90-80}{805-815} = \dfrac{89.14-80}{\rho_{LF苯}-815} \Longrightarrow \rho_{LF苯} = 805.86 kg/m^3$

进料中氯苯的密度：$\dfrac{90-80}{1028-1042} = \dfrac{89.14-80}{\rho_{LF氯苯}-1042} \Longrightarrow \rho_{LF氯苯} = 1029.20 kg/m^3$

进料的平均密度：$\dfrac{1}{\rho_{LFm}} = \dfrac{w_苯}{\rho_{LF苯}} + \dfrac{w_氯苯}{\rho_{LF氯苯}} = \dfrac{1-0.38}{805.86} + \dfrac{0.38}{1029.20} \Longrightarrow \rho_{LFm} = 878.28 kg/m^3$

塔底温度 $t_W = 131.31℃$：

残液中苯的密度：$\dfrac{140-130}{744.1-757}=\dfrac{131.31-130}{\rho_{LW苯}-757}$ $\Longrightarrow$ $\rho_{LW苯}=755.31\text{kg}/\text{m}^3$

残液中氯苯的密度：$\dfrac{140-130}{972.9-985}=\dfrac{131.31-130}{\rho_{LW氯苯}-985}$ $\Longrightarrow$ $\rho_{LW氯苯}=983.41\text{kg}/\text{m}^3$

残液的平均密度：$\dfrac{1}{\rho_{LWm}}=\dfrac{w_{苯}}{\rho_{LW苯}}+\dfrac{w_{氯苯}}{\rho_{LW氯苯}}=\dfrac{1-0.998}{755.31}+\dfrac{0.998}{983.41}$ $\Longrightarrow$ $\rho_{LWm}=982.82\text{kg}/\text{m}^3$

精馏段的液相平均密度：$\rho_{L1m}=\dfrac{\rho_{LDm}+\rho_{LFm}}{2}=\dfrac{818.08+878.28}{2}=848.18(\text{kg}/\text{m}^3)$

提馏段的液相平均密度：$\rho_{L2m}=\dfrac{\rho_{LWm}+\rho_{LFm}}{2}=\dfrac{982.82+878.28}{2}=930.55(\text{kg}/\text{m}^3)$

3. 气相平均密度的计算

精馏段：$\rho_{V1m}=\dfrac{p_{1m}M_{V1}}{RT}=\dfrac{107.4\times79.56}{8.314\times(273+84.81)}=2.87(\text{kg}/\text{m}^3)$

提馏段：$\rho_{V2m}=\dfrac{p_{2m}M_{V2}}{RT}=\dfrac{113.35\times96.47}{8.314\times(273+110.23)}=3.43(\text{kg}/\text{m}^3)$

4. 液体表面张力的计算

平均表面张力的计算公式：$\sigma_{m}=\sum\limits_{i=1}^{n}x_i\sigma_i$

利用表 4-18 的数据，采用内插法分别求塔顶温度 t_D、进料温度 t_F 和塔底温度 t_W 下苯和氯苯的表面张力。

塔顶温度 $t_D=80.48℃$：

馏出液中苯的表面张力：$\dfrac{90-80}{20.06-21.27}=\dfrac{80.48-80}{\sigma_{LD苯}-21.27}$ $\Longrightarrow$ $\sigma_{LD苯}=21.21\text{mN}/\text{m}$

馏出液中氯苯的表面张力：$\dfrac{90-80}{22.66-23.75}=\dfrac{80.48-80}{\sigma_{LD氯苯}-23.75}$ $\Longrightarrow$ $\sigma_{LD氯苯}=23.70\text{mN}/\text{m}$

馏出液的平均表面张力：$\sigma_{LmD}=0.986\times21.21+(1-0.986)\times23.70=21.24(\text{mN}/\text{m})$

进料温度 $t_F=89.14℃$：

进料中苯的表面张力：$\dfrac{90-80}{20.06-21.27}=\dfrac{89.14-80}{\sigma_{LF苯}-21.27}$ $\Longrightarrow$ $\sigma_{LF苯}=20.16\text{mN}/\text{m}$

进料中氯苯的表面张力：$\dfrac{90-80}{22.66-23.75}=\dfrac{89.14-80}{\sigma_{LF氯苯}-23.75}$ $\Longrightarrow$ $\sigma_{LF氯苯}=22.75\text{mN}/\text{m}$

进料的平均表面张力：$\sigma_{LmF}=0.702\times20.16+(1-0.702)\times22.75=20.93(\text{mN}/\text{m})$

塔底温度 $t_W=131.31℃$：

残液中苯的表面张力：$\dfrac{140-130}{14.17-15.30}=\dfrac{131.31-130}{\sigma_{LW苯}-15.3}\Longrightarrow \sigma_{LW苯}=15.15\text{mN}/\text{m}$

残液中氯苯的表面张力：$\dfrac{140-130}{17.32-20.40}=\dfrac{131.31-130}{\sigma_{LW氯苯}-20.40}\Longrightarrow \sigma_{LW氯苯}=20.00\text{mN}/\text{m}$

残液的平均表面张力：$\sigma_{LmW}=0.00288\times15.15+(1-0.00288)\times20.00=19.99(\text{mN}/\text{m})$

精馏段的平均表面张力：$\sigma_{L1m}=\dfrac{\sigma_{LDm}+\sigma_{LFm}}{2}=\dfrac{21.24+20.93}{2}=21.085(\text{mN}/\text{m})$

提馏段的平均表面张力：$\sigma_{L2m}=\dfrac{\sigma_{LWm}+\sigma_{LFm}}{2}=\dfrac{20.93+19.99}{2}=20.46(\text{mN}/\text{m})$

5. 精馏段的气液负荷计算

（1）精馏段

气相摩尔流率：$V=(R+1)D=1.642\times72.64=119.27(\text{kmol/h})$

液相回流摩尔流率：$L=RD=0.642\times72.64=46.63(\text{kmol/h})$

气相体积流量：$V_{s1}=\dfrac{VM_{V1}}{3600\rho_{V1m}}=\dfrac{119.27\times79.56}{3600\times2.87}=0.92(\text{m}^3/\text{s})$

液相体积流量：$L_{h1}=\dfrac{LM_{L1}}{3600\rho_{L1m}}=\dfrac{46.63\times83.48}{3600\times848.18}=0.00127(\text{m}^3/\text{s})=4.572(\text{m}^3/\text{h})$

（2）提馏段

气相摩尔流率：$V'=V=119.27\text{kmol/h}$

液相回流摩尔流率：$L'=L+F=46.63+102.15=148.78(\text{kmol/h})$

气相体积流量：$V_{s2}=\dfrac{V'M_{V2}}{3600\rho_{V2m}}=\dfrac{119.27\times96.47}{3600\times3.43}=0.93(\text{m}^3/\text{s})$

液相体积流量：$L_{h2}=\dfrac{L'M_{L2}}{3600\rho_{L2m}}=\dfrac{148.78\times100.43}{3600\times930.55}=0.00446(\text{m}^3/\text{s})=16.056(\text{m}^3/\text{h})$

六、塔和塔板主要工艺结构尺寸的计算

1. 塔径

$$D=\sqrt{\dfrac{4V_s}{\pi u}}$$

计算塔径的关键是空塔气速 u。设计中，空塔气速 u 的计算方法是先求得最大空塔气速 u_{max}，即液泛气速，然后根据设计经验乘以一定的安全系数。可用史密斯关联图（图 4-10）求液泛气速。图中纵坐标 C_{20} 表示液体的表面张力为 0.02N/m 的泛点负荷因子，若液体的表面张力偏离 0.02N/m，则泛点负荷因子可用式（4-11）校正。

初选塔板间距 $H_T = 450\text{mm}$ 及板上液层高度 $h_L = 60\text{mm}$，则

$$H_T - h_L = 0.45 - 0.06 = 0.39(\text{m})$$

$$\text{史密斯关联图的横坐标} = \left(\frac{L_s}{V_s}\right)\left(\frac{\rho_L}{\rho_V}\right)^{0.5}$$

（1）精馏段

$$\text{史密斯关联图的横坐标} = \left(\frac{0.00127}{0.92}\right)\left(\frac{848.18}{2.87}\right)^{0.5} = 0.024$$

查 Smith 通用关联图得 $C_{20} = 0.07$，依式（4-11）将其校正到精馏段的平均表面张力 $\sigma_{L1m} = 21.085\text{mN}/\text{m}$ 时，即

$$C = C_{20}\left(\frac{\sigma}{20}\right)^{0.2} = 0.07\left(\frac{21.085}{20}\right)^{0.2} = 0.0707$$

泛点气速：

$$u_{\max 1} = C\sqrt{(\rho_L - \rho_V)/\rho_V} = 0.0707\sqrt{(848.18 - 2.87)/2.87} = 1.213(\text{m}/\text{s})$$

取安全系数为 0.6，则空塔气速为

$$u = 0.6u_{\max} = 0.73(\text{m/s})$$

$$D = \sqrt{4V_{s1}/\pi u} = \sqrt{4 \times 0.92/(3.14 \times 0.73)} = 1.27(\text{m})$$

塔径按标准圆整为 1400mm，查表 4-3 可知，初选塔板间距 $H_T = 450\text{mm}$ 合适。

横截面积：$A_{T1} = \dfrac{\pi}{4}D^2 = \dfrac{\pi}{4} \times 1.4^2 = 1.54(\text{m}^2)$

此时的操作气速：$u_1' = \dfrac{V_{s1}}{A_{T1}} = \dfrac{0.92}{1.54} = 0.597(\text{m/s})$

（2）提馏段

$$\text{史密斯关联图的横坐标} = \left(\frac{0.00446}{0.93}\right)\left(\frac{930.55}{3.43}\right)^{0.5} = 0.079$$

查 Smith 通用关联图得 $C_{20} = 0.067$，依式（4-11）将其校正到提馏段的平均表面张力 $\sigma_{L2m} = 20.46\text{mN}/\text{m}$ 时，即

$$C = C_{20}\left(\frac{\sigma}{20}\right)^{0.2} = 0.067\left(\frac{20.46}{20}\right)^{0.2} = 0.067$$

泛点气速：

$$u_{\max 2} = C\sqrt{(\rho_L - \rho_V)/\rho_V} = 0.067\sqrt{(930.55 - 3.43)/3.43} = 1.102(\text{m}/\text{s})$$

取安全系数为 0.6，则空塔气速为

$$u = 0.6u_{max} = 0.66(m/s)$$

$$D = \sqrt{4V_{s2}/\pi u} = \sqrt{4 \times 0.93/(3.14 \times 0.66)} = 1.34(m)$$

塔径按标准圆整为 1400mm。

横截面积：$A_{T2} = \dfrac{\pi}{4}D^2 = \dfrac{\pi}{4} \times 1.4^2 = 1.54(m^2)$

此时的操作气速：$u_2' = \dfrac{V_{s2}}{A_{T2}} = \dfrac{0.93}{1.54} = 0.604(m/s)$

本设计的精馏段和提馏段同塔径，取塔径 $D = 1400mm$。

2. 精馏塔有效高度的计算

精馏段的有效高度：

$$Z_1 = (N_{p1} - 1)H_T = (6-1) \times 0.45 = 2.25(m)$$

提馏段的有效高度：提馏段设一个人孔，人孔和进料板处的塔板间距均为 700mm。

$$Z_2 = (N_{p2} - 1 - 2)H_T + H_F + H_P = (11-1-2) \times 0.45 + 2 \times 0.7 = 5.0(m)$$

故精馏塔的有效高度为

$$Z = Z_1 + Z_2 = 2.25 + 5.0 = 7.25(m)$$

3. 塔板结构尺寸的设计

（1）溢流装置　采用单溢流型的平直形溢流堰、弓形降液管、凹形受液盘，且不设进口内堰。

① 溢流堰长（出口堰长）l_W。单溢流时 $l_W/D = 0.6 \sim 0.75$，取 $l_W = 0.66D = 0.66 \times 1.4 = 0.924(m)$。

② 出口堰高 h_W。设计采用平直形溢流堰，按下式计算堰上液高度。

$$h_W = h_L - h_{OW}$$

根据 $l_W/D = 0.924/1.4 = 0.66$，$L_h/l_W^{2.5} = 4.572/0.924^{2.5} = 5.57$ 查图 4-14 得 $E = 1.0$。

精馏段：$h_{OW1} = \dfrac{2.84}{1000}E\left(\dfrac{L_h}{l_W}\right)^{\frac{2}{3}} = \dfrac{2.84}{1000} \times 1.0 \times \left(\dfrac{4.572}{0.924}\right)^{\frac{2}{3}} = 0.0082m = 8.2mm > 6mm$
符合要求。

$$h_{W1} = h_L - h_{OW1} = 0.06 - 0.0082 = 0.0518(m)$$

提馏段：$h_{OW2} = \dfrac{2.84}{1000} \times E\left(\dfrac{L_h}{l_W}\right)^{\frac{2}{3}} = \dfrac{2.84}{1000} \times 1.0 \times \left(\dfrac{16.056}{0.924}\right)^{\frac{2}{3}} = 0.019m = 19mm > 6mm$
符合要求。

$$h_{W2} = h_L - h_{OW2} = 0.06 - 0.019 = 0.041(m)$$

③ 降液管的宽度 W_d 与降液管的面积 A_f。由 $l_w / D = 0.66$ 查图 4-17 得 $W_d / D = 0.124$，$A_f / A_T = 0.0722$，故

$$W_d = 0.124D = 0.124 \times 1.4 = 0.174(m)$$

$$A_f = 0.0722 \times \frac{\pi}{4}D^2 = 0.0722 \times \frac{\pi}{4} \times 1.4^2 = 0.111(m^2)$$

根据式（4-34）计算液体在降液管中的停留时间，以检验降液管面积，具体如下。

精馏段：
$$\tau_1 = \frac{A_f H_T}{L_{s1}} = \frac{0.111 \times 0.45}{0.00127} = 39.33(s)$$

大于 5s，符合要求。

提馏段：
$$\tau_2 = \frac{A_f H_T}{L_{s2}} = \frac{0.111 \times 0.45}{0.00446} = 11.2(s)$$

大于 5s，符合要求。

④ 降液管的底隙高度 h_0。

$$h_{01} = h_{W1} - 0.006 = 0.0518 - 0.006 = 0.0458(m)$$

$$h_{02} = h_{W2} - 0.006 = 0.041 - 0.006 = 0.035(m)$$

即降液管的底隙高度要比溢流堰的高度低 6mm，以保证降液管底部的液封。降液管的底隙高度一般不宜小于 20～25mm，否则易堵塞。

（2）塔板布置

① 边缘区宽度 W_c 与安定区宽度 W_s。

边缘区宽度 W_c：一般为 50～75mm，$D > 2m$ 时，W_c 可达 100mm。

安定区宽度 W_s：规定 $D<1.5m$ 时，$W_s = 75mm$；$D>1.5m$ 时，$W_s = 100mm$。

本设计取 $W_c = 60mm$，$W_s = 75mm$。

② 开孔区面积 A_a。

$$x = D / 2 - (W_d + W_s) = 0.7 - (0.174 + 0.075) = 0.451(m)$$

$$R = D / 2 - W_c = 0.7 - 0.060 = 0.64(m)$$

$$A_a = 2\left(x\sqrt{R^2 - x^2} + R^2 \arcsin \frac{x}{R} \right)$$
$$= 2\left(0.451\sqrt{0.64^2 - 0.451^2} + 0.64^2 \arcsin \frac{0.457}{0.64} \right)$$
$$= 1.05(m^2)$$

③ 浮阀的排列与分布。本塔设计塔径 $D=1400mm$，采用分块式塔板，查表 4-5 可知塔板应分 4 块，并采用图 4-20（b）的分块形式。塔板选用 F1 型浮阀，阀孔直径 $d_0 = 39mm$。

a.浮阀的数目与排列。精馏段：取阀孔动能因子 $F_{01} = 9$，则阀孔气速为

$$u_{01} = \frac{F_{01}}{\sqrt{\rho_{V1}}} = \frac{9}{\sqrt{2.87}} = 5.31(\text{m}/\text{s})$$

每层塔板上浮阀的数目为

$$n = \frac{V_{s1}}{\frac{\pi}{4}d_0^2 u_{01}} = \frac{0.92}{0.785 \times 0.039^2 \times 5.31} = 145.1 \approx 145$$

采用等腰三角形排列，排间距定为 65mm，阀孔中心间距 75mm，作精馏段浮阀布置图，如图 4-35 所示。实际布置的浮阀数目为 142 个。

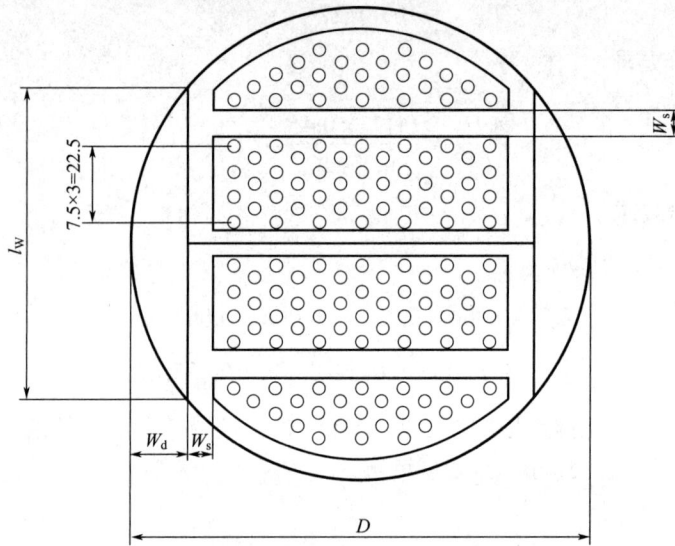

图 4-35　浮阀塔板的布置

将 n=142 代入浮阀数目计算式得到实际阀孔气速 $u_{01} = 5.45\text{m}/\text{s}$，将其代入 $u_{01} = \frac{F_{01}}{\sqrt{\rho_{V1}}}$ 得

$F_{01} = 9.23$，9 < 9.23 < 13，所以浮阀数目为 142 个合理。

b. 浮阀塔板的开孔率。利用式（4-45）计算，即

$$\phi = \frac{A_0}{A_T} = \frac{\frac{\pi}{4}d_0^2 n}{\frac{\pi}{4}D^2} = n\left(\frac{d_0}{D}\right)^2 = 142 \times \left(\frac{0.039}{1.4}\right)^2 = 0.11 = 11\%$$

目前工业生产中，对于常压或减压塔，开孔率一般在 10% ～ 14%，符合要求。

七、浮阀塔板的流体力学验算

1. 塔板压降

气体通过每层塔板的压降以液柱高度表示为 $h_p = h_c + h_l + h_\sigma$，则 $\Delta p_p = h_p \rho_L g$。

（1）精馏段

① 干板阻力。对于 F1 型重阀，干板阻力 h_c 可用经验式（4-46）或式（4-47）估算。首先利用式（4-48）计算临界阀孔气速 u_{0c}，然后比较实际阀孔气速 u_0 和 u_{0c} 即可判断浮阀的开启状态。

$$u_{0c} = \left(\frac{73}{\rho_V}\right)^{1/1.825} = \left(\frac{73}{2.87}\right)^{1/1.825} = 5.89(\text{m/s})$$

实际阀孔气速 $u_{01} = 5.45\text{m/s}$，则可判断浮阀处在全开状态，利用式（4-47）可得

$$h_{c1} = 5.34\frac{\rho_{V1}u_{01}^2}{2\rho_{L1}g} = 5.34 \times \frac{2.87 \times 6.49^2}{2 \times 848.18 \times 9.8} = 0.039(\text{m})$$

② 气体通过浮阀塔板液层的阻力 h_l。取 $\beta = 0.5$，$h_L = 0.06\text{m}$，则

$$h_{l1} = \varepsilon\beta h_L = 0.5 \times 0.06 = 0.030(\text{m})$$

③ 液体表面张力造成的阻力很小，可忽略不计。

$$h_{p1} = h_{c1} + h_{l1} + h_{\sigma1} = 0.039 + 0.030 = 0.069(\text{m})$$

$$\Delta p_{p1} = h_{p1}\rho_{L1}g = 0.069 \times 848.18 \times 9.8 = 573.5\text{Pa} = 0.574\text{kPa} < 0.7\text{kPa}$$

符合要求。

（2）提馏段

① 干板阻力。取阀孔动能因子 $F_{02} = 10$，则阀孔气速为

$$u_{02} = \frac{F_{02}}{\sqrt{\rho_{V2}}} = \frac{10}{\sqrt{3.43}} = 5.4(\text{m/s})$$

临界阀孔气速：

$$u_{0c} = \left(\frac{73}{\rho_V}\right)^{1/1.825} = \left(\frac{73}{3.43}\right)^{1/1.825} = 5.34(\text{m/s})$$

由此可判断浮阀基本上处于全开状态，则

$$h_{c2} = 5.34\frac{\rho_{V2}u_{02}^2}{2\rho_{L2}g} = 5.34 \times \frac{3.43 \times 5.94^2}{2 \times 930.55 \times 9.8} = 0.035(\text{m})$$

② 气体通过浮阀塔板液层的阻力 h_l。

$$h_{l2} = h_{l1} = 0.030\text{m}$$

③ 液体表面张力造成的阻力很小，可忽略不计。

$$h_{p2} = 0.035 + 0.030 = 0.065(\text{m})$$

$$\Delta p_{p2} = h_{p2}\rho_{L2}g = 0.065 \times 930.55 \times 9.8 = 592.76\text{Pa} = 0.593\text{kPa} < 0.7\text{kPa}$$

符合要求。

2. 淹塔

浮阀塔板的降液管液泛核算同式（4-35）和式（4-38）。为防止淹塔现象的发生，要求控制降液管中的液层高度，即

$$H_d = h_p + h_L + h_d , \quad H_d \leqslant \varphi(H_T + h_W)$$

（1）精馏段 $h_{p1} = 0.074\text{m}$，$h_L = 0.06\text{m}$，液体通过降液管的压力损失由式（4-36）计算，即

$$h_{d1} = 0.153\left(\frac{L_{s1}}{l_W h_{01}}\right)^2 = 0.153 \times \left(\frac{0.00127}{0.924 \times 0.0458}\right)^2 = 1.38 \times 10^{-4}(\text{m})$$

$$H_{d1} = h_{p1} + h_L + h_{d1} = 0.074 + 0.06 + 1.38 \times 10^{-4} = 0.134(\text{m})$$

取 $\varphi = 0.5$，则

$$\varphi(H_T + h_{W1}) = 0.5 \times (0.45 + 0.0518) = 0.2509(\text{m})$$

可见 $H_{d1} \leqslant \varphi(H_T + h_W)$，所以符合防止淹塔的要求。

（2）提馏段 $h_{p2} = 0.065\text{m}$，$h_L = 0.060\text{m}$，液体通过降液管的压力损失

$$h_{d2} = 0.153\left(\frac{L_{s2}}{l_W h_{02}}\right)^2 = 0.153 \times \left(\frac{0.00446}{0.924 \times 0.035}\right)^2 = 2.9 \times 10^{-3}(\text{m})$$

$$H_{d2} = h_{p2} + h_L + h_{d2} = 0.065 + 0.06 + 2.9 \times 10^{-3} = 0.1279(\text{m})$$

取 $\varphi = 0.5$，则

$$\varphi(H_T + h_{W2}) = 0.5 \times (0.45 + 0.041) = 0.2455(\text{m})$$

可见 $H_{d2} \leqslant \varphi(H_T + h_{W2})$，所以符合防止淹塔的要求。

3. 雾沫夹带

为保证雾沫夹带量 $e_v < 0.1\text{kg/kg}$，用式（4-50）计算的泛点率 F 应符合下列要求：$D > 900\text{mm}$ 的塔，$F < 0.8 \sim 0.82$，$D < 900\text{mm}$ 的塔，$F < 0.65 \sim 0.75$。

$$F = \frac{V_s\sqrt{\dfrac{\rho_v}{\rho_L - \rho_v}} + 1.36 L_s Z}{K C_F A_b} \times 100\%$$

塔板上液体的流径长度：$Z = D - 2W_d = 1.4 - 2 \times 0.174 = 1.052(\text{m})$

塔板上的液流面积：$A_b = A_T - 2A_f = 1.54 - 2 \times 0.111 = 1.318(\text{m}^2)$

（1）精馏段 取物性系数 $K = 1.0$，由泛点负荷因子关联图查得 $C_F = 0.127$，则

$$\text{泛点率} = \frac{0.92 \times \sqrt{\dfrac{2.87}{848.18 - 2.87}} + 1.36 \times 0.00127 \times 1.052}{1 \times 0.127 \times 1.318} = 33.11\%$$

（2）提馏段　取 $K = 1.0$，由泛点负荷因子关联图查得 $C_F = 0.127$，则

$$泛点率 = \frac{0.93 \times \sqrt{\dfrac{3.43}{930.55 - 3.43}} + 1.36 \times 0.00446 \times 0.96}{1 \times 0.127 \times 1.318} = 37.29\%$$

为了避免过量雾沫夹带，应控制泛点率不超过 80%。显然，上述结构满足这一要求。

4. 漏液

阀重对浮阀塔板的漏液量影响较大。实践表明，当阀重大于 30g 时，对浮阀塔板的漏液量影响不大。因此，除减压操作外，一般均采用 F1 型重阀。取漏液点动能因子 $F_{0\min}$ 为 $5 \sim 6$ 时的气速为漏点气速，用 $u_{0\min}$ 表示。本设计取 $F_{0\min} = 5$ 的时 $u_{0\min}$，即

$$u_{0\min} = \frac{F_{0\min}}{\sqrt{\rho_V}} = \frac{5}{\sqrt{2.87}} = 2.95 (\mathrm{m/s})$$

$$K = \frac{u_0}{u_{0\min}} = \frac{5.31}{2.95} = 1.8（在 1.5 \sim 2 之间，合适）$$

上述各项流体力学验算均合格后，还需绘出板式塔塔板的操作负荷性能图，以检验设计的合理性。

八、塔板操作负荷性能图

1. 雾沫夹带线

因 $D > 900\mathrm{mm}$，为保证雾沫夹带量 $e_V < 0.1\mathrm{kg/kg}$，泛点率 F 应小于 $0.8 \sim 0.82$。据此，操作负荷性能图中雾沫夹带线按泛点率 80% 计算。

（1）精馏段

$$0.8 = \frac{V_{s1} \sqrt{\dfrac{2.87}{848.18 - 2.87}} + 1.36 \times 1.052 L_{s1}}{1 \times 0.127 \times 1.3166}$$

整理上式得 $V_{s1} = 2.296 - 24.554 L_{s1}$。

（2）提馏段

$$0.8 = \frac{V_{s2} \sqrt{\dfrac{3.43}{930.55 - 3.43}} + 1.36 \times 1.052 L_{s2}}{1 \times 0.127 \times 1.3166}$$

整理上式得 $V_{s2} = 2.199 - 23.522 L_{s2}$。

在操作范围内，依据 $V_{s1} = 2.296 - 24.554 L_{s1}$ 和 $V_{s2} = 2.199 - 23.522 L_{s2}$，任取两个 L_{s1} 和 L_{s2} 值可分别算出 V_{s1} 和 V_{s2} 值，计算结果见表 4-22。

表 4-22 雾沫夹带线计算结果

精馏段 $V_{s1} = 2.296 - 24.554L_{s1}$		提馏段 $V_{s2} = 2.199 - 23.522L_{s2}$	
$L_{s1}/\ (\text{m}^3/\text{s})$	$V_{s1}/\ (\text{m}^3/\text{s})$	$L_{s2}/\ (\text{m}^3/\text{s})$	$V_{s2}/\ (\text{m}^3/\text{s})$
0.001	2.2714	0.001	2.1755
0.007	2.1241	0.007	2.0343

2. 液泛线

$$\varphi(H_T + h_W) = H_d = h_p + h_L + h_d = h_c + h_l + h_\sigma + h_L + h_d$$

忽略式中的 h_σ 可得

$$\varphi(H_T + h_W) = 5.34 \times \frac{\rho_V u_0^2}{2\rho_L g} + 0.153 \times \left(\frac{L_s}{l_w h_0}\right)^2 + (1+\beta)h_L$$

$$= 5.34 \times \frac{\rho_V u_0^2}{2\rho_L g} + 0.153 \times \left(\frac{L_s}{l_w h_0}\right)^2 + (1+\beta)(h_W + h_{OW})$$

$$= 5.34 \times \frac{\rho_V u_0^2}{2\rho_L g} + 0.153 \times \left(\frac{L_s}{l_w h_0}\right)^2 + (1+\beta)\left[h_W + \frac{2.84}{1000}E\left(\frac{3600L_s}{l_w}\right)^{\frac{2}{3}}\right]$$

其中 $u_0 = \dfrac{V_s}{\dfrac{\pi}{4}d_0^2 N}$。

（1）精馏段

$$0.2509 = 5.34 \times \frac{2.87 \times 8V_{s1}^2}{848.18 \times 9.8 \times \pi^2 \times 0.039^4 \times 142^2} + 0.153 \times \frac{L_{s1}^2}{0.924^2 \times 0.0458^2} +$$

$$(1+0.5)\left[0.0518 + \frac{2.84}{1000} \times \left(\frac{3600L_{s1}}{0.924}\right)^{\frac{2}{3}}\right]$$

整理得 $V_{s1}^2 = 5.4 - 2663.863L_{s1}^2 - 32.8896L_{s1}^{\frac{2}{3}}$。

（2）提馏段

$$0.2455 = 5.34 \times \frac{3.43 \times 8V_{s2}^2}{930.55 \times 9.8 \times \pi^2 \times 0.039^4 \times 142^2} + 0.153 \times \frac{L_{s2}^2}{0.924^2 \times 0.035^2} +$$

$$(1+0.5)\left[0.041 + \frac{2.84}{1000} \times \left(\frac{3600L_{s2}}{0.924}\right)^{\frac{2}{3}}\right]$$

整理得 $V_{s2}^2 = 5.267 - 4187.417L_{s2}^2 - 30.1924L_{s2}^{\frac{2}{3}}$。

计算结果见表 4-23。

表 4-23 液泛线计算结果

精馏段		提馏段	
$V_{s1}^2 = 5.4 - 2663.863L_{s1}^2 - 32.8896L_{s1}^{\frac{2}{3}}$		$V_{s2}^2 = 5.267 - 4187.417L_{s2}^2 - 30.1924L_{s2}^{\frac{2}{3}}$	
L_{s1}/ (m³/s)	V_{s1}/ (m³/s)	L_{s2}/ (m³/s)	V_{s2}/ (m³/s)
0.001	2.2513	0.001	2.2273
0.007	2.0164	0.007	1.9892

3. 液相负荷上限线

取 $\tau = 5s$ 作为液体在降液管内停留时间的下限，则根据式（4-34）有

$$L_{s,max} = \frac{A_f H_T}{5} = \frac{0.111 \times 0.45}{5} = 0.00999 (m^3 / s)$$

精馏段和提馏段相同，都是 $L_{s,max} = 0.00999 m^3 / s$。

4. 漏液线

对于 F1 型重阀，取 $F_0 = 5$ 的气相量为最小气相量，则

$$V_{s,min} = \frac{\pi}{4} d_0^2 N \frac{5}{\sqrt{\rho_V}}$$

（1）精馏段

$$V_{s1,min} = \frac{\pi}{4} \times 0.039^2 \times 142 \times \frac{5}{\sqrt{2.87}} = 0.5004 (m^3 / s)$$

（2）提馏段

$$V_{s2,min} = \frac{\pi}{4} \times 0.039^2 \times 142 \times \frac{5}{\sqrt{3.43}} = 0.4577 (m^3 / s)$$

5. 液相负荷下限线

以堰上液层高度 $h_{OW} = 0.006m$ 作为规定液体最小负荷的标准，该线为与气相流量无关的竖直线。

$$\frac{2.84}{1000} E \left(\frac{L_h}{l_W} \right)^{\frac{2}{3}} = 0.006$$

其中 $L_h = 3600L_s$，则

$$\frac{2.84}{1000} \times 1.0 \times \left(\frac{3600L_s}{0.924} \right)^{\frac{2}{3}} = 0.006$$

故 $L_{s,min} = 7.882 \times 10^{-4} \, \text{m}^3 / \text{s}$ ，且精馏段和提馏段相同。

根据上述计算可分别作出精馏段和提馏段浮阀塔板的操作负荷性能图，如图 4-36 和图 4-37 所示。

6. 操作线

（1）精馏段的操作线　在图 4-36 中作出精馏段的操作线。

操作气液比：

$$\frac{V_{s1}}{L_{s1}} = \frac{0.92}{0.00127} = 724.41$$

操作线为过定点 $O\,(0,0)$ 和 $P\,(0.00127, 0.92)$ 的直线，其中 P 为设计点。

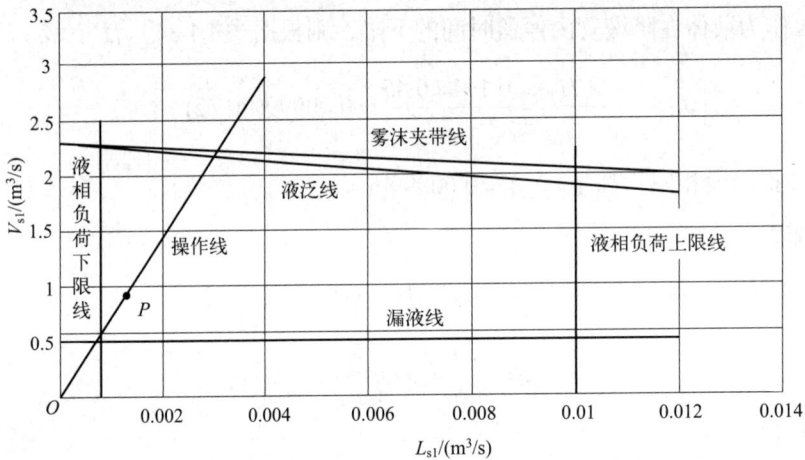

图 4-36　精馏段浮阀塔板的操作负荷性能图

由图 4-36 可看出，在规定的气液负荷下，处于适宜操作区，塔板的气相负荷上限被液泛控制，下限被液相负荷下限控制。由图 4-36 查得 $V_{s1,max} = 2.18 \text{m}^3 / \text{s}$ ，$V_{s1,min} = 0.58 \text{m}^3 / \text{s}$ ，故精馏段的操作弹性为

$$\frac{V_{s1,max}}{V_{s1,min}} = \frac{2.18}{0.58} = 3.758$$

符合要求。

（2）提馏段的操作线　在图 4-37 中作出提馏段的操作线。

操作气液比：

$$\frac{V_{s2}}{L_{s2}} = \frac{0.93}{0.00446} = 208.52$$

操作线为过定点 $O\,(0,0)$ 和 $P\,(0.00446, 0.93)$ 的直线，其中 P 为设计点。

由图 4-37 可看出，在规定的气液负荷下，处于适宜操作区，塔板的气相负荷上限被液泛控制，下限被漏液控制。由图 4-37 查得 $V_{s2,max} = 1.88 m^3 / s$，$V_{s2,min} = 0.4577 m^3 / s$，故提馏段的操作弹性为

$$\frac{V_{s2,max}}{V_{s2,min}} = \frac{1.88}{0.4577} = 4.107$$

符合要求。

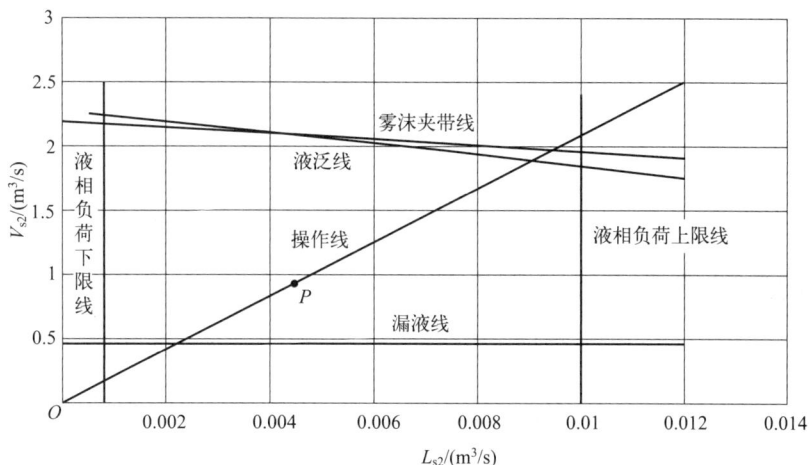

图 4-37　提馏段浮阀塔板的操作负荷性能图

操作弹性大，说明塔板适应负荷变动的能力大，操作性能好。浮阀塔的操作弹性较大，一般可达 3～4。

九、塔体总高度

塔体总高度（包括封头和裙座的高度，且考虑人孔和进料板处的塔板间距）由式（4-7）计算。

$$H = (N - n_F - n_P - 1)H_T + n_F H_F + n_P H_P + H_D + H_B + H_1 + H_2$$

式中　H_1——塔顶封头的高度，本设计选用椭圆形封头，DN1400，曲面高度 $h_1 = 350mm$，直边高度 $h_2 = 40mm$，内表面积 $A = 2.3m^2$，容积 $V = 0.42m^3$，则封头高度 $H_1 = h_1 + h_2 = 350 + 40 = 390(mm)$；

H_2——塔底裙座的高度，考虑到再沸器，本设计取 3m；

N——塔内所需的实际塔板数，本设计为 17 块；

n_P——人孔数目，本设计为 1 个（不包括塔顶空间和塔底空间的人孔数），直径 450mm；

n_F——进料板数，本设计为 1 个；

H_T——塔板间距，本设计为 0.45m；

H_F——进料板处的塔板间距，本设计为 0.8m；

H_P——人孔处的塔板间距，本设计为 0.8m；

H_D——塔顶空间，通常取（$1.5 \sim 2.0$）H_T，此处取 0.9m，再考虑安装除沫器，故取 1.2m；

H_B——塔底空间，取釜液停留时间为 5min，塔底液面至塔内最下层塔板的距离取 1.5m，则

$$H_B = \frac{塔釜储液量 - 封头容积}{塔的截面积} + 1.5 = \frac{tL_{h2}/60 - V}{A_T} + 1.5$$

$$= \frac{5 \times 16.056/60 - 0.42}{0.785 \times 1.4^2} + 1.5 = 2.1(m)$$

所以塔体总高度为

$$H = (17 - 1 - 1 - 1) \times 0.45 + 0.8 + 0.8 + 1.2 + 2.1 + 0.39 + 3 = 14.6(m)$$

十、浮阀塔的工艺设计结果汇总

浮阀塔的工艺设计结果汇总见表 4-24。

表 4-24　浮阀塔的工艺设计结果汇总

序号	项目	数值	
		精馏段	提馏段
1	平均温度 t_m/℃	84.81	110.23
2	平均压力 p_m/kPa	107.40	113.35
3	气相体积流量 V_s/（m^3/s）	0.92	0.93
4	液相体积流量 L_s/（m^3/s）	0.00127	0.00446
5	实际塔板数 N_p	17	
6	塔的有效段高度 Z/m	7.25	
7	塔径 D/m	1.4	
8	塔板间距 H_T/m	0.45	
9	溢流形式	单溢流	
10	降液管形式	弓形	
11	堰长 l_w/m	0.924	
12	堰高 h_w/m	0.0518	0.041
13	板上液层高度 h_L/m	0.06	
14	堰上液层高度 h_{ow}/m	0.0082	0.019
15	降液管底隙高度 h_0/m	0.0458	0.035
16	安定区宽度 W_s/m	0.075	
17	边缘区宽度 W_c/m	0.06	

序号	项目	数值	
		精馏段	提馏段
18	开孔区面积 A_a/m^2	1.05	
19	阀孔直径 d_0/m	0.039	
20	浮阀数 $n/$ 个	142	
21	孔心距 t/m	0.075	
22	排间距 t/m	0.065	
23	空塔气速 $u/$（m/s）	0.73	0.66
24	每层塔板压降 $\Delta p_p/Pa$	573.5	592.76
25	气相负荷上限 $V_{s,max}/$（m^3/s）	2.18	1.88
26	气相负荷下限 $V_{s,min}/$（m^3/s）	0.58	0.4577
27	操作弹性 $\dfrac{V_{max}}{V_{min}}$	3.758	4.107
28	塔顶封头高度 H_1/m	0.39	
29	裙座高度 H_2/m	3	
30	塔顶空间 H_D/m	1.2	
31	塔底空间 H_B/m	2.1	
32	塔体总高度 H/m	14.6	

十一、浮阀精馏塔的工艺条件图

可参考图 2-24，本设计略。

十二、塔的附属设备及接管尺寸设计

略。

▤拓展资料

板式塔设计任务书两则

一、板式精馏塔设计任务书一

1.设计任务

试设计一座分离苯 - 甲苯或苯 - 氯苯的连续筛板或浮阀（F1 型）精馏塔。

原料液中含苯 45% 或 50%、55%（质量分数，下同），要求原料液的年处理量为 6 万吨或 5 万吨、5.5 万吨，塔顶馏出液中苯的含量 ≥ 95% 或 ≥ 96%、≥ 97%，塔底釜残液中苯的含量 ≤ 0.5%。

2. 操作条件

（1）塔顶压力：4kPa（表压力）。

（2）进料热状况：40℃ 或 50℃、泡点进料。

（3）回流比：自选。

（4）单板压降：≤ 0.7kPa。

（5）总板效率：45% 或 50%、55% 等。

（6）平均相对挥发度：2.5。

（7）塔板类型：筛板或浮阀塔板（F1 型）。

（8）年工作日：300 天，每天 24h 连续运行。

（9）厂址：天津地区。

二、板式精馏塔设计任务书二

1. 设计任务

试设计一座分离甲醇 - 水或乙醇 - 水、丙酮 - 水的连续筛板或浮阀（F1 型）精馏塔。

原料液中含苯 45% 或 40%、50%（质量分数，下同），要求原料液的年处理量为 4 万吨或 4.5 万吨、5 万吨，塔顶馏出液中易挥发组分的含量 ≥ 90% 或 ≥ 92%、≥ 95%，塔底釜残液中易挥发组分的含量 ≤ 0.5%。

2. 操作条件

（1）塔顶压力：4kPa（表压力）。

（2）进料热状况：40℃ 或 50℃、泡点进料。

（3）回流比：自选。

（4）单板压降：≤ 0.7kPa。

（5）总板效率：未知。

（6）平均相对挥发度：未知。

（7）塔板类型：筛板或浮阀塔板（F1 型）。

（8）年工作日：300 天，每天 24h 连续运行。

（9）厂址：天津地区。

第五章

填料吸收塔的设计

用于吸收的塔设备类型很多，有填料塔、板式塔、鼓泡塔、喷洒塔等。填料塔由于具有结构简单、阻力小、加工容易、可用耐腐蚀材料制作、吸收效果好、装置灵活等优点，因此在化工、环保、冶炼等工业吸收、解吸和气体洗涤操作中应用较普遍。特别是近年来由于性能优良的新型散装和规整填料的开发，塔内件结构和设备的改进，填料层内气液相的均布与接触情况得到了改善，填料塔的负荷通量加大、阻力降低、效率提高、操作弹性增大、放大效应减小，其应用日益广泛。

填料塔的塔体为圆形筒体结构，内部装填有特定高度的填料层。液体物料由塔顶进入，经分布器均匀分布于填料表面。在填料层内，液体沿填料表面形成液膜向下流动。为保持液体分布的均匀性，各段填料层之间设置有液体再分布装置。下流液体重新均匀分布后，再进入下一段填料层。气体自塔下部进入，通过填料缝隙中的自由空间从塔顶部排出。离开填料层的气体可能夹带少量雾滴，因此有时需要在塔顶安装除雾器。气液两相在填料塔内进行接触传质。

本章结合吸收过程讨论了填料塔的设计，其设计步骤如下：

① 确定吸收过程的设计方案。
② 确定吸收过程的平衡关系、装置的气液负荷、物性参数及特性。
③ 主要设备的构型和工艺设计。
④ 填料塔附属设备的选型和结构设计。
⑤ 绘制带控制点的工艺流程图和塔设备的装置图。
⑥ 编写设计说明书。

第一节

设计方案的确定

设计方案的确定主要包括确定吸收装置的流程、主要设备的形式和操作条件，选择合适的吸收剂。所选方案必须满足指定的工艺要求，达到规定的生产能力及分离要求，经济合理，操作安全。

一、吸收流程的类型及选择

1. 吸收流程的类型

吸收流程的确定是指气体和液体进出吸收塔的流向安排，主要有以下几种，如图 5-1 所示。

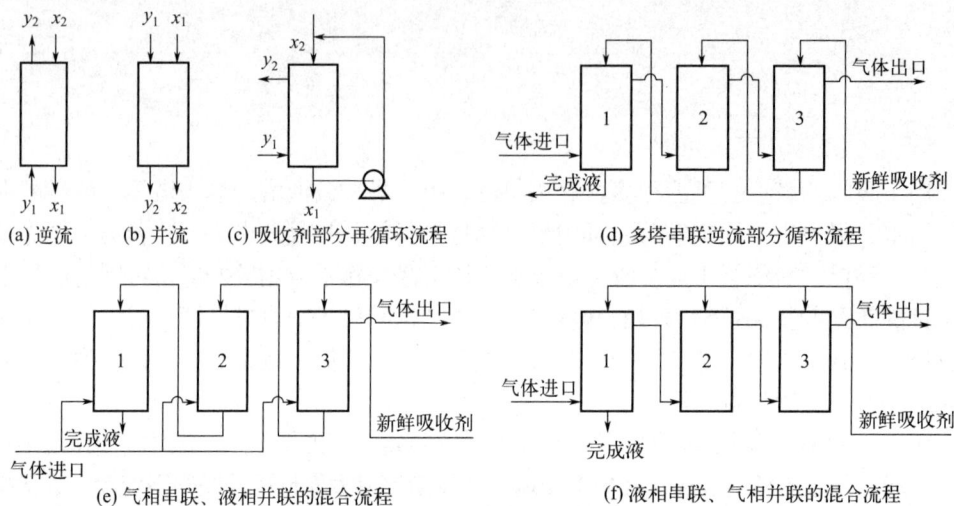

图 5-1　吸收装置流程

（1）逆流操作　气相自塔底进入，由塔顶排出，液相反向流动。逆流操作时平均推动力大，吸收剂利用率高，分离程度高，完成一定分离任务所需的传质面积小。工业上多采用逆流操作。

（2）并流操作　气液两相均从塔顶流向塔底。在下列情况时可采用并流操作：

① 易溶气体的吸收，气相中平衡曲线较平坦时，流向对吸收推动力影响不大，或处理的气体不用吸收很完全。

② 吸收剂用量特别大，逆流操作易引起液泛。

此种系统不受液流限制，可提高操作气速来提高生产能力。

（3）吸收剂部分再循环操作　在逆流操作系统中，吸收塔排出的一部分液体冷却后，用泵将其与补充的新鲜吸收剂一同送回塔内，即为吸收剂部分再循环操作。此处方式主要用于：

① 吸收剂用量较小，为提高塔的液体喷淋密度以充分润湿填料时；

② 为控制塔内温升，需取出一部分热量时。

吸收剂部分再循环操作的平均吸收推动力较逆流操作的平均吸收推动力低，还需设循环用泵，消耗额外的动力。

（4）多塔串联操作　若设计的填料层高度过大，或由于所处理的物料等原因需经常清理填料，为便于维修，把填料层分装在几个串联的塔内，使每个吸收塔通过的吸收剂和气体量都相同，即为多塔串联系统。此种系统因塔内需留较大的空间，输液、喷淋、支撑板等辅助装置的增加，设备投资较大。

若吸收过程处理的液量很大，采用通常的流程则液体在塔内的喷淋密度过大，操作气速势必很小（否则易引起塔的液泛），塔的生产能力很低。因此，实际生产中可采用气相串联而液相并联的混合流程。若吸收过程处理的液量不大而气相流量很大时，可用液相串联而气相并联的混合流程。总之，在实际应用中应根据生产任务、工艺特点，结合各种流程的优缺点选择适宜的流程。

注意：在逆流操作过程中，液体在向下流动时受到上升气体的曳力，这种曳力过大会妨碍液体顺利流下，因而限制了吸收塔的液体流量和气体流量。

2. 吸收流程的选择

（1）逆流和并流的选择与比较　由于逆流吸收的平均传质推动力大于并流吸收，因此对于同样的气液相和相同尺寸的塔，逆流相比并流可得到较高的吸收率；对于同样的吸收率和相同尺寸的塔，逆流的液气比要比并流小，即所需溶剂量较少；对于同样的吸收率和液气比，逆流所需的传质面积要比并流小，这意味着塔的尺寸可减小，设备费用可降低。所以一般来说，逆流操作优于并流操作，工业上多采用逆流操作。但这并不是说吸收不能采用并流操作，当吸收易溶气体时，就可以采用并流，气、液两相均可自塔顶流向塔底。这是因为易溶气体的吸收，气相中的平衡浓度极低，此时逆流与并流的传质推动力相差不大，但并流不受液泛的限制，气速可提高，处理量可加大，对增产有利。对于化学吸收也可用并流，因为此时的吸收速率取决于反应速率，而不取决于传质速率。

（2）单塔和多塔的选择与比较　塔器数量的选择（单塔或多塔串联）取决于气体处理量及目标吸收率。在设计计算塔高时，可采用分段设计方法，将总填料层高度分配至多个串联塔器。在确定串联塔的分配浓度时，通常遵循各塔填料层高度相等的原则。此外，若处理物系发生堵塞或出于维修便利性等特殊工况要求，也可采用多塔串联的配置方案。

多塔吸收时，一般有气液逆流串联和气体串联、液体并联两种流程形式，各有利弊。对于气体串联、液体并联，由于向每一个塔中喷淋的都是新鲜再生溶液，入塔的初始浓度低，平均传质推动力大，有利于吸收，但液体的循环量大，吸收后溶液的平均浓度低，再生处理量大，操作成本高。高硫煤气脱硫常采用此种流程。对于气液串联，液体的循环量小，吸收后溶液的平均浓度高，再生处理量小，但吸收溶液每经一塔浓度增大，使入塔液体的浓度依次增大，传质动力随之依次减小，不利于吸收。

二、吸收操作条件的确定

1. 操作温度的确定

对于大多数物理吸收，气体溶解过程是放热的。由吸收过程的气液平衡关系可知，温度降低可增加溶质组分的溶解度，即减少吸收剂液面上溶质的平衡分压，有利于吸收。但操作温度低限应由吸收系统的具体情况决定。

2. 操作压力的确定

由吸收过程的气液平衡关系可知，压力升高可增加溶质组分的溶解度，即增大吸收过程的推动力。但随着操作压力的升高，对设备的加工制造要求提高，且能耗增加。因此，操作压力的确定需结合具体工艺的条件综合考虑。

三、吸收剂的选择

吸收剂对吸收操作过程的经济性有重要影响，因此选择适宜的吸收剂具有十分重要的意义。一般情况下，吸收剂的选择应着重考虑以下方面。

1. 对溶质的溶解度大

所选的吸收剂对溶质的溶解度大，则单位吸收剂能够溶解较多的溶质，在一定的处理量和分离要求条件下吸收剂的用量小，可以有效地减少吸收剂的循环量。另外，在同样的吸收剂用量下液相的传质推动力大，可以提高吸收效率，减小塔设备的尺寸。

2. 对溶质有较高的选择性

对溶质有较高的选择性即要求选用的吸收剂应对溶质有较大的溶解度，而对其他组分则溶解度较小或基本不溶。这样，不但可以减少惰性气体组分的损失，而且可以提高解吸后溶质气体的纯度。

3. 不易挥发

吸收剂在操作条件下应具有较低的蒸气压，以避免吸收过程中吸收剂的损失，提高吸收过程的经济性。

4. 再生性能好

在吸收剂的再生过程中，一般要对其进行升温或气提等处理，能量消耗较大。因此，吸收剂的再生性能对吸收过程能耗的影响极大。选用具有良好再生性能的吸收剂往往能有效地降低吸收过程的能量消耗。

5. 黏度和其他物性

在操作条件下吸收剂的黏度越低，其在塔内的流动性越好，越有利于传质速率和传热速率的提高。此外，所选的吸收剂还应尽可能满足无毒性、无腐蚀性、不易燃易爆、不发泡、冰点低、价廉易得以及化学性质稳定的要求。

一般来说，任何一种吸收剂都难以满足上述所有要求。因此选用时应针对具体情况和主要矛盾，既考虑工艺要求又兼顾到经济合理性。工业上常用的吸收剂见表 5-1。

表 5-1　工业上常用的吸收剂

溶质	吸收剂	溶质	吸收剂
氨	水、硫酸	硫化氢	碱液、砷碱液、有机吸收剂
丙酮蒸气	水	苯蒸气	煤油、洗油
氯化氢	水	丁二烯	乙醇、乙腈
二氧化碳	水、碱液、碳酸丙烯酯	二氯乙烯	煤油
二氧化硫	水	一氧化碳	铜氨液

第二节

气液平衡关系

微课扫一扫

吸收概述及
气液相平衡

一、溶解度曲线

在一定压力和温度下，使一定量的吸收剂与混合气体充分接触，气相中的溶质便向液相溶剂中转移或液相溶剂中的溶质便向气相中转移。经长时间充分接触之后，液相中溶质组分的浓度不再增加或减少，此时，气液两相达到平衡，此状态即为平衡状态。气液平衡关系用二维坐标绘成的关系曲线称为溶解度曲线，如图 5-2 和图 5-3 所示。

气体溶解度是物系特性参数，其数值受温度及压强的影响。在恒定压强条件下，气体溶解度通常与温度呈负相关关系，即温度升高，溶解度降低，不利于吸收过程。为提高吸收效率，工业吸收操作通常选择在较低温度的条件下进行。原因在于温度降低可显著提高气体溶解度，促进吸收过程的进行。因此，吸收剂在进入吸收塔前通常需经过冷却处理。

温度一定时，溶解度随溶质分压升高而增大。在吸收系统中，增大气相总压，组分的分压会升高，溶解度也随之增大，有利于吸收。

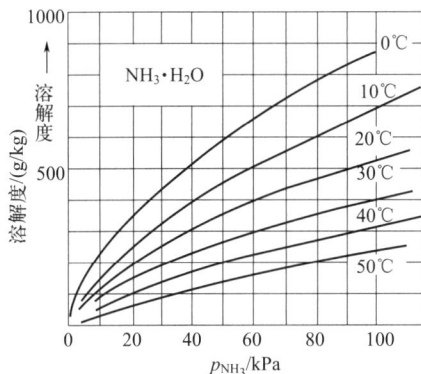

图 5-2　NH_3 在水中的溶解度曲线

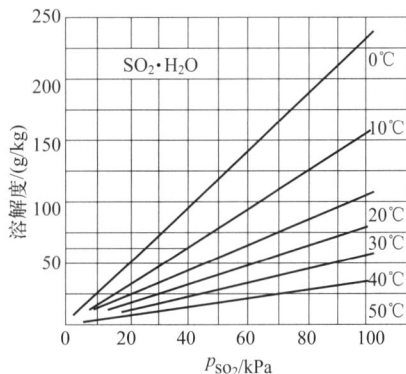

图 5-3　SO_2 在水中的溶解度曲线

二、亨利定律

当总压不太高（不超过 $5 \times 10^5 Pa$）时，在一定温度下，稀溶液上方气相中溶质的平衡分压与溶质在液相中的摩尔分数成正比，其比例系数为亨利系数。

$$p_A^* = Ex \tag{5-1}$$

$$y^* = mx \tag{5-2}$$

$$p_A^* = \frac{c_A}{H} \tag{5-3}$$

$$Y_A^* = mX_A \tag{5-4}$$

式中　p_A^*——溶质在气相中的平衡分压，kPa；

　　　　E——亨利系数，kPa；

　　　　x——溶质在液相中的摩尔分数。

　　　　c_A——溶质在液相中的物质的量浓度，$kmol/m^3$；

　　　　H——溶解度系数，$kmol/(m^3 \cdot kPa)$；

　　　　y^*——与液相组成 x 呈平衡状态的气相中溶质的摩尔分数；

　　　　m——相平衡常数，无量纲。

　　对于符合亨利定律的气液平衡体系，其亨利系数 E 的数值可在一般物性手册中查取。表 5-2 给出了某些常见气体水溶液的亨利系数。溶解度大的气体一般不遵守亨利定律，其气液平衡关系常以表格或曲线表示，可参考有关文献。

表 5-2　某些气体水溶液的亨利系数

气体种类	温度 /℃															
	0	5	10	15	20	25	30	35	40	45	50	60	70	80	90	100
$E/10^{-6}kPa$																
H_2	5.87	6.16	6.44	6.70	6.92	7.16	7.39	7.52	7.61	7.70	7.75	7.75	7.71	7.65	7.61	7.55
N_2	5.35	6.05	6.72	7.48	8.15	8.76	9.36	9.98	10.5	11.0	11.4	12.2	12.7	12.8	12.8	12.8
空气	4.38	4.94	5.56	6.15	6.73	7.30	7.81	8.34	8.82	9.23	9.59	10.2	10.6	10.8	10.9	10.8
CO	3.57	4.01	4.48	4.95	5.43	5.88	6.28	6.68	7.05	7.39	7.71	8.32	8.57	8.57	8.57	8.57
O_2	2.58	2.95	3.31	3.69	4.06	4.44	4.81	5.14	5.42	5.70	5.96	6.37	6.72	6.96	7.08	7.10
CH_4	2.27	2.62	3.01	3.41	3.81	4.18	4.55	4.92	5.27	5.58	5.85	6.34	6.75	6.91	7.01	7.10
NO	1.71	1.96	2.21	2.45	2.67	2.91	3.14	3.35	3.57	3.77	3.95	4.24	4.44	4.45	4.58	4.60
C_2H_6	1.28	1.57	1.92	2.90	2.66	3.06	3.47	3.88	4.29	4.69	5.07	5.72	6.31	6.70	6.96	7.01
$E/10^{-5}kPa$																
C_2H_4	5.59	6.62	7.78	9.07	10.3	11.6	12.9	—	—	—	—	—	—	—	—	—
N_2O	—	1.19	1.43	1.68	2.01	2.28	2.62	3.06	—	—	—	—	—	—	—	—
CO_2	0.378	0.8	1.05	1.24	1.44	1.66	1.88	2.12	2.36	2.60	2.87	3.46	—	—	—	—
C_2H_2	0.73	0.85	0.97	1.00	1.23	1.35	1.48	—	—	—	—	—	—	—	—	—
Cl_2	0.272	0.334	0.399	0.461	0.537	0.604	0.669	0.74	0.80	0.86	0.90	0.97	0.99	0.97	0.96	—
H_2S	0.272	0.319	0.372	0.418	0.480	0.552	0.617	0.686	0.755	0.825	0.689	1.04	1.21	1.37	1.46	1.50
$E/10^{-4}kPa$																
SO_2	0.167	0.203	0.245	0.294	0.355	0.413	0.485	0.567	0.661	0.763	0.871	1.11	1.39	1.70	2.01	—

三、吸收平衡线

吸收平衡线是描述吸收过程气液相平衡关系的特征曲线，通常采用 X-Y 图表达。根据式（5-4）确定的平衡关系在 X-Y 图上呈现为一条通过坐标原点的曲线。当处理稀溶液体系时，由于亨利定律的适用性，式（5-4）所表征的吸收平衡线简化为一条通过原点的直线，如图 5-4 所示。

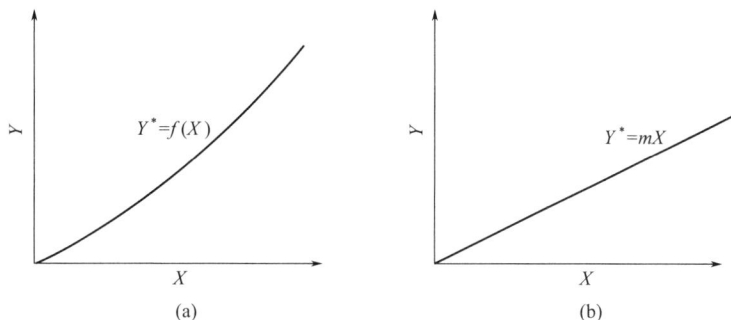

图 5-4 吸收平衡线

第三节

填料的类型与选择

填料吸收塔的操作性能关键取决于填料。填料的种类很多，大致可以分为散装填料与规整填料两大类。各种常用填料及新型填料如图 5-5 所示。

一、填料的类型

1. 散装填料

散装填料是以随机的方式将一个个具有一定几何形状和尺寸的颗粒体堆积在塔内，又称乱堆填料和颗粒填料。散装填料根据结构特点不同，又可分为环形填料、鞍形填料等，如图 5-5（a）～（f）、（j）、（k）所示。

（1）拉西环填料　拉西环填料是最早提出的工业填料，其结构为外径与高度相等的圆环，可用陶瓷、塑料、金属等制成。拉西环填料的气液分布较差、传质效率低、阻力大、通量小，目前工业上用得较少。

（2）鲍尔环填料　鲍尔环填料是在拉西环填料的基础上改进的。其结构为在拉西环填料的侧壁上开出两排长方形的窗口，被切开的环壁一侧仍与壁面相连，另一侧向环内弯曲，形成内伸的舌叶，诸舌叶的侧边与环中间相搭，可用陶瓷、塑料、金属制造。与拉西环填料相比，鲍尔环填料由于环内开孔，大大提高了环内空间及环内表面的利用率，气流阻力小，传质效率高，操作弹性大。鲍尔环填料是目前应用较广的填料之一，但价格比拉西环填料高。

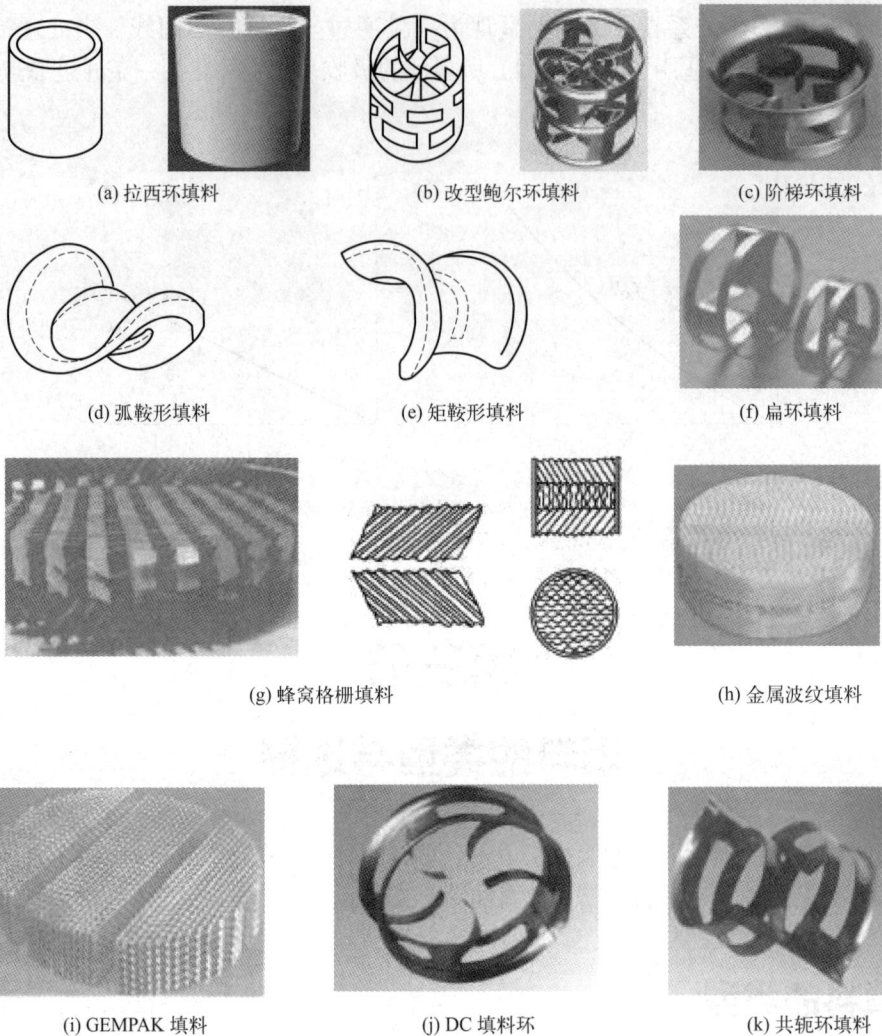

(a) 拉西环填料   (b) 改型鲍尔环填料   (c) 阶梯环填料

(d) 弧鞍形填料   (e) 矩鞍形填料   (f) 扁环填料

(g) 蜂窝格栅填料   (h) 金属波纹填料

(i) GEMPAK 填料   (j) DC 填料环   (k) 共轭环填料

图 5-5　各种常用填料及新型填料

（3）阶梯环填料　阶梯环填料是一种在鲍尔环填料基础上改进而成的新型高效填料。其高度仅为鲍尔环填料的一半，一端环壁上设有长方形孔，环内配置两层呈 45°交错排列的十字形翅片，另一端则设计为独特的喇叭口结构。这种特殊结构设计使气体绕填料外壁流动的平均路径较鲍尔环填料显著缩短，同时喇叭口结构增强了填料的空间不对称性，促使填料在床层中主要形成点接触分布。这种结构特点带来多重优势：床层分布更为均匀，空隙率增大，气流阻力降低；点接触结构不仅有利于液体的汇聚与分散，还能促进液膜表面更新，从而显著提高了传质效率。此外，该填料具有良好的材料适应性，可采用陶瓷、塑料或金属等多种材料制造。

（4）鞍形填料　鞍形填料主要有弧鞍形填料、矩鞍形填料和环矩鞍填料。

① 弧鞍形填料。弧鞍形填料是一种采用陶瓷材料制成的对称马鞍形结构填料。其双面

对称的几何特征导致填料层内易发生相互重叠现象，这种堆叠方式会显著降低有效比表面积利用率，从而对传质效率产生不利影响。

②矩鞍形填料。矩鞍形填料是在弧鞍形填料基础上改进设计而成的。其主要特征为填料结构为不对称形式且两侧尺寸不等，有效避免了填料层中的相互重叠现象。这种结构改进显著提高了填料的比表面积利用率，在相同尺寸条件下，其传质效率优于传统拉西环填料。

③环矩鞍填料。环矩鞍填料是一种综合开孔环形填料与矩鞍形填料优势的新型高效填料。其结构特征为：在矩鞍环的基础上将实体部分改良为两条环形加强筋，同时鞍形内侧设计为带有两个向中心延伸舌片的开孔环结构。这种创新设计具有以下优势：①优化了流体分布特性；②增加了有效气体通道；③显著降低了流动阻力；④提高了处理通量；⑤增强了传质效率。该填料兼具低阻、高通量和高效率的优良性能特点。

（5）十字环填料　十字环填料由拉西环填料改进而成，操作时可使塔内压降相对降低，沟流和壁流较少，效率比拉西环填料高。

（6）θ环填料　这种填料由拉西环填料改进而成，在环的中间有一隔板，增大了填料的比表面积，可用陶瓷、石墨、塑料或金属制成。

几种常用环形填料的特性数据见表5-3。

表5-3　环形填料的特性参数

填料外径（d）/mm	高×厚（$H×\delta$）/（mm×mm）	比表面积（a_t）/（m²/m³）	空隙率（ε）/（m³/m³）	个数（n）/（个/m³）	堆积密度（ρ_p）/（kg/m³）	干填料因子（$a_\mathrm{t}/\varepsilon^3$）/m⁻¹	填料因子（Φ）/m⁻¹	备注
瓷拉西环填料（散装）								
6.4	6.4×0.8	789	0.73	3110000	737	2030	2400	
8	8×1.5	570	0.64	1465000	600	2170	2500	
10	10×1.5	440	0.70	720000	700	1280	1500	
15	15×2	330	0.70	250000	690	760	1020	
16	16×2	305	0.73	192000	730	784	900	不常用
25	25×2.5	190	0.78	49000	505	400	400	
40	40×4.5	126	0.75	12700	577	305	350	
50	50×4.5	93	0.81	6000	457	177	220	
80	80×9.5	76	0.68	1910	714	243	280	
钢拉西环填料（散装）								
6.4	6.4×0.8	789	0.73	3110000	2100	2030	2500	
8	8×0.3	630	0.91	1550000	750	1140	1580	
10	10×0.5	500	0.88	800000	960	740	1000	
15	15×0.5	350	0.92	248000	660	460	600	
25	25×0.8	220	0.92	55000	640	290	390	不常用
35	35×1	150	0.93	19000	570	190	260	
50	50×1	110	0.95	7000	430	130	175	
76	76×1.6	68	0.95	1870	400	80	105	

填料外径（d）/mm	高×厚（$H×\delta$）/（mm×mm）	比表面积（a_t）/（m²/m³）	空隙率（ε）/（m³/m³）	个数（n）/（个/m³）	堆积密度（ρ_p）/（kg/m³）	干填料因子（a_t/ε^3）/m⁻¹	填料因子（Φ）/m⁻¹	备注
				瓷拉西环填料（规整）				
25	25×2.5	241	0.73	62000	720	629		
40	40×4.5	197	0.60	19800	898	891		
50	50×4.5	124	0.72	8830	673	339		
80	80×9.5	102	0.57	2580	962	564		不常用
100	100×13	65	0.72	1060	930	172		
125	125×14	51	0.68	530	825	165		
150	150×16	44	0.68	318	802	142		
				金属鲍尔环填料				
16	15×0.8	239	0.928	143000	216	299	400	
38	38×0.8	129	0.945	13000	365	153	130	
50	50×1	112.3	0.949	6500	395	131	140	
				塑料鲍尔环填料				
25	24.2×1	194	0.87	53500	103	294	320	
38	38×1	155	0.89	15800	100	220	200	
50	48×1.8	106.4	0.90	7000	89.2	146	120	
				瓷阶梯环填料				
50	30×5	108.8	0.787	9091	516	223		
76	45×7	63.4	0.795	2517	420	126		
				钢阶梯环填料				
25	12.5×0.6	220	97160	439	273.5	230		
38	19×0.6	154.3	31890	475.5	185.5	118		
50	25×1.0	109.2	11600	400	127.4	82		
				塑料阶梯环填料				
25	12.5×1.4	228	0.90	81500	97.8	312.8	172	
38	19×1	132.5	0.91	27200	57.5	175.8	116	
50	25×1.5	114.2	0.927	10740	54.3	143.1	100	
76	37×3	90	0.929	3420	68.4	112.3		

2. 规整填料

规整填料是由若干几何形状与尺寸完全相同的填料单元按特定规则排列组合而成的结构化填料体系，通过有序装填方式置于塔内。其主要类型包括波纹填料（含波纹网和波纹板）、格栅填料及脉冲填料等，其中波纹填料在工业应用中占据主导地位。这类填料通过优化流道设计能有效降低塔压降、提高操作气速并增强分离效果。其特有的结构化特征能够精确控制气液接触路径，即使在大直径塔器中仍能维持高效传质性能，代表了现代填料技术的发展方向，但相对较高的制造成本是其主要局限性。

（1）波纹网填料　波纹网填料由平行丝网波纹片垂直排列组装而成，网片的波纹方向与塔轴一般成30°或45°的倾角，相邻网片的波纹倾斜方向相反，波纹片之间形成系列相互交错的三角形通道,相邻两盘成 90°交叉放置,如图 5-5(h)所示。直径小于 1500mm 的塔用整体填料盘,直径大于 1500mm 的塔采用分块式填料,由人孔将填料块送入塔内后组装成盘。

波纹网填料可用不锈钢、黄铜、磷青铜、碳钢、镍、蒙乃尔合金等金属丝网和聚丙烯、聚丙烯腈、聚四氟乙烯等塑料丝网制作,一般为 60 ~ 100 目(不宜低于 40 目)。由于材料细薄,结构规整紧凑,因此其空隙率大、比表面积大、气流通量大而阻力较小。又因为液体在网体表面易形成稳定而薄的液膜,所以填料表面润湿率高,在填料中气液两相混合充分,故其效率高且放大效应小。另外,其操作范围也较宽,持液量很小。

(2)波纹板填料 波纹板填料与波纹网填料的结构相同,可用多种金属、塑料及陶瓷板材制作。其价格比波纹网填料低,刚度较大。

各种波纹填料的特性数据见表 5-4。

表 5-4 各种波纹填料的特性数据

名称	填料材质	型号	材料	比表面积 /(m²/m²)	当量直径 /mm	倾斜角 /(°)	空隙率 /(m³/m³)	堆积密度 /(kg/m³)
波纹网填料	金属丝网	AX BX CY	不锈钢	250 500 700	15 7.5 5	30 30 45	0.95 0.90 0.85	1250 2500 3500
	塑料丝网	BX	聚丙烯	450	7.5	30	0.85	1200
波纹板填料	金属薄板或塑料薄板	250Y	碳钢、不锈钢、铝	250	15	45	0.97	2000
	陶瓷薄板	BY	聚氯乙烯、乙烯等陶瓷	460	6	30	0.75	5500

(3)栅格填料 栅格填料是最早形成的规整填料,后来经过研究改进,开发了多种新型结构。它具有气体定向偏射的特点,并且液相呈膜滴结合状态,使液体分散并不断更新界面。

(4)脉冲填料 脉冲填料是由带缩颈的中空三棱柱填料单元排列而成的规整填料,一般交错收缩堆砌。利用脉冲填料,气液两相流过交替收缩和扩大的通道,产生强烈湍流,从而强化了传质。其特点是处理量大,阻力小,气液分布均匀。

二、填料的选择

1. 填料的性能选择

不同填料的性能各不相同,用来描述其性能特征的参数有以下几种。

(1)填料数 n 填料数是指单位体积填料中的填料个数。对于乱堆填料,这是一个统计数据,其数值可通过实验获取。

(2)比表面积 a_t 比表面积是指单位体积填料所具有的表面积,单位为 m²/m³。如果一个单体填料的表面积为 a_0，则比表面积和填料数的关系为 $a_t=na_0$。显然，比表面积越大，单位体积填料提供的气、液接触面积越大，越有利于传质。

（3）空隙率 ε 空隙率是指单位体积填料所具有的空隙体积，单位为 m^3/m^3。如果一个单体填料的实际体积为 V_0，则空隙率和填料数之间的关系为 $\varepsilon=1-nV_0$。填料空隙率大，气液流动阻力小，流通能力大，塔的操作弹性大。在实际操作中，由于填料壁面上附有一层液体，实际的空隙率低于持液前的空隙率。

（4）填料因子 Φ 填料因子是指填料的比表面积与空隙率三次方的比值，即 a_t/ε^3，单位为 m^{-1}，常用来关联气体通过填料层的各种流动特性。填料因子分为干填料因子和湿填料因子。干填料因子是指未被润湿时的填料因子，它可反映填料的几何特性。填料被液体润湿后，表面覆盖了一层液膜，其比表面积和空隙率均发生相应的变化。此时的填料因子称为湿填料因子，它可表示填料的流体力学性能。填料因子小，流动阻力小，发生液泛时的气速高，流体力学性能好。

2. 填料选择的原则

填料的选择包括确定填料的种类、规格及材质等。选用时应从分离要求、通量要求、场地条件、物料性质及设备投资、操作费用等方面综合考虑，既要使所选填料满足生产工艺的要求，又要使设备投资和操作费用最低，具有经济合理性。

（1）填料尺寸 颗粒填料的尺寸直接影响塔的操作和设备投资。一般同类型的填料随尺寸减小分离效率提高，但填料层对气流的阻力增大，通量降低，对于具有一定生产能力的塔，填料的投资费用将增加；而较大尺寸的填料用于小直径塔中，将产生气液分布不良、气流短路和严重的液体壁流等问题，降低塔的分离效率。故塔径与填料公称直径之比应有相应的范围，要求 D/d 在 10 以上。其推荐值见表 5-5。

表 5-5 塔径与填料公称直径之比 D/d 的推荐值

填料种类	D/d 的推荐值	填料种类	D/d 的推荐值
拉西环填料	$\geqslant 20 \sim 30$	阶梯环填料	> 8
鞍形填料	$\geqslant 15$	环矩鞍填料	> 8
鲍尔环填料	$\geqslant 10 \sim 15$		

（2）填料材质 填料材质应根据物料的腐蚀性、材料的腐蚀性、操作温度并综合填料性能及经济因素选用，常用的为金属、陶瓷和塑料等材质。金属材质主要有碳钢、1Cr18Ni9Ti 不锈钢、铝和铝合金、低碳合金钢等。塑料材质主要有聚乙烯、聚丙烯、聚氯乙烯及其增强塑料和其他工程塑料等。塑料填料耐蚀性能较好，质量轻，价格适中，但耐温性及润湿性较差，故多用于操作温度较低的吸收、水洗等装置。瓷质填料耐蚀性强（一般能耐除氢氟酸外的各种无机酸、有机酸及各种有机溶剂的腐蚀；对于强碱介质可采用耐碱瓷质），价格便宜，但质脆易碎。

一般操作温度较高而物系无显著腐蚀性时，可选用金属环矩鞍或金属鲍尔环等填料；若温度较低时，可选用塑料鲍尔环、塑料阶梯环填料；若物系具有腐蚀性、操作温度较高时，则宜采用陶瓷环矩鞍填料。

总之，选择填料要符合填料的安全性能。在相同的操作条件下，填料的比表面积越大，气液分布越均匀，填料表面的润湿性能越优良，则传质效率越高；填料的孔隙率越大，结构越开敞，则流量越大，压降越低。

需注意的是，一座填料塔既可以选用同种类型同一规格的填料，也可选用同种类型不同规格的填料，有的塔段既可选用规整填料，也可选用散装填料，设计时应灵活掌握，根据技术和经济统一的原则来选择填料的规格。

第四节

填料吸收塔的工艺计算

微课扫一扫

吸收剂消耗
量的计算

一、物料衡算及操作线方程

对低浓度气体的吸收［进塔混合气体的浓度（体积分数）不超过10%］，可以近似地认为气体和液体沿塔高的流量变化不大，可用摩尔比来表示溶质的浓度。逆流操作时，吸收塔的物料衡算和操作线方程式计算如下。

1. 全塔的物料衡算

根据设计任务中给定的混合气体处理量、气体原料的浓度及分离要求，计算进、出口气体的组成。图 5-6 是一个定态操作逆流接触的吸收塔。图中 V 为单位时间内通过吸收塔的惰性气体量，kmol/h；L 为单位时间内通过吸收塔的溶剂量，kmol/h；Y_1、Y_2 为进、出吸收塔的气体中溶质的摩尔比，无量纲；X_1、X_2 为出塔及进塔的液体中溶质的摩尔比，无量纲。在全塔范围内进行溶质的物料衡算，则

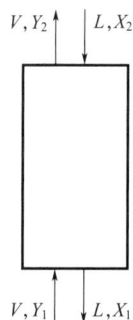

$$V(Y_1 - Y_2) = L(X_1 - X_2) \tag{5-5}$$

图 5-6　逆流接触的吸收塔

2. 求操作线方程

$$Y = \frac{L}{V}X + \left(Y_1 - \frac{L}{V}X_1\right) \tag{5-6a}$$

$$Y = \frac{L}{V}X + \left(Y_2 - \frac{L}{V}X_2\right) \tag{5-6b}$$

二、吸收剂用量的确定

1. 最小液气比

若平衡曲线是图 5-7（a）所示的正常情况，则最小液气比 $\left(\dfrac{L}{V}\right)_{min}$ 等于操作线与平衡线

相交时的斜率，即

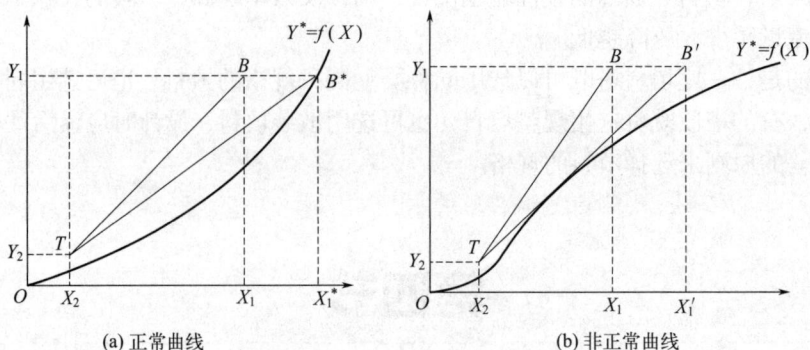

图 5-7　吸收塔的最小液气比

(a) 正常曲线　　　　　　　(b) 非正常曲线

$$\left(\frac{L}{V}\right)_{\min} = \frac{Y_1 - Y_2}{X_1^* - X_2} \tag{5-7}$$

如果平衡曲线呈现不正常的形状，如图 5-7（b）所示，则应过 T 作平衡曲线的切线，按照式（5-8）计算最小液气比。

$$\left(\frac{L}{V}\right)_{\min} = \frac{Y_1 - Y_2}{X_1' - X_2} \tag{5-8}$$

2. 操作液气比

根据生产实践经验，一般取吸收剂用量为最小用量的 1.1 ~ 2.0 倍是比较合适的，即

$$\frac{L}{V} = (1.1 \sim 2.0)\left(\frac{L}{V}\right)_{\min} \tag{5-9}$$

3. 吸收剂用量

吸收剂的实际用量为

$$L = V(1.1 \sim 2.0)\left(\frac{L}{V}\right)_{\min} \tag{5-10}$$

必须指出，为了保证填料表面能被液体充分润湿，还应考虑到单位时间内单位塔截面积上流下的液体量不得小于某一最低允许值。如果按式（5-9）算出的吸收剂用量不能满足充分润湿填料的起码要求，则应采用更大的液气比。

三、塔径的计算

1. 塔径的确定

塔径的计算公式

微课扫一扫

塔径和填料层高度的计算

$$D = \sqrt{\frac{4V_s}{\pi u}}$$

式中　V_s——气体的体积流量，m^3/s；

　　　u——适宜的空塔气速，m/s。

塔径的计算，主要分为三个步骤，即确定空塔气速、计算塔径、校核塔径，下面分别介绍。

2. 空塔气速的确定

（1）泛点气速法　泛点气速是填料塔空塔气速的上限，填料塔的空塔气速 u 必须小于泛点气速 u_F。空塔气速与泛点气速之比称为泛点率。

对于散装填料，其泛点率的经验值为 $\dfrac{u}{u_F} = 0.5 \sim 0.85$。

对于规整填料，其泛点率的经验值为 $\dfrac{u}{u_F} = 0.6 \sim 0.95$。

泛点率的选择主要考虑填料塔的操作压力和物系的发泡程度。设计中，对于加压操作的塔，应取较高的泛点率，对于减压操作的塔，应取较低的泛点率；对于易起泡沫的物系，泛点率应取低限值，而无泡沫的物系，可取较高的泛点率。泛点气速可用经验方程式计算，也可用关联图求取。

① 贝恩（Bain）- 霍根（Hougen）关联式。填料的泛点气速可由贝恩 - 霍根关联式计算：

$$\lg\left[\frac{u_F^2}{g} \times \frac{a_t}{\varepsilon^3} \times \frac{\rho_V}{\rho_L}\mu_L^{0.2}\right] = A - K\left(\frac{W_L}{W_V}\right)^{1/4}\left(\frac{\rho_V}{\rho_L}\right)^{1/8} \tag{5-11}$$

式中　u_F——泛点气速，m/s；

　　　g——重力加速度，$9.81m/s^2$；

　　　a_t——填料的总比表面积，m^2/m^3；

　　　ε——填料层的空隙率，m^3/m^3；

ρ_V，ρ_L——气相、液相的密度，kg/m^3；

　　　μ_L——液体的黏度，$mPa \cdot s$；

W_L，W_V——液相、气相的质量流量，kg/h；

　A，K——关联常数。

常用 A 和 K 与填料的形状及材料有关，不同类型填料的 A、K 值见表5-6。由式（5-11）计算泛点气速，误差在15%以内。

表 5-6　不同类型填料的 A、K 值

散装填料	A	K	规整填料	A	K
塑料鲍尔环	0.0942	1.75	金属丝网波纹填料	0.30	1.75
金属鲍尔环	0.1	1.75	塑料丝网波纹填料	0.4201	1.75
塑料阶梯环	0.204	1.75	金属网孔波纹填料	0.155	1.47
金属阶梯环	0.106	1.75	金属孔板波纹填料	0.291	1.75
瓷矩鞍	0.176	1.75	塑料孔板波纹填料	0.291	1.563
金属环矩鞍	0.06225	1.75			

② 埃克特（Eckert）通用关联图。散装填料的泛点气速可用埃克特通用关联图（图5-8）求取。计算时，先由气液相负荷及有关物性数据求出横坐标 $\dfrac{W_L}{W_V}\left(\dfrac{\rho_V}{\rho_L}\right)^{0.5}$，然后作垂线与相应的泛点线相交，再通过交点作水平线与纵坐标相交，求出 $\dfrac{u^2\Phi\varphi}{g}\left(\dfrac{\rho_V}{\rho_L}\right)\mu_L^{0.2}$，此时所对应的 u 即为泛点气速 u_F。

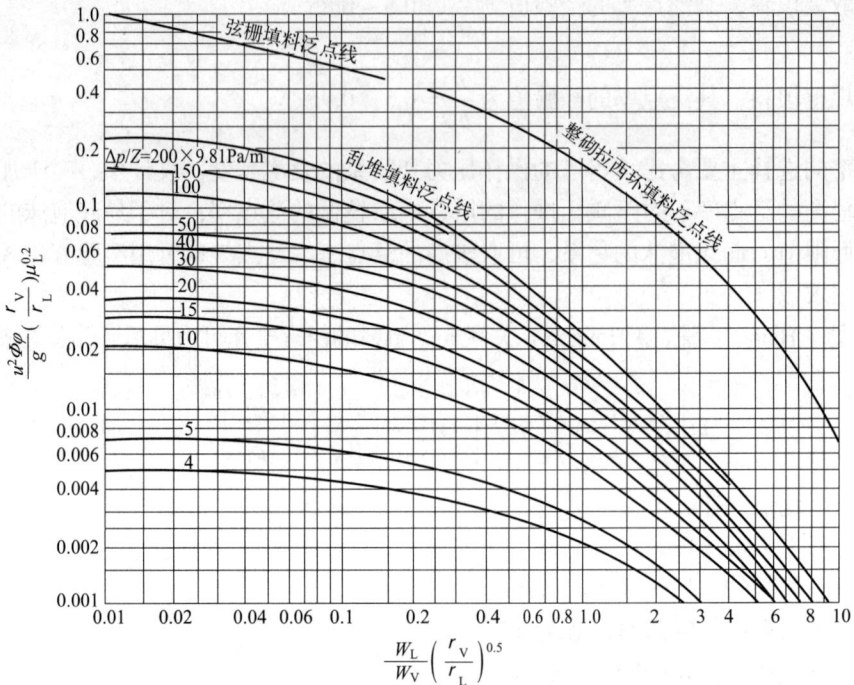

图5-8 埃克特通用关联图

u—空塔气速，m/s；g—重力加速度，9.81m/s^2；Φ—填料因子，m^{-1}；φ—液体密度校正系数，$\varphi=\rho_{水}/\rho_L$；ρ_V，ρ_L—气相、液相的密度，kg/m^3；μ_L—液体的黏度，mPa·s；W_L，W_V—液体、气体的质量流量，kg/s

应予指出，用埃克特通用关联图计算泛点气速时，所需的填料因子为液泛时的湿填料因子（称为泛点填料因子）。其与液体喷淋密度有关，为了工程计算方便，常采用与液体喷淋密度无关的泛点填料因子平均值。表5-7列出了部分散装填料的泛点填料因子平均值，以供参考。

表5-7 散装填料的泛点填料因子平均值

填料类型	泛点填料因子平均值 /m^{-1}				
	DN16	DN25	DN38	DN50	DN76
金属鲍尔环	410	—	117	160	—
金属环矩鞍	—	170	150	135	120
金属阶梯环	—	—	160	140	

填料类型	泛点填料因子平均值 /m⁻¹				
	DN16	DN25	DN38	DN50	DN76
塑料鲍尔环	550	280	184	140	92
塑料阶梯环	—	260	170	127	—
瓷环矩鞍	1100	550	200	226	—
瓷拉西环	1300	832	600	410	—

（2）气相动能因子法　气相动能因子简称 F 因子，其定义为

$$F = u\sqrt{\rho_V} \tag{5-12}$$

气相动能因子法多用于规整填料空塔气速的确定。首先从相关手册或图表中查得操作条件下的 F 因子，然后依据上式即可计算出空塔气速 u。

应予指出，采用气相动能因子法计算适宜的空塔气速，一般用于低压操作（压力低于 0.2MPa）的场合。

（3）气相负荷因子法　气相负荷因子简称 C_s 因子，其定义为

$$C_s = u\sqrt{\frac{\rho_V}{\rho_L - \rho_V}} \tag{5-13}$$

气相负荷因子法多用于规整填料空塔气速的确定。首先求出最大气相负荷因子 $C_{s,max}$，然后根据

$$C_s = 0.8 C_{s,max} \tag{5-14}$$

计算出 C_s，最后据式（5-13）即可求出空塔气速 u。

常用规整填料的 $C_{s,max}$ 的计算见有关填料手册。除此之外，也可从图 5-9 中查得 $C_{s,max}$。图中的横坐标 ψ 称为流动参数，其定义为

$$\Psi = \frac{W_L}{W_V}\left(\frac{\rho_V}{\rho_L}\right)^{0.5} \tag{5-15}$$

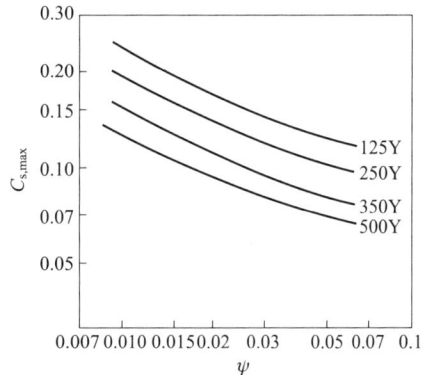

图 5-9　最大气相负荷因子曲线图

图 5-9 所示的曲线适用于板波纹填料。若以 250Y 型板波纹填料为基准，则其他类型的板波纹填料需要乘以修正系数，其值见表 5-8。

表 5-8　其他类型板波纹填料的最大负荷修正系数

填料类别	型号	修正系数	填料类别	型号	修正系数
板波纹填料	250Y	1.0	丝网波纹填料	CY	0.65
丝网波纹填料	BX	1.0	陶瓷波纹填料	BX	0.8

3. 塔径的计算与圆整

根据上述方法得出空塔气速 u 后，即可由式（5-11）计算出塔径 D。应予指出，计算出塔径 D 后，还应按塔径系列标准进行圆整。常用的标准塔径为 400mm、500mm、600mm、700mm、800mm、1000mm、1200mm、1400mm、1600mm、2000mm、2200mm 等。圆整后，再核算空塔气速 u 与泛点率。

四、液体喷淋密度的验算

填料塔的液体喷淋密度是指单位时间内单位塔截面上液体的喷淋量，其计算式为

$$U = \frac{L_h}{0.785D^2} \tag{5-16}$$

式中　U——液体喷淋密度，$m^3/(m^2 \cdot h)$；

　　　L_h——液体喷淋量，m^3/h；

　　　D——填料塔的直径，m。

为使填料能获得良好的润湿，塔内液体喷淋量应不低于某一极限值（此极限值称为最小喷淋密度，以 U_{min} 表示），即

$$U > U_{min} \tag{5-17}$$

对于散装填料，其最小喷淋密度通常采用式（5-18）计算。

$$U_{min} = (L_w)_{min} a_t \tag{5-18}$$

式中　U_{min}——最小喷淋密度，$m^3/(m^2 \cdot h)$；

　　　$(L_w)_{min}$——最小润湿速率，$m^3/(m \cdot h)$；

　　　a_t——填料的总比表面积，m^2/m^3。

最小润湿速率是指在塔的截面上，单位长度的填料周边液体体积流量的最小值。其值可由经验公式计算（见有关填料手册），也可采用一些经验值。

对于直径不超过 75mm 的散装填料，可取最小润湿速率 $(L_w)_{min} = 0.08 m^3/(m \cdot h)$；对于直径大于 75mm 的散装填料，取 $(L_w)_{min} = 0.12 m^3/(m \cdot h)$。对于规整填料，其最小喷淋密度可从有关填料手册中查得，设计中通常取 $U_{min} = 0.2$。

实际操作时采用的液体喷淋密度应大于最小喷淋密度，若小于最小喷淋密度，则需调整，重新计算塔径。

五、填料层高度的计算

吸收塔中提供气液两相接触的是填料，塔内填料装填量或填料层高度直接影响吸收结果。在工程设计中，对于吸收、解吸及萃取等过程中的填料塔设计，多采用传质单元数法；而对于精馏过程中的填料塔设计，则习惯用等板高度法。

1. 传质单元数法

填料层高度的计算通式为填料层高度 = 传质单元数 × 传质单元高度，即

$$Z = H_{OG} N_{OG} \tag{5-19}$$

或

$$Z = H_{OL} N_{OL} \tag{5-20}$$

对低浓度气体的吸收，塔内气体和液体的摩尔流量变化较小，其体积吸收系数可视为常数，则上述表达式可改写为

$$Z = H_{OG} N_{OG} = \int_{Y_2}^{Y_1} \frac{V \mathrm{d} Y}{K_Y a \Omega (Y - Y^*)} = \frac{V}{K_Y a \Omega} \int_{Y_2}^{Y_1} \frac{\mathrm{d} Y}{Y - Y^*} \tag{5-21}$$

$$Z = H_{OL} N_{OL} = \int_{X_2}^{X_1} \frac{L \mathrm{d} X}{K_X a \Omega (X - X^*)} = \frac{L}{K_X a \Omega} \int_{X_2}^{X_1} \frac{\mathrm{d} X}{X^* - X} \tag{5-22}$$

式中　　Z——填料层高度，m；

H_{OG}，H_{OL}——气相、液相的总传质单元高度，m；

N_{OG}，N_{OL}——气相、液相的总传质单元数；

$K_Y a$，$K_X a$——气相、液相的体积吸收系数，kmol/（m³·s）；

Y^*——气相平衡浓度，摩尔比；

X^*——液相平衡浓度，摩尔比；

Y——气相溶质的摩尔比；

X——液相溶质的摩尔比；

Ω——塔截面积，m²。

传质单元数的求法有三种，即对数平均推动力法、图解积分法和吸收因数法。

（1）对数平均推动力法　当气液平衡线为直线时，可用对数平均推动力法求总传质单元数，即

$$\begin{aligned} N_{OG} &= \int_{Y_2}^{Y_1} \frac{\mathrm{d} Y}{Y - Y^*} = \frac{Y_1 - Y_2}{\Delta Y_1 - \Delta Y_2} \int_{\Delta Y_2}^{\Delta Y_1} \frac{\mathrm{d}(\Delta Y)}{\Delta Y} \\ &= \frac{Y_1 - Y_2}{\Delta Y_1 - \Delta Y_2} \ln \frac{\Delta Y_1}{\Delta Y_2} = \frac{Y_1 - Y_2}{\Delta Y_m} \end{aligned} \tag{5-23}$$

$$N_{OL} = \frac{X_1 - X_2}{\dfrac{\Delta X_1 - \Delta X_2}{\ln \dfrac{\Delta X_1}{\Delta X_2}}} = \frac{X_1 - X_2}{\Delta X_m} \tag{5-24}$$

式中

$$\Delta Y_m = \frac{\Delta Y_1 - \Delta Y_2}{\ln \dfrac{\Delta Y_1}{\Delta Y_2}} = \frac{(Y_1 - Y_1^*) - (Y_2 - Y_2^*)}{\ln \dfrac{(Y_1 - Y_1^*)}{(Y_2 - Y_2^*)}} \tag{5-25}$$

$$\Delta X_m = \frac{\Delta X_1 - \Delta X_2}{\ln \dfrac{\Delta X_1}{\Delta X_2}} = \frac{(X_1^* - X_1) - (X_2^* - X_2)}{\ln \dfrac{(X_1^* - X_1)}{(X_2^* - X_2)}} \tag{5-26}$$

（2）图解积分法　当气液平衡线为曲线时，传质单元数一般用图解积分法求取。下面以气相的总传质单元数 N_{OG} 为例说明其计算方法。

① 由平衡线和操作线求出若干个点（Y，$Y-Y^*$），如图 5-10 所示；

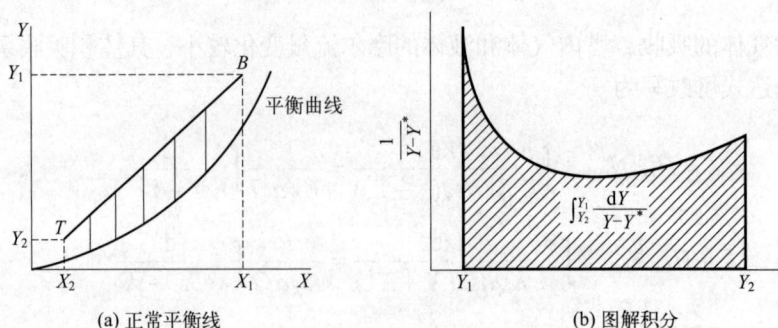

(a) 正常平衡线　　　　　　　　(b) 图解积分

图 5-10　图解积分

② 在 $Y_2 \sim Y_1$ 的范围内作曲线 $Y-1/(Y-Y^*)$；

③ 在 Y_2 与 Y_1 之间，曲线 $Y-1/(Y-Y^*)$ 和横坐标所包围的面积即为传质单元数，如图 5-10（b）的阴影部分面积所示。

（3）吸收因数法　若气液平衡关系为直线，传质单元数的计算可按式（5-27）进行。

$$N_{OG} = \frac{1}{1-S} \ln\left[(1-S)\frac{Y_1 - mX_2}{Y_2 - mX_2} + S \right] \qquad (5-27)$$

式中，$S = \dfrac{mV}{L}$，为脱吸因数，是平衡线与操作线斜率的比值，无量纲。

由式（5-27）可以看出，N_{OG} 的数值与脱吸因数 S、$\dfrac{Y_1 - mX_2}{Y_2 - mX_2}$ 有关。为方便计算，常以 $1/S$ 为参数、N_{OG} 为横坐标、$\dfrac{Y_2 - mX_2}{Y_1 - mX_2}$ 为纵坐标在双对数坐标上绘出式（5-27）的函数关系，如图 5-11 所示。由此图可以方便地查出 N_{OG} 值。

液相的总传质单元数也可用吸收因数法计算，其计算式为

$$N_{OL} = \frac{1}{1-A} \ln\left[(1-A)\frac{Y_1 - mX_2}{Y_1 - mX_1} + A \right] \qquad (5-28)$$

式中，$A = \dfrac{L}{mV}$，称为吸收因数。

注意：当操作条件、物系一定时，减小 S 通常是靠增大吸收剂流量实现的，而吸收剂流量增大会使吸收操作费用及再生负荷加大，因此，应考虑操作费用和设备费用之和最小。通常取 $L=(1.0 \sim 2.0)L_{min}$。

2. 等板高度法

采用等板高度法计算填料层高度的基本公式为

$$Z = \text{HETP} N_T$$

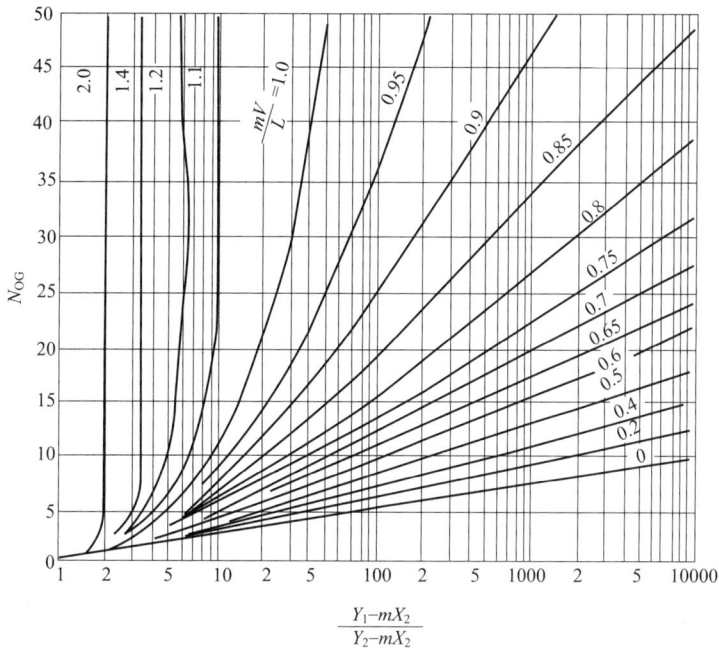

图 5-11　N_{OG} 与 $\dfrac{Y_1-mX_2}{Y_2-mX_2}$ 的关系

（1）理论板数的计算　理论板数的计算方法在"化工原理"课程的精馏一章中已详尽介绍，此处不再赘述。

（2）等板高度的计算　等板高度与许多因素有关，不仅取决于填料的类型和尺寸，而且受系统物性、操作条件及设备尺寸的影响。目前尚无准确可靠的方法计算填料的 HETP 值，某些填料在一定条件下的 HETP 值可从有关填料手册中查得。

近年，研究者通过大量数据回归得到了常压蒸馏时的 HETP 关联式，具体如下：

$$\ln\text{HETP} = h - 1.292\ln\sigma_L + 1.47\ln\mu_L \tag{5-29}$$

式中　HETP——等板高度，mm；

　　　σ_L——液体的表面张力，N/m；

　　　μ_L——液体的黏度，Pa·s；

　　　h——常数，其值见表 5-9。

表 5-9　HETP 关联式中的常数值

填料类型	h	填料类型	h
DN25 金属环矩鞍填料	6.8505	DN50 金属鲍尔环填料	7.3781
DN40 金属环矩鞍填料	7.0382	DN25 瓷环矩鞍填料	6.8505
DN50 金属环矩鞍填料	7.2883	DN38 瓷环矩鞍填料	7.1079
DN25 金属鲍尔环填料	6.8505	DN50 瓷环矩鞍填料	7.4430
DN38 金属鲍尔环填料	7.0779		

式（5-29）考虑了液体黏度及表面张力的影响，其适用范围如下：

$$10^{-3}\text{N/m} < \sigma_L < 36\times10^{-3}\text{N/m}, \ 0.08\times10^{-3}\text{Pa} \cdot \text{s} < \mu_L < 0.83\times10^{-3}\text{Pa} \cdot \text{s}$$

应予指出，采用上述方法计算出填料层高度后，还应留出一定的安全系数。根据设计经验，填料层的设计高度一般为

$$Z'=(1.2 \sim 1.5)Z \tag{5-30}$$

式中　Z'——设计时的填料层高度，m；

　　　Z——工艺得到的填料层高度，m。

六、传质系数的计算

传质单元高度的计算首先需要确定传质系数，而传质系数的求解是一个复杂的过程，其影响因素主要包括流体物性参数（如黏度、扩散系数等）和气液两相流动特性（包括流速、流型等）。在当前的工程实践中，由于理论模型的局限性，传质系数的计算主要依赖于经验关联方法。在实际工程设计中，必须根据具体物系的特性、操作条件（如温度、压力等）选择经过验证的可靠经验公式，相关公式可参考权威的设计手册和行业标准。下面将重点介绍填料塔设计中常用的传质系数计算方法，特别是恩田（Onda）等提出的经典关联式。该关联式经过大量实验验证，在工程设计中具有重要的参考价值。

恩田等建立的传质模型采用以下理论方法：将填料润湿表面视为有效传质界面，即 $a_W = a$，并分别推导出气相传质分系数 k_G、液相传质分系数 k_L 以及有效润湿表面积 a 的独立关联式。在此基础上，通过将各分系数与有效表面积相乘得到气相体积传质系数 $k_G a$ 和液相体积传质系数 $k_L a$。

有效传质表面积的计算关联式如下：

$$\frac{a_W}{a_t} = 1 - \exp\left[-1.45\left(\frac{\sigma_C}{\sigma_L}\right)^{0.75}\left(\frac{L_G}{a_t\mu_L}\right)^{0.1}\left(\frac{L_G^2 a_t}{\rho_L^2 g}\right)^{-0.05}\left(\frac{L_G^2}{\rho_L \sigma_L a_t}\right)^{0.2}\right] \tag{5-31}$$

式中　a_W，a_t——单位体积填料层的润湿表面积及总表面积，m^2/m^3；

　　　σ_L，σ_C——液体的表面张力及填料的临界表面张力，mN/m，不同材质填料的 σ_C 见表 5-10；

　　　L_G——液体的质量通量，kg/（$\text{m}^2 \cdot \text{h}$）；

　　　μ_L——液体的黏度，kg/（m·h），1Pa·s=3600kg/（m·h）；

　　　ρ_L——液体的密度，kg/m^3；

　　　g——重力加速度，取 9.81m/s^2（约 1.27m/h^2）。

表 5-10　常见材质填料的临界表面张力

填料材质	碳	瓷	玻璃	聚丙烯	聚氯乙烯	钢	石蜡
σ_C /（mN/m）	56	61	73	33	40	75	20

液相传质分系数

$$k_L = 0.0051 \left(\frac{L_G}{a_w \mu_L} \right)^{\frac{2}{3}} \left(\frac{\mu_L}{\rho_L D_L} \right)^{-\frac{1}{2}} \left(\frac{\mu_L g}{\rho_L} \right)^{\frac{1}{3}} (a_t d_p)^{0.4} \qquad (5-32)$$

气相传质分系数

$$k_G = C \left(\frac{V_G}{a_t \mu_G} \right)^{0.7} \left(\frac{\mu_G}{\rho_G D_G} \right)^{\frac{1}{3}} \left(\frac{a_t D_G}{RT} \right) (a_t d_p) \qquad (5-33)$$

式中　k_G——气相传质分系数，kmol/（m²·h·kPa）；

　　　k_L——液相传质分系数，m/h；

　L_G，V_G——液相、气相的质量通量，kg/（m²·h）；

　D_L，D_G——溶质在液相和气相中的扩散系数，m²/h；

　μ_L，μ_G——液相、气相的黏度，kg/（m·h）；

　　　R——气体常数，8.314kJ/（kmol·K）；

　　　C——常数，一般环形填料和鞍形填料为 5.23，小于 15mm 的填料为 2.00，小填料因比表面积急剧增大，导致传质系数随尺寸减小，呈非线性增长，需通过降低常数补偿模型偏差；

　$a_t d_p$——由填料类型与尺寸决定的无量纲数，d_p 是填料的名义尺寸，$a_t d_p$ 值可按填料的特征数据计算，也可查表 5-11。

表 5-11　各种填料的 $a_t d_p$ 值

填料类型	$a_t d_p$ 值	填料类型	$a_t d_p$ 值
拉西环填料	4.7	鲍尔环填料（陶瓷）	5.9
弧鞍形填料	5.6		

天津大学化工系对各类开孔环形填料进行了系列传质实验，提出了恩田修正式，具体如下：

$$k_L = 0.0095 \left(\frac{L_G}{a_w \mu_L} \right)^{\frac{2}{3}} \left(\frac{\mu_L}{\rho_L D_L} \right)^{-\frac{1}{2}} \left(\frac{\mu_L g}{\rho_L} \right)^{\frac{1}{3}} \varphi^{0.4} \qquad (5-34)$$

$$k_G = 0.237 \left(\frac{V_G}{a_t \mu_G} \right)^{0.7} \left(\frac{\mu_G}{\rho_G D_G} \right)^{\frac{1}{3}} \left(\frac{a_t D_G}{RT} \right) \varphi^{1.1} \qquad (5-35)$$

$$k_L a = k_L a_w \qquad (5-36)$$

$$k_G a = k_G a_w \qquad (5-37)$$

式中　φ——形状系数，可按表 5-12 查取。

表 5-12　各类填料的形状系数

填料类型	φ 值	填料类型	φ 值
拉西环 弧鞍环	1.00 1.19	开环	1.45

由修正的恩田公式计算出 $k_G a$ 和 $k_L a$ 后，根据化工原理中总吸收系数和分吸收系数的关系 $\dfrac{1}{K_G} = \dfrac{1}{Hk_L} + \dfrac{1}{k_G}$，$\dfrac{1}{K_L} = \dfrac{1}{k_L} + \dfrac{H}{k_G}$ 即可求出总吸收系数，结果如下：

$$K_G a = \frac{1}{1/(k_G a) + 1/(Hk_L a)} \tag{5-38}$$

$$K_L a = \frac{1}{1/(k_L a) + H/(k_G a)} \tag{5-39}$$

然后根据化工原理中总吸收系数之间的关系 $pK_G = K_Y$ 和 $cK_L = K_X$ 即可求出气相总体积传质系数 $K_Y a$ 和液相总体积传质系数 $K_X a$，即 $K_Y a = pK_G a$ 和 $K_X a = cK_L a$，最后按式（5-40）、式（5-41）即可求出以气相组成表示的传质单元高度 H_{OG} 和以液相组成表示的传质单元高度 H_{OL}。

$$H_{OG} = \frac{V}{K_Y a \Omega} = \frac{V}{pK_G a \Omega} \tag{5-40}$$

$$H_{OL} = \frac{L}{K_X a \Omega} = \frac{L}{cK_L a \Omega} \tag{5-41}$$

式中　H——溶解度系数，$kmol/(m^3 \cdot kPa)$；

　　　Ω——塔截面积，m^2；

　　　p——操作压力，kPa；

　　　c——吸收液的浓度，$kmol/m^3$。

应予指出，修正的恩田公式［即式（5-34）和式（5-35）］只适用于 $u \leqslant 0.5u_F$ 的情况，当 $u > 0.5u_F$ 时，需要按下式进行校正。

$$k_G' a = \left[1 + 9.5\left(\frac{u}{u_F} - 0.5\right)^{1.4}\right]k_G a \tag{5-42}$$

$$k_L' a = \left[1 + 2.6\left(\frac{u}{u_F} - 0.5\right)^{2.2}\right]k_L a \tag{5-43}$$

校正后，式（5-38）变为

$$K_G a = \frac{1}{1/(k_G' a) + 1/(Hk_L' a)} \tag{5-44}$$

同理，式（5-39）变为

$$K_L a = \frac{1}{1/(k_L' a) + H/(k_G' a)} \tag{5-45}$$

上述关联式由前人根据大量的数据综合整理而得，其误差在 20% 以内。

除此之外，还有一些针对某具体物系和操作条件的传质系数经验公式，可参见化工手册或专著，此处从略。

七、填料层分段

液体沿填料层下流时，有逐渐向塔壁方向集中的趋势，会导致壁流效应。壁流效应会造成填料层内气液分布不均匀，使传质效率降低。因此，设计中每隔一定的填料层高度需要设置液体收集的再分布装置，即将填料层分段。

1. 规整填料分段

对于规整填料，填料层分段高度可按式（5-46）确定。

$$h = (15 \sim 20)\mathrm{HETP} \tag{5-46}$$

式中　h——规整填料的分段高度，m；

HETP——规整填料的等板高度，m。

除此之外，也可按表 5-13 推荐的分段高度值确定。

表 5-13　规整填料分段高度推荐值

填料类型	分段高度	填料类型	分段高度
250Y 板波纹填料	6.0m	500BX 丝网波纹填料	3.0m
500Y 板波纹填料	5.0m	700CY 丝网波纹填料	1.5m

2. 散装填料分段

对于散装填料，一般推荐的分段高度值见表 5-14。表中 h/D 为分段高度与塔径之比，$h_{\max}$ 为单段填料层的最大允许高度（即分段高度）。

表 5-14　散装填料分段高度推荐值

填料类型	h/D	$h_{\max}$	填料类型	h/D	$h_{\max}$
拉西环	2.5	$\leqslant 4\mathrm{m}$	阶梯环	$8 \sim 15$	$\leqslant 6\mathrm{m}$
矩鞍	$5 \sim 8$	$\leqslant 6\mathrm{m}$	环矩鞍	$8 \sim 15$	$\leqslant 6\mathrm{m}$
鲍尔环	$5 \sim 10$	$\leqslant 6\mathrm{m}$			

八、填料层压降的计算

填料层压降通常用单位高度填料层的压降 $\Delta p/Z$ 表示。设计时，根据有关参数，可先用埃克特关联图或压降曲线求得每米填料层的压降值，然后再乘以填料层高度即可得出填料层的压降。

1. 散装填料的压降计算

（1）埃克特通用关联图　散装填料的压降值可由埃克特通用关联图计算。计算时，先根据气液负荷及有关物性数据求出横坐标 $\dfrac{W_{\mathrm{L}}}{W_{\mathrm{V}}}\left(\dfrac{\rho_{\mathrm{V}}}{\rho_{\mathrm{L}}}\right)^{0.5}$，再根据空塔气速及有关物性数据求出纵

坐标 $\dfrac{u^2\Phi\varphi}{g}\left(\dfrac{\rho_\mathrm{V}}{\rho_\mathrm{L}}\right)\mu_\mathrm{L}^{0.2}$，最后通过作图得出交点，读出过交点的等压线数值即可得到每米填料层的压降。

应予指出，用埃克特通用关联图计算压降时，所需的填料因子为操作状态下的湿填料因子（称为压降填料因子），以 Φ_p 表示。压降填料因子与液体喷淋密度有关，为了工程计算方便，常采用与液体喷淋密度无关的压降填料因子平均值。表 5-15 列出了部分散装填料的压降填料因子平均值，可供设计参考。

表 5-15　散装填料的压降填料因子平均值

填料类型	压降填料因子平均值 /m^{-1}				
	DN16	DN25	DN38	DN50	DN76
金属鲍尔环	306	—	114	98	—
金属环矩鞍	—	138	93.4	71	36
金属阶梯环	—	—	118	82	—
塑料鲍尔环	343	232	114	125	62
塑料阶梯环	—	176	116	89	—
瓷矩鞍	700	215	140	160	—
瓷拉西环	1050	576	450	288	—

（2）填料压降曲线法　散装填料压降曲线的横坐标通常以空塔气速 u 表示，纵坐标通常以单位高度填料层压降 $\Delta p/Z$ 表示。常见散装填料的 u-$\Delta p/Z$ 曲线可从有关填料手册中查得。

2. 规整填料的压降计算

（1）关联式法　规整填料的压降关联式通常为下列形式：

$$\frac{\Delta p}{Z}=\alpha\left(u\sqrt{\rho_\mathrm{V}}\right)^{\beta} \tag{5-47}$$

式中　$\dfrac{\Delta p}{Z}$——每米填料层高度的压降，Pa/m；

$\quad\quad u$——空塔气速，m/s；

$\quad\quad \rho_\mathrm{V}$——气相的密度，kg/m^3；

$\quad\quad \alpha,\ \beta$——关联式常数，可从有关填料手册中查得。

（2）填料压降曲线法　规整填料压降曲线的横坐标通常以 F 因子表示，纵坐标通常以单位高度填料层压降 $\Delta p/Z$ 表示。常见规整填料的 F-$\Delta p/Z$ 曲线可从有关填料手册中查得。

第五节

填料塔的结构设计

微课扫一扫

吸收设备及操作

填料塔结构内件主要有液体分布装置、液体收集与再分布装置、填

料支承装置、填料压紧与限位装置等。合理地选择和设计塔内件，对保证填料塔的正常操作和优良的传质性能十分重要。

一、填料塔结构内件的类型及设计

1. 液体分布装置的类型及设计

在塔内件设计中，最重要的是液体分布装置的设计。液体分布装置位于填料塔上端，它可将液相加料或回流液均匀分布到整个塔截面，形成塔内液体的初始分布。如果液体分布不均匀，填料表面不能充分润湿，塔内填料层的气液接触面积就会降低，导致塔的效率下降。因此，要求填料层上方的液体分布装置能为填料层提供良好的液体初始分布，即提供足够多的均匀喷淋点，且各喷淋点的喷淋液体量相等。一般要求每 $30 \sim 60 cm^2$ 的塔截面上有一个喷淋点，大直径塔的喷淋密度可以小些。另外，液体分布装置应不易堵塞，以免产生过细的雾滴被上升气体带走。

（1）液体分布装置的类型　液体分布装置的种类很多，常见的有多孔管式液体分布器、莲蓬头式液体分布器、溢流盘式液体分布器及多孔槽式液体分布器，如图 5-12 所示。其中莲蓬头式液体分布器和溢流盘式液体分布器一般用于塔径小于 0.6 m 的小塔中，而多孔管式液体分布器一般用于直径大于 0.8m 的较大塔中。

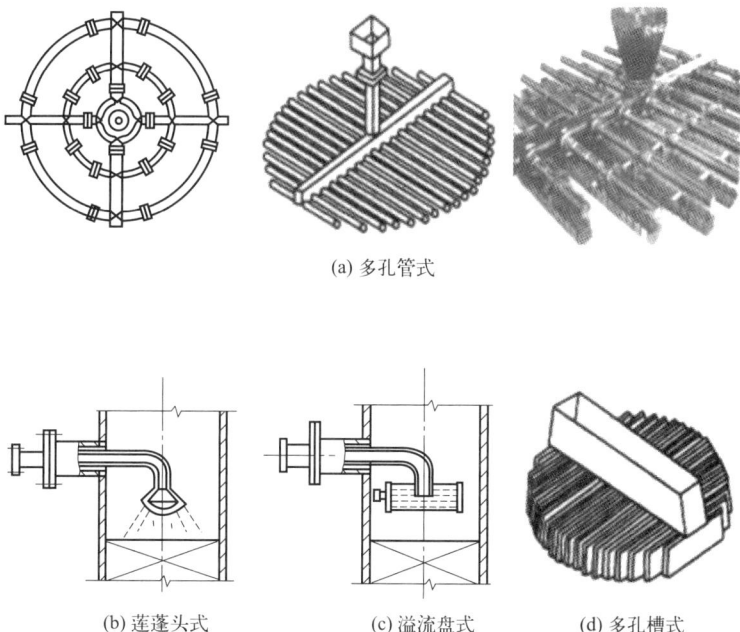

(a) 多孔管式

(b) 莲蓬头式　　　(c) 溢流盘式　　　(d) 多孔槽式

图 5-12　液体分布装置类型

1）多孔管式液体分布器　多孔管式液体分布器由不同结构形式的开孔管制成，常见的有排管和环管两种，如图 5-12（a）所示。其每根直管或环管上的小孔直径为 4 ～ 8mm，有 3 ～ 5 排，小孔面积总和约等于管的横截面积。不同塔径下，排管式液体分布器的主要结构尺寸可参考表 5-16。环管式液体分布器的性能与排管式液体分布器类似，仅结构不同，其最外层环管的中心圆直径一般取塔内径的 0.6 ～ 0.85。

表 5-16　排管式液体分布器的主要结构尺寸

塔径 /mm	总管直径 /mm	支管排数	管外缘直径 /mm	最大体积流量 / （m³/h）
400	50	3	360	3
500	50	3	460	5
600	50	4	560	7
700	50	4	660	9.5
800	50	5	760	12.5
900	50	5	860	16
1000	50	6	960	20
1200	75	7	1140	28
1400	75	7	1340	38.5
1600	100	5	1540	50
1800	100	6	1740	64
2000	100	6	1940	78
2400	150	7	2340	112
2800	150	8	2740	154

多孔管式液体分布器的突出特点是结构简单，供气体流过的自由截面大，阻力小。但小孔易堵塞，其操作弹性一般较小。多孔管式液体分布器多用于中等以下液体负荷的填料塔中，如减压精馏和丝网波纹填料塔。

2）莲蓬头式液体分布器　莲蓬头式液体分布器如图 5-12（b）所示，一般是开有许多小孔的球面分布器，小孔直径为 3 ～ 10mm。它悬挂于填料上方的正中位置，液体借助泵或高位槽产生的压头自小孔喷出，喷洒半径随液体压力和高度不同而不同。在压头稳定的情况下，可以达到较均匀的喷洒效果。小孔在球面上一般采用同心圆排列，为了喷洒均匀，球面上各小孔的轴线应交汇于一点。设计时，莲蓬头的直径 d 一般为塔径 D 的 1/5 ～ 1/3，球面半径为（0.5 ～ 1.0）D，喷洒角 $\alpha \leqslant 80°$，喷洒外圈距塔壁 70 ～ 100mm，莲蓬距填料层的高度为（0.5 ～ 1.0）D。

莲蓬头上的小孔易堵塞，液沫夹带严重，因而采用莲蓬头式液体分布器时要求液体清洁。另外，由于采用莲蓬头式液体分布器时喷淋液量的改变会造成喷洒半径的改变，影响预定的液体分布，因此其操作弹性较小。莲蓬头式液体分布器一般用于直径 600mm 以下的小塔中。

3）多孔槽式液体分布器　多孔槽式液体分布器是靠重力分布液体的，其结构如图 5-12（d）所示。二级多孔槽式液体分布器具有优良的布液性能，结构简单，气相阻力小，应用较为广泛。二级多孔槽式液体分布器主要由主槽和分槽组成，液体物料由主槽上的加料管加入主槽中，然后通过主槽的布液孔按比例分配到各分槽中，并通过各分槽上的布液孔均匀分布到填料表面。

4）溢流型液体分布器　溢流型液体分布器主要有溢流槽式和溢流盘式等类型，如

图 5-13 所示。

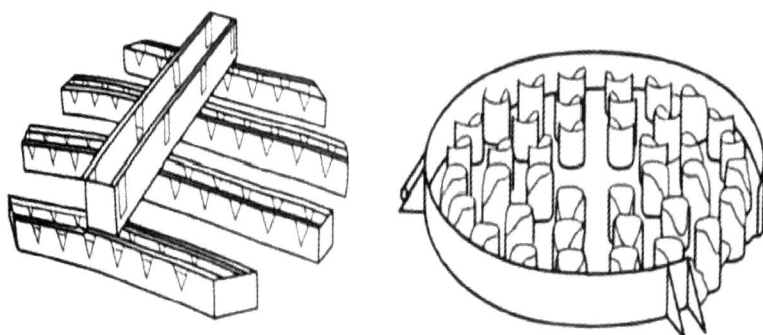

(a) 溢流槽式液体分布器　　　　　　　　(b) 溢流盘式液体分布器

图 5-13　溢流型液体分布器

① 溢流槽式液体分布器。溢流槽式液体分布器的结构与多孔槽式液体分布器类似，其差别仅在于布液结构，溢流槽式液体分布器将孔流型布液点变为了溢流堰口。溢流槽式液体分布器的设计步骤与多孔槽式液体分布器基本相同。这种分布器适用于高液量和易堵塞的场合，但其布液质量不如多孔槽式液体分布器，常用于直径大于 1000mm 的散装填料塔中。

溢流槽式液体分布器的结构如图 5-13（a）、图 5-14 所示。它由主槽和若干个分槽组成，主槽上开有溢流堰口（也有开底孔的），液体由主槽分配到各分槽，再从分槽上的溢流口流到填料表面。

主槽的数量为：直径在 2000mm 以下的塔，可设置一个主槽；直径在 2000mm 以上的塔或液量大的塔，可设置两个或多个主槽。主槽的宽度应大于 120mm，高度不超过 350mm。

分槽的宽度一般为 100 ～ 120mm，高度一般为 100 ～ 150mm，分槽中心距为 300mm 左右。

溢流槽式液体分布器的支承结构根据情况可设计成不可拆式或可拆式。采用不可拆式时，各分槽与支承圈焊接连接，主槽与分槽焊接；采用可拆式时，则用螺栓连接。

② 溢流盘式液体分布器　溢流盘式液体分布器如图 5-12（c）和图 5-13（b）所示，是一种高效的重力型液体分布装置，采用盘式结构替代了传统的槽式设

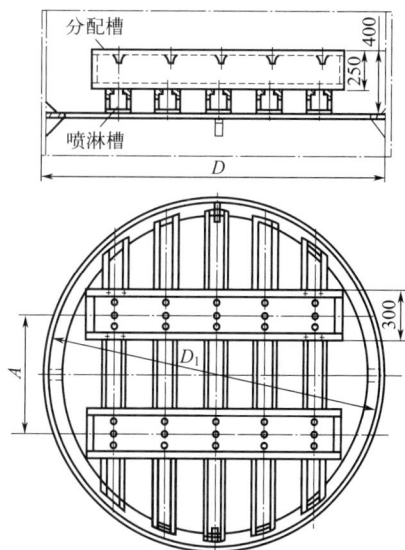

图 5-14　溢流槽式液体分布器

计。该分布器由水平分布盘、溢流堰和降液管组成，液体在盘面上形成稳定液层后，通过均匀布置的降液管分配至填料表面。相较于槽式分布器，其具有更优的分布均匀性（可达 95% 以上）和更紧凑的结构，特别适用于 DN ≥ 800mm 的散装填料塔，但对安装水平度要求更为严格（偏差 ≤ 2mm/m）。

设计时需重点控制降液管直径（3 ～ 15mm）、液层高度（50 ～ 200mm）和开孔率（5% ～ 20%）等关键参数。该分布器采用不锈钢或工程塑料制造，具有低压降、抗堵塞等优点，操作弹性为 30% ～ 120% 设计负荷，在化工、环保等领域的高效填料塔中应用广泛。

与槽式分布器相比，其布液质量更优，但制造精度要求更高，适用于对液体分布要求严格的工况。

5）槽盘式液体分布器　槽盘式液体分布器是集液体收集、液体分布和气体分布功能于一体的新型液体收集和再分布装置，如图 5-15 所示。其具有结构紧凑、占用空间高度低、操作弹性大、抗堵塞能力强、无液沫夹带、压降低和性能稳定等优点，是目前最常用的液体收集和再分布装置之一。它既可安装在填料塔塔顶作为液体分布器，也可布置在填料层之间作为液体收集和再分布装置。

图 5-15　槽盘式液体分布器

槽盘式液体分布器主要由集液板、升气管、导液管和底板等部分组成，在升气管的上、下部分分别开有上大下小的两排布液孔，同一垂线上的小孔被特制的导液管罩住。上方液体由集液板收集后在底板上富集，经布液孔进入下层填料。当液体流量较小时，槽盘式液体分布器仅下层布液孔工作，随着流量增大，分布器内液面逐渐升高，当液面升高至略高于上层布液孔边缘时，上层布液孔便开始工作。

槽盘式液体分布器的设计可参考标准 HG/T 21585.1《可拆型槽盘气液分布器》。该标准的分布器分为标准升气管型和高升气管型，标准升气管型和高升气管型又分为带挡液帽的气液分布器和不带挡液帽的气液分布器。对于 DN600 和 DN700 的分布器，采用整块式底板；对于 DN ≥ 800mm 的分布器，采用分块式底板。分块式底板分为两种结构型式：单升气管型用于 800mm ≤ DN ≤ 1800mm 的标准升气管型及高升气管型，其结构型式如图 5-16 所示；双升气管型用于 DN ≥ 2000mm 的标准升气管型，其结构型式如图 5-17 所示。

分块式底板之间采用螺纹紧固件连接，分块式底板与分布器支持圈和分布器支承梁采用螺纹卡板紧固件（卡子）连接。

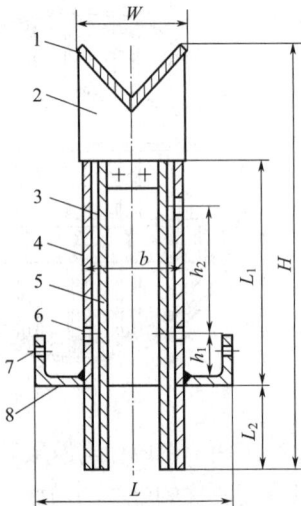

图 5-16　单升气管型底板

1—挡液帽；2—支架；3—上层喷淋孔；4—升气管；
5—导液角钢；6—下层喷淋孔；7—螺栓连接孔；
8—分布板（底板）

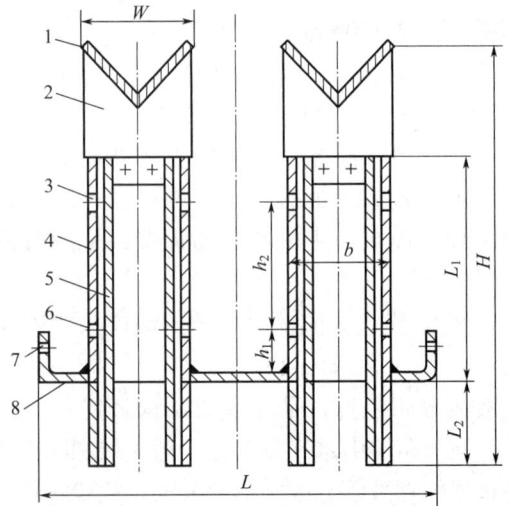

图 5-17　双升气管型底板

1—挡液帽；2—支架；3—上层喷淋孔；4—升气管；
5—导液角钢；6—下层喷淋孔；7—螺栓连接孔；
8—分布板

（2）液体分布装置的设计原则　性能优良的液体分布器设计时必须满足以下几点。

1）液体分布均匀 评价液体分布是否均匀的标准有分布点密度、分布点几何均匀性及分布点流量均匀性。

① 分布点密度。分布点密度是指单位塔截面积上的分布点数目。液体分布器分布点密度的选取与填料类型及规格、塔径、操作条件等密切相关，各种文献的推荐值也相差很大。其大致的规律是：塔径越大，分布点密度越小；液体喷淋密度越小，分布点密度越大。对于散装填料，填料尺寸越大，分布点密度越小；对于规整填料，比表面积越大，分布点密度越大。表5-17 和表5-18 分别列出了散装填料塔和规整填料塔的分布点密度推荐值，可供设计时参考。根据所选择的填料确定了分布点密度后，可由塔截面积求得分布器的分布点数。

表5-17 埃克特（Eckert）的散装填料塔分布点密度推荐值

塔径 D/mm	400	750	$\geqslant 1200$
分布点密度 /（个 /m^2）	330	170	42

表5-18 苏尔寿（Sulzer）公司的规整填料塔分布点密度推荐值

填料类型	250Y 孔板波纹填料	500（BX）丝网波纹填料	700（CY）丝网波纹填料
分布点密度 /（个 /m^2）	$\geqslant 100$	$\geqslant 200$	$\geqslant 300$

② 分布点几何均匀性。分布点在塔截面上的几何均匀性是比分布点密度更重要的问题。设计中，一般需要通过反复计算和绘图排列进行比较，从而选择较优方案。分布点的排列可采用正方形和正三角形等不同方式。

③ 分布点流量均匀性。为保证各分布点的流量均匀，需要分布器总体设计合理、制作精细和安装正确。高性能的液体分布器要求各分布点的流量和平均流量偏差小于6%。

2）操作弹性大 液体分布器的操作弹性是指液体的最大负荷和最小负荷之比。设计中，一般要求液体分布器的操作弹性为2 ～ 4。对于液体负荷变化很大的工艺过程，有时要求操作弹性达到10 以上，此时的液体分布器必须特殊设计。

3）自由截面积大 液体分布器的自由截面积是指气体通道占塔截面积的比值。根据设计经验，性能优良的液体分布器，其自由截面积可达50% ～ 70%。

4）其他 液体分布器应结构紧凑、占用空间小、不易堵塞、不易造成液沫夹带和发泡、制造容易、调整和维修方便。

（3）液体分布装置布液能力的计算 液体分布装置布液能力的计算是液体分布装置设计的重要内容。设计时，按其布液作用原理和具体结构特性可选用不同的公式计算。

1）重力型 重力型液体分布器包括多孔型和溢流型两类，工业应用多为多孔型液体分布器，其布液推动力为开孔上方的液体位压头。重力型多孔液体分布器布液能力的计算公式为

$$L_s = \frac{\pi}{4} d_0^2 n\phi \sqrt{2g\Delta H} \qquad (5-48)$$

式中 L_s——塔内液相的体积流量，m^3/s；

d_0——布液孔直径，m；

n——布液孔数；

ϕ——孔流系数，无量纲，通常取 $0.60 \sim 0.65$；

g——重力加速度，$g=9.81\text{m/s}^2$；

ΔH——开孔上方液体的位压头，m。

2）压力型　压力型液体分布器的布液推动力为压力差（或压降），其布液能力计算公式为

$$L_s = \frac{\pi}{4} d_0^2 n\phi \sqrt{\frac{2\Delta p}{\rho_L g}} \qquad (5\text{-}49)$$

式中　Δp——分布器的工作压力差（或压降），Pa；

ρ_L——液相密度，kg/m^3。

2. 液体收集与再分布装置的类型及设计

当填料层较高，需要分段时，或者填料层间有侧线进料或采出时，在各段填料层间需设置液体收集与再分布装置，将上段填料流下的液体收集后充分混合，使进入下段填料层的液体具有均匀的浓度，并重新分布在下段填料层上。

液体收集与再分布装置大体上可分为两类：一类是液体收集器和液体再分布器各自独立，分别承担液体收集和再分布任务。对于这种结构，之前所述的各种液体分布器都可与液体收集器组合成液体收集与再分布装置。另一类是集液体收集和再分布功能于一体而制成的液体收集与再分布装置。这种液体收集与再分布装置结构紧凑，安装空间高度低，常用于塔内空间高度受到限制的场合。

（1）液体再分布器　典型的液体再分布器主要有截锥式和改进截锥式，如图 5-18（a）～（c）所示。图（a）是将截锥体固定在塔壁上，其上下均可装填料，截锥体不占空间，是最简单的一种液体再分布器。图（b）是在截锥体上方设支承板，截锥体以下隔一段距离再放填料，需分段卸出填料时可用此型。该型截锥体与塔壁的夹角一般为 $35° \sim 40°$，截锥体下口直径 $D_1=(0.7 \sim 0.8)D$，锥高 $h=(0.1 \sim 0.2)D$，壁厚 $S=3 \sim 4\text{mm}$。截锥式液体再分布器适用于直径 800 mm 以下的塔。

图（c）是改进截锥式，即将截锥体做成玫瑰状。与普通截锥式液体再分布器相比，它具有通量大、不影响填料装填等优点，适用于直径 600mm 以下的塔。在对液体均布要求高的场合，也可采用盘式溢流分布器或其他形式的装置作为液体再分布器。

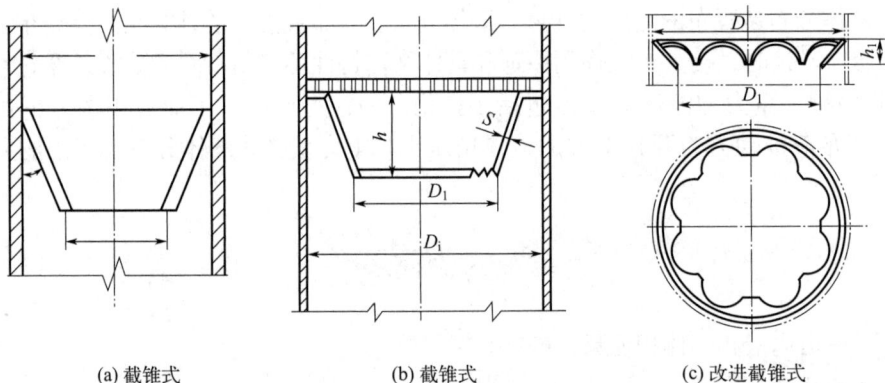

(a) 截锥式　　　　　　　　(b) 截锥式　　　　　　　(c) 改进截锥式

图 5-18　液体再分布器

（2）液体收集器 液体收集器有斜板式和支承式等。

① 斜板式液体收集器。斜板式液体收集器如图 5-19 所示，主要由集液板、导液槽和集液槽组成。集液板由下端带导液槽的一组倾斜挡板构成，其作用在于收集液体，并通过下方的导液槽将液体汇集于集液槽中。集液槽是位于导液槽下方的横槽或沿塔周边设置的环形槽，液体在集液槽中混合后，沿集液槽中心管进入液体再分布器进行液相的充分混合和再分布。集液板在塔截面的投影必须覆盖整个界面，并稍有重叠。斜板式液体收集器的特点是自由截面积大，气体阻力小，因此非常适合真空操作。同时，斜板式液体收集器还具有一定的气体分布功能。

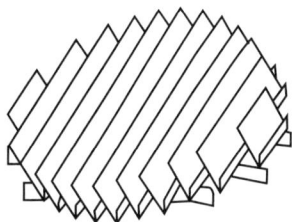

图 5-19 斜板式液体收集器

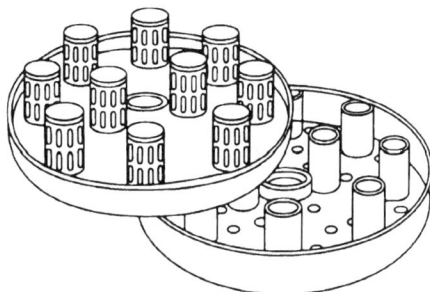

图 5-20 支承式液体收集器

② 支承式液体收集器。图 5-20 为支承式液体收集器和配套的盘式液体分布器。分布器的升气管必须与支承板的气体通道对齐，使从支承板流下的液体落入分布器升气管间的布液盘中，从而进行收集与再分布，这种组合方式适用于散装填料。支承式收集器的优点是把填料支承和液体收集器合二为一，占据空间小，缺点是填料容易挡住收集器的开孔。

3. 填料支承装置的类型及设计

填料支承装置一般安装在填料层的底部，其作用是支承操作时上方的填料及填料的持液重量。一般情况下，填料支承装置应有足够的强度和刚度、足够的开孔率，有利于气液相均匀分布，同时不至于产生较大阻力（一般压降不大于 20Pa）。另外，为防止压降过大甚至发生液泛，填料支承装置的自由截面积应大于 75%。

（1）孔管式填料支承装置 孔管式填料支承装置又称升气管式填料支承装置，如图 5-21（a）所示。该装置的升气管上口封闭，管壁上开有长孔，气体由升气管上升，通过升气管侧面所开的长孔齿缝进入填料层，而液体则由底板上的许多小孔流下，气液分道而行。这种结构的支承装置有足够大的自由截面积，因而在此处不会造成液泛，一般和盘式液体分布器配合使用，适用于小直径的散装填料塔。

（2）栅板式填料支承装置 栅板是一种结构简单、应用广泛的填料支承装置，其标准结构由平行排列的栅条、横向格条及外围边圈焊接组成，如图 5-21（b）所示。该支承板采用扁钢材料制造，具有加工简便、强度可靠的特点，尤其适用于规整填料的支撑。当用于散装填料时，栅条间距设计需遵循以下原则：基准间距取填料公称直径的 0.6 ～ 0.8；若需增大自由截面积（通常提升至 60% ～ 70%），可采用分层装填工艺——先铺设大尺寸填料作为过渡层，再填充主体小尺寸填料。这种阶梯式装填方法既能保证支承强度，又可有效降低压降。

塔径不超过 500mm 时，采用整块式栅板；塔径大于 600mm 时，采用分块式栅板，每块栅板的宽度为 300～400mm，且能从人孔处自由出入。塔径不小于 900mm 时，为提升栅板的刚度，须加设上、下连接板。但当用于支承规整填料时，为保持水平，不能加设上连接板。

（3）驼峰式填料支承装置　驼峰式填料支承装置又称波形板式填料支承装置或梁型气体喷射式填料支承装置，如图 5-21（c）所示。其由开孔金属平板冲压成驼峰形而成，小孔分布在每个驼峰的侧面和底部，大小以填料不致漏出为限，一般用于直径大于 1500mm 的散装填料塔，采用分块式制作。采用驼峰式填料支承装置时，上升的气体从侧面小孔喷出，下降的液体从底部小孔流下，气液分道逆流，既减小了流体阻力，又使气液分布均匀，降低了因液体聚集而发生液泛的概率。另外，驼峰形结构也提高了支撑的强度和刚度。因此，驼峰式是一种性能优良的填料支承装置。

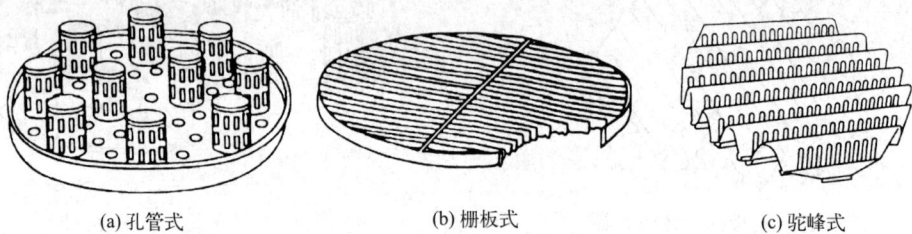

(a) 孔管式　　　　　　　(b) 栅板式　　　　　　　(c) 驼峰式

图 5-21　填料支承装置

4. 填料压紧与限位装置的类型及设计

为保证填料塔的填料层在工作状态下能够稳定，防止高气相负荷或负荷突然变动时填料层发生松动，破坏填料层结构，甚至造成填料流失，必须在填料层顶部设置填料压紧与限位装置。填料压紧与限位装置可分为两类：一类是放置于填料上端，仅靠自身重力将填料压紧的填料限位装置，称为填料压板；另一类是固定于塔壁的填料限位装置，称为床层限位板。填料压板常用于陶瓷和石墨等脆性散装填料，以免填料发生移动撞击，造成填料破碎；床层限位板多用于金属和塑料等散装填料，以防止由于填料层膨胀，改变其初始堆积状态而造成的流体分布不均现象。规整填料一般不会发生流化，但在大塔中，分块组装的填料会发生移动，因此也必须安装床层限位板。

（1）填料压板　填料压板主要有两种形式：一种是栅条形压板，如图 5-22（a）所示；另一种是丝网压板，如图 5-22（b）所示。

① 栅条形压板。栅条形压板与填料支承栅板结构相同，其尺寸可参照支承栅板，栅条间距为填料直径的 0.6～0.8。但其重量须满足压板的要求，否则，应采用增加栅条高度、厚度或附加荷重等方法来达到重量要求。

② 丝网压板。丝网压板由大孔金属丝网与金属支撑圈焊接组成，其结构设计中，支撑圈外缘的限制台肩与塔壁焊接的限制板相互配合，用以限定压板的最高安装位置，其中网孔孔径的设计标准必须确保填料颗粒不能通过。该型压板适用于直径 1200mm 以下的塔器；当塔径超过 1200mm 时，为满足所需的压力要求，需在标准结构基础上增设压铁，同时压板需采用分块式设计，以便入塔后通过螺栓连接安装。在尺寸规范方面，对于直径不超过 1200mm 的塔器，压板外径应比塔内径小 10～20mm；而对于直径大于 1200mm 的塔器，压

板外径需比塔内径小 25 ～ 38mm，以确保安装精度和操作可靠性。

设计中为防止填料压板处的压降过大甚至发生液泛，要求其自由截面积大于 70%。此外，填料压板的重量要适当，过重可能会压碎填料，过轻则难以起到作用，必要时需加装压铁以满足重量要求。填料压板可根据塔径大小制成整体式或分块式结构，以方便安装和检修。

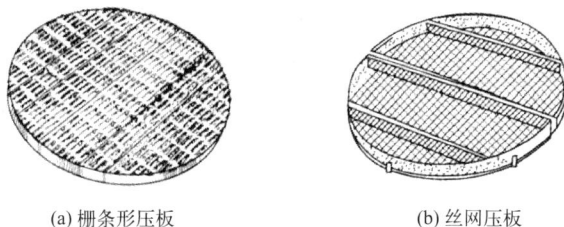

(a) 栅条形压板　　　　　　(b) 丝网压板

图 5-22　填料压板

（2）床层限位板　床层限位板的结构与填料压板类似，有栅板、丝网等形状。不同的是，床层限位板的重量较轻，且必须固定在塔壁上。

当塔径不超过 1200mm 时，床层限位板外径应比塔内径小 10 ～ 15mm；当塔径大于 1200mm 时，床层限位板外径应比塔内径小 25 ～ 38mm。

5. 气体进口的设计

填料吸收塔的气体进口装置需同时满足防液封堵与气流均布的双重要求，其结构设计根据塔径差异采用不同方案（图 5-23）。对于直径 ≤ 500mm 的小型塔器，采用中心伸入式进气管结构，管端加工 45°下斜切口以实现气流扩散；对于大型塔器，则选用喇叭形扩大口或多孔盘管式分布器。所有进气口均采用下倾式开口设计，通过气流方向强制折转实现气液分离与流场优化，既有效阻隔液体倒灌，又确保气体在塔截面上的均匀分布。

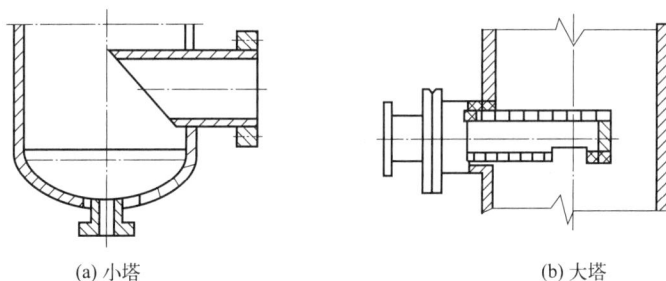

(a) 小塔　　　　　　　　　　(b) 大塔

图 5-23　气体进口

6. 气体出口的设计

气体出口既要保证气体流动通畅，又应能除去被夹带的液体雾滴。若经吸收处理后的气体为下一工序的原料，或吸收剂价高、毒性较大时，要求塔顶排出的气体尽量少夹带吸收剂雾沫。因此，需在塔顶安装除雾器。常用的除雾器有折板除雾器、填料除雾器及丝网除雾器，如图 5-24 所示。

折板除雾器是最简单有效的除雾器，除雾板由 50mm×50mm×3mm 的角钢组成，板间横向距离为 25mm，除雾板的阻力为 5 ～ 10mmH$_2$O，能除去的最小雾滴直径为 5μm。丝网除雾器效率高，可除去直径大于 5 μm 的液滴。

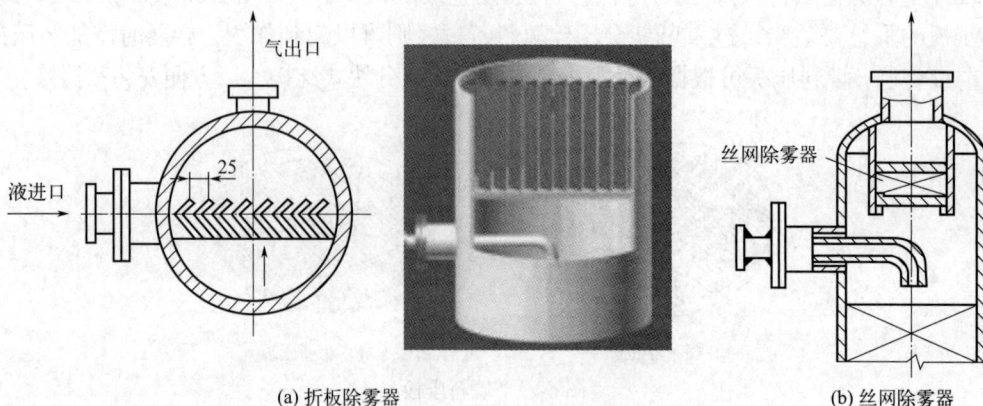

(a) 折板除雾器 　　(b) 丝网除雾器

图 5-24　除雾器

7. 液体出口的设计

液体出口应保证形成塔内气体的液封，并能防止液体夹带气体，以免有价值气体流失，且应保证流体的通畅排出。常压操作的吸收塔，排出液体的装置可采用图 5-25（a）所示的液封装置；若塔内外压差较大，可采用图 5-25（b）所示的倒 U 形管密封装置。

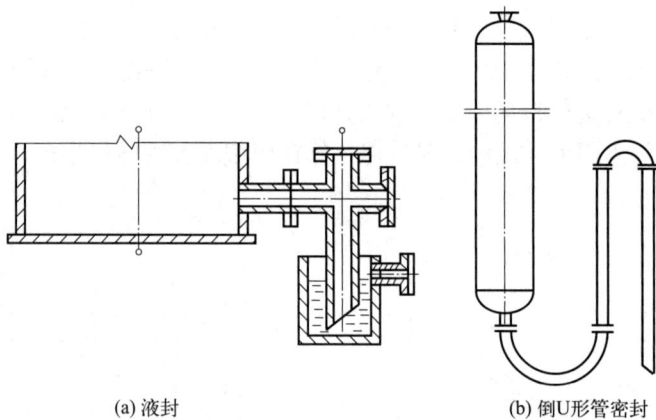

(a) 液封 　　(b) 倒 U 形管密封

图 5-25　液体出口装置

二、填料塔的辅助装置设计

塔的辅助装置是指同塔有关的附属装置，如裙座、人孔、手孔、视镜、吊柱、吊耳、塔箍以及操作平台、梯子等。

1. 裙座

裙座的结构形式有圆筒形和圆锥形两种，如图 5-26 所示。圆筒形裙座制造方便，经济上更合理；圆锥形裙座可提高设备的稳定性，降低基础环支撑面上的应力，因此常在细高的塔中应用。圆锥形裙座的半锥顶角一般不大于 10°。

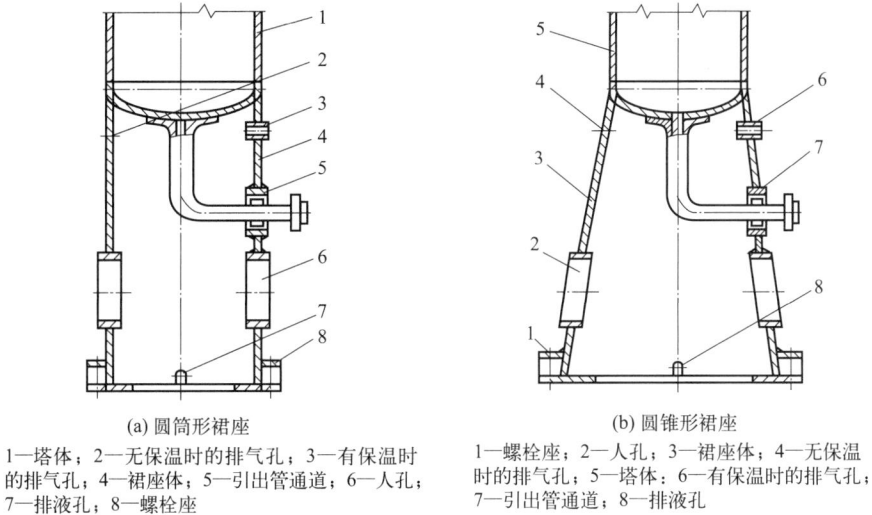

(a) 圆筒形裙座

1—塔体；2—无保温时的排气孔；3—有保温时的排气孔；4—裙座体；5—引出管通道；6—人孔；7—排液孔；8—螺栓座

(b) 圆锥形裙座

1—螺栓座；2—人孔；3—裙座体；4—无保温时的排气孔；5—塔体；6—有保温时的排气孔；7—引出管通道；8—排液孔

图 5-26　裙座

2. 人孔与手孔

压力容器开设手孔和人孔是为了检查设备的内部空间以及安装和拆卸设备的内部构件。

手孔直径一般为 150～250mm，标准手孔公称直径有 DN150 和 DN250 两种。手孔的结构一般是在容器上接一短管，并在其上盖一盲板。图 5-27 为常压手孔。

当设备的直径超过 900mm 时，不仅需要开设手孔，还应开设人孔。人孔的形状有圆形和椭圆形两种。圆形人孔的直径一般为 400～600mm，当容器压力不高或有特殊需要时，直径可以大一些。椭圆形人孔的最小尺寸为 400mm×300mm。

人孔主要由筒节、法兰、盖板和手柄组成。一般人孔有两个手柄，手孔有一个手柄。在容器使用过程中，人孔需要经常打开时，可选择快开式结构的人孔。图 5-28 是一种回转盖快开人孔。手孔和人孔已有标准，设计时可根据设备的公称压力、工作温度以及所用材料等按标准直接选用。

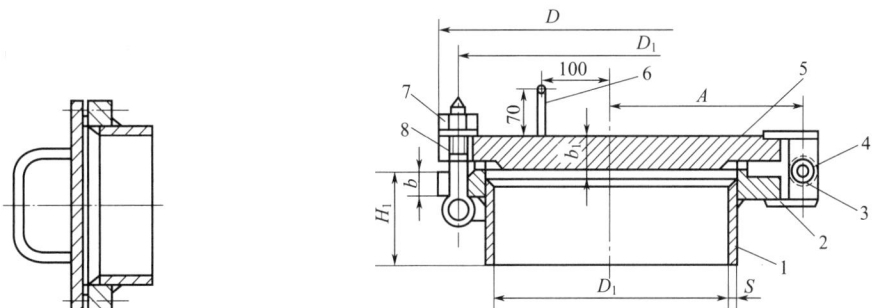

图 5-27　手孔

图 5-28　回转盖快开人孔

1—人孔接管；2—法兰；3—回转盖连接板；4—销钉；5—人孔盘；6—手柄；7—可回转的连接螺栓；8—密封垫片

吊柱、吊耳、塔箍及操作平台、梯子等均是机械装置，其设计涉及强度计算、加工制造和安装检修等方面的知识，主要由机械设计人员来完成，这里不做叙述。这些部件都已建立标准，应用时可查取有关标准。

第六节

填料吸收塔设计计算示例

【设计任务】

试设计一座填料吸收装置，用于脱除混于空气中的 SO_2。混合气体的处理量为 $4.5 \times 10^4 m^3/h$，其中 SO_2 的含量（体积分数）为 5.4%，要求塔顶排放气体中 SO_2 的含量（体积分数）低于 0.02%。

【设计条件】

操作压力：常压。

操作温度：20℃。

工作时间：每年 300 天，每天 24 小时连续工作。

【设计计算】

一、设计方案的确定

1. 吸收剂的选择

因 SO_2 在水中的溶解度大，且水的理化性质稳定，挥发性小，黏度小，对溶质的选择性好，又廉价易得，符合吸收过程对吸收剂的选择要求，故本方案选择水作为吸收剂。因 SO_2 不作为产品，故采用纯溶剂吸收。

2. 吸收流程的选择

为提高传质效率，选用逆流吸收流程。由于逆流吸收的平均传质推动力大于并流，因此对于同样的气液和相同尺寸的塔，逆流相比并流可得到较高的吸收率；对于同样的吸收率和相同尺寸的塔，逆流相比并流的液气比较小，即所需溶剂量较少；对于同样的吸收率和液气比，逆流相比并流所需的传质面积较小，这意味着塔的尺寸可减小，设备费用可降低。所以一般来说，逆流操作优于并流，工业上多采用逆流操作。

二、填料的选择

对于水吸收 SO_2 的过程，操作温度及操作压力较低，工业上通常选用散装填料。其中散装阶梯环是在鲍尔环填料的基础上改进的一种新型填料，床层均匀，空隙率大，气流阻力小，有利于下流液体的汇聚与分散和液膜的表面更新，故传质效率高。阶梯环填料可用陶瓷、塑料、金属材料制作。本次选用 DN38 聚丙烯阶梯环填料，其填料特性参数见表 5-3。

三、基础物性数据

1. 液相物性数据

对于低浓度吸收过程，溶液的物性数据可近似取纯水的物性数据。由《化工工艺设计手册》查得 20℃时水的有关物性数据如下：

密度：$\rho_L = 998.2 \text{kg/m}^3$；

黏度：$\mu_L = 0.001 \text{Pa} \cdot \text{s} = 3.6 \text{kg/}(\text{m} \cdot \text{h})$；

表面张力：$\sigma_L = 72.6 \times 10^{-3} \text{N/m} = 940902 \text{kg/h}^2$。

由《化工工艺设计手册》查得 20℃时 SO_2 的有关物性数据如下：

SO_2 在水中的亨利系数：$E = 0.355 \times 10^4 \text{kPa}$；

SO_2 在水中的扩散系数：$D_L = 1.47 \times 10^{-9} \text{m}^2/\text{s} = 5.29 \times 10^{-6} \text{m}^2/\text{h}$；

SO_2 在空气中的扩散系数：$D_G = 0.108 \text{cm}^2/\text{s} = 0.039 \text{m}^2/\text{h}$。

由《化工工艺设计手册》查得 20℃时空气的黏度 $\mu_{空气} = 1.73 \times 10^{-5} \text{Pa} \cdot \text{s} = 6.228 \times 10^{-2} \text{kg/}$（$\text{m} \cdot \text{h}$），$SO_2$ 的黏度 $\mu_{SO_2} = 1.17 \times 10^{-5} \text{Pa} \cdot \text{s} = 4.212 \times 10^{-2} \text{kg/}(\text{m} \cdot \text{h})$。

2. 气相物性数据

混合气体的平均摩尔质量：

$$M_m = y_1 M_{SO_2} + (1 - y_1) M_{空气} = 0.054 \times 64 + (1 - 0.054) \times 29 = 30.89 (\text{kg/kmol})$$

混合气体的平均密度：

$$\rho_G = \frac{p M_m}{RT} = \frac{101.325 \times 30.89}{8.314 \times 293.15} = 1.28 (\text{kg/m}^3)$$

混合气体的黏度：

$$\mu_G = y_1 \mu_{SO_2} + (1 - y_1) \mu_{空气} = 0.054 \times 4.212 \times 10^{-2} + (1 - 0.054) \times$$
$$6.228 \times 10^{-2} = 6.12 \times 10^{-2} [\text{kg/}(\text{m} \cdot \text{h})]$$

四、物料衡算

进塔气相的摩尔比：$Y_1 = \dfrac{y_1}{1 - y_1} = \dfrac{5.4\%}{1 - 5.4\%} = 0.05708$

出塔气相的摩尔比：$Y_2 = \dfrac{y_2}{1 - y_2} = \dfrac{0.02\%}{1 - 0.02\%} = 0.0002$

进塔混合气体的流量：$V_{混} = \dfrac{p V T_0}{22.4 p_0 T} = \dfrac{4.5 \times 10^4 \times 273.15}{22.4 \times 293.15} = 1871.87 (\text{kmol/h})$

进塔惰性气体的流量：$V = V_{混}(1 - y_1) = 1871.87 \times (1 - 0.054) = 1770.79 (\text{kmol/h})$

该吸收过程为低浓度吸收，气液平衡关系为直线，即 $Y^* = mX$ 且进塔液相组成 $X_2 = 0$。

$$m = \frac{E}{p} = \frac{0.355 \times 10^4}{101.3} = 35.04$$

1. 吸收剂的用量

最小液气比：

$$\left(\frac{L}{V}\right)_{\min} = \frac{Y_1 - Y_2}{X_1^* - X_2} = \frac{Y_1 - Y_2}{\dfrac{Y_1}{m}} = \frac{0.05708 - 0.0002}{\dfrac{0.05708}{35.04}} = 34.92$$

根据生产实践经验，一般取吸收剂用量为最小用量的 1.1 ～ 2.0 倍是较合适的，这里取 1.6 倍，得操作液气比为

$$\frac{L}{V} = 1.6\left(\frac{L}{V}\right)_{\min} = 1.6 \times 34.92 = 55.87$$

吸收剂的用量：$L = 55.87 \times 1770.79 = 98934.04 (\text{kmol} / \text{h})$

气相的质量流量：$W_V = V_{混} M_m = 1871.87 \times 30.89 = 57822.06 (\text{kg} / \text{h})$

液相的质量流量：$W_L = L M_水 = 98934.04 \times 18 = 1780812.72 (\text{kg} / \text{h})$

2. 吸收液的组成 X_1

$$V(Y_1 - Y_2) = L(X_1 - X_2)$$

$$X_1 = \frac{V}{L}(Y_1 - Y_2) = \frac{1770.79}{98934.04} \times (0.05708 - 0.0002) = 0.00102$$

五、填料塔工艺尺寸的计算

1. 塔径的计算

（1）空塔气速的确定——泛点气速法　对于散装填料，其泛点率的经验值为 $\dfrac{u}{u_F} = 0.5 \sim 0.85$，利用贝恩（Bain）-霍根（Hougen）关联式（5-11）求液泛气速 u_F。式中，A、K 为关联常数。查表 5-6 得 $A = 0.204$，$K = 1.75$，查表 5-3 得填料总比表面积 $a_t = 132.5 \text{m}^2 / \text{m}^3$，填料层空隙率 $\varepsilon = 0.91 \text{m}^3 / \text{m}^3$。

$$\lg\left(\frac{u_F^2}{g} \times \frac{a_t}{\varepsilon^3} \times \frac{\rho_V}{\rho_L} \mu_L^{0.2}\right) = A - K\left(\frac{W_L}{W_V}\right)^{1/4}\left(\frac{\rho_V}{\rho_L}\right)^{1/8}$$

$$\lg\left(\frac{u_F^2}{9.81} \times \frac{132.5}{0.91^3} \times \frac{1.28}{998.2} \times 0.001^{0.2}\right) = 0.204 - 1.75\left(\frac{1780812.72}{57822.06}\right)^{1/4}\left(\frac{1.28}{998.2}\right)^{1/8}$$

$$u_F = 2.11 \text{m} / \text{s}$$

同时，液泛气速 u_F 也可以用埃克特（Eckert）通用关联图（图5-8）查取。首先求出横坐标 $\dfrac{W_L}{W_V}\left(\dfrac{\rho_V}{\rho_L}\right)^{0.5}$，然后作垂线与相应的泛点线相交，再通过交点作水平线与纵坐标相交，求出 $\dfrac{u^2 \Phi \varphi}{g}\left(\dfrac{\rho_V}{\rho_L}\right)\mu_L^{0.2}$，此时所对应的 u 即为泛点气速 u_F，$u_F = 2.11\,\text{m/s}$。塑料阶梯环的泛点填料因子平均值查表5-7得 $\Phi=170\text{m}^{-1}$，取 $\dfrac{u}{u_F}=0.85$，则

$$u = 0.85 \times 2.11 = 1.79(\text{m/s})$$

（2）塔径

$$D = \sqrt{\frac{4V_s}{\pi u}} = \sqrt{\frac{4 \times 4.5 \times 10^4}{\pi \times 1.79 \times 3600}} = 2.98(\text{m})$$

圆整后取 $D=3.00\text{m}$。

（3）校核

① 泛点速率校核。根据圆整后的塔径重新计算空塔气速，则

$$u = \frac{45000}{0.785 \times 3.00^2 \times 3600} = 1.77(\text{m/s})$$

核算 $\dfrac{u}{u_F} = \dfrac{1.77}{2.11} = 0.84$，在允许范围内 $(0.5 \sim 0.85)$。

② 填料规格校核。本次选用DN38聚丙烯阶梯环填料，塔径与填料直径之比应有相应的范围，查表5-5得 $D/d > 8$。

$$\frac{D}{d} = \frac{3000}{38} = 78.95 > 8$$

符合要求。

③ 液体喷淋密度的校核。填料塔的液体喷淋密度是指单位时间内单位塔截面上液体的喷淋量 U。对于直径不超过75mm的散装填料，可取最小润湿速率 $L_{w,min}$ 为 $0.08\text{m}^3/(\text{m}\cdot\text{h})$。查表5-3得填料的总比表面积 $a_t = 132.5\text{m}^2/\text{m}^3$，则最小液体喷淋密度为

$$U_{min} = L_{w,min}a_t = 0.08 \times 132.5 = 10.60[\text{m}^3/(\text{m}^2\cdot\text{h})]$$

液体喷淋密度为

$$U = \frac{L_h}{\dfrac{\pi}{4}D^2} = \frac{\dfrac{W_L}{\rho_L}}{0.785D^2} = \frac{\dfrac{1780812.72}{998.2}}{0.785 \times 3.00^2} = 252.52\text{m}^3/(\text{m}^2\cdot\text{h}) > 10.60\text{m}^3/(\text{m}^2\cdot\text{h})$$

经过以上校验，$U > U_{min}$，故填料塔的直径设计为3000mm合理。

2. 填料层高度的计算

（1）传质单元数的计算　用对数平均推动力法求传质单元数。吸收塔的平均推动力为

$$\Delta Y_m = \frac{\Delta Y_1 - \Delta Y_2}{\ln \dfrac{\Delta Y_1}{\Delta Y_2}} = \frac{(Y_1 - mX_1) - (Y_2 - mX_2)}{\ln \dfrac{Y_1 - mx_1}{Y_2 - mx_2}}$$

$$= \frac{(0.05708 - 35.04 \times 0.00102) - (0.0002 - 0)}{\ln \dfrac{0.0708 - 35.04 \times 0.00102}{0.0002 - 0}} = 0.00453$$

则气相总传质单元数

$$N_{OG} = \frac{Y_1 - Y_2}{\Delta Y_m} = \frac{0.05708 - 0.0002}{0.00453} = 12.56$$

（2）传质单元高度的计算

① 润湿表面 a_w 计算。利用式（5-31）计算润湿表面 a_w。

液体的质量通量：$L_G = \dfrac{W_L}{\dfrac{\pi}{4} D^2} = \dfrac{1780812.72}{\dfrac{\pi}{4} \times 3.0^2} = 252061.25 \text{kg} / (\text{m}^2 \cdot \text{h})$

气体的质量通量：$V_G = \dfrac{W_V}{\dfrac{\pi}{4} D^2} = \dfrac{57822.06}{\dfrac{\pi}{4} \times 3.0^2} = 8184.30 \text{kg} / (\text{m}^2 \cdot \text{h})$

查表 5-10 得聚丙烯阶梯环的 $\sigma_C = 33 \times 10^{-3} \text{N} / \text{m}$，$a_t = 132.5 \text{m}^2 / \text{m}^3$，重力加速度 g 取 9.81m/s²=1.27m/h²，则

$$\frac{a_w}{a_t} = 1 - \exp\left\{-1.45 \left(\frac{\sigma_C}{\sigma_L}\right)^{0.75} \left[\frac{L_G}{a_t \mu_L}\right]^{0.1} \left[\frac{L_G^2 a_t}{\rho_L^2 g}\right]^{-0.05} \left[\frac{L_G^2}{\rho_L \sigma_L a_t}\right]^{0.2}\right\}$$

$$= 1 - \exp\left\{-1.45 \times \left[\frac{33 \times 10^{-3}}{72.6 \times 10^{-3}}\right]^{0.75} \times \left[\frac{252061.25}{132.5 \times 0.001}\right]^{0.1} \times \left[\frac{(252061.25)^2 \times 132.5}{998.2^2 \times 1.27 \times 10^8}\right]^{-0.05} \times \right.$$

$$\left. \left[\frac{(252061.25)^2}{998.2 \times 940902 \times 132.5}\right]^{0.2}\right\}$$

$$= 0.967$$

故

$$a_w = 0.967 a_t = 0.967 \times 132.5 = 128.13 (\text{m}^2 / \text{m}^3)$$

② 传质分系数 k_G 和 k_L 计算。天津大学化工系对各类开孔环形填料进行了系列传质实验，提出了恩田修正式。式中的形状系数 φ 可在表 5-12 中查取，$\varphi = 1.45$。由式（5-35）可得气相传质分系数为

$$k_{G} = 0.237\left(\frac{V_{G}}{a_{t}\mu_{G}}\right)^{0.7}\left(\frac{\mu_{G}}{\rho_{G}D_{G}}\right)^{\frac{1}{3}}\left(\frac{a_{t}D_{G}}{RT}\right)\varphi^{1.1}$$

$$= 0.237\left(\frac{8184.30}{132.5\times6.12\times10^{-2}}\right)^{0.7}\times\left(\frac{6.12\times10^{-2}}{1.28\times0.039}\right)^{\frac{1}{3}}\times\left(\frac{132.5\times0.039}{8.314\times293.15}\right)\times1.45^{1.1}$$

$$= 0.10255\,\mathrm{kmol}/(\mathrm{m}^{2}\cdot\mathrm{h}\cdot\mathrm{kPa})$$

由式（5-34）可得液相传质分系数为

$$k_{L} = 0.0095\left(\frac{L_{G}}{a_{w}\mu_{L}}\right)^{\frac{2}{3}}\left(\frac{\mu_{L}}{\rho_{L}D_{L}}\right)^{-\frac{1}{2}}\left(\frac{\mu_{L}g}{\rho_{L}}\right)^{\frac{1}{3}}\varphi^{0.4}$$

$$= 0.0095\times\left(\frac{252061.25}{128.13\times3.6}\right)^{\frac{2}{3}}\times\left(\frac{3.6}{998.2\times5.29\times10^{-6}}\right)^{-\frac{1}{2}}\times\left(\frac{3.6\times1.27\times10^{8}}{998.2}\right)^{\frac{1}{3}}\times1.45^{0.4}$$

$$= 2.17497\,(\mathrm{m}/\mathrm{h})$$

$$k_{L}a = k_{L}a_{w} = 2.17497\times128.13 = 278.68\,(\mathrm{h}^{-1})$$

$$k_{G}a = k_{G}a_{w} = 0.10255\times128.13 = 13.14\,[\mathrm{kmol}/(\mathrm{m}^{3}\cdot\mathrm{h}\cdot\mathrm{kPa})]$$

因 $\dfrac{u}{u_{F}} = 0.84 > 0.5$，修正的恩田公式［式（5-34）和式（5-35）］只适用于 $u \leqslant 0.5u_{F}$ 的情况，所以需要按式（5-42）和式（5-43）进行校正，即

$$k'_{G}a = \left[1+9.5\left(\frac{u}{u_{F}}-0.5\right)^{1.4}\right]k_{G}a = [1+9.5\times(0.84-0.5)^{1.4}]\times13.14$$

$$= 40.71\,[\mathrm{kmol}/(\mathrm{m}^{3}\cdot\mathrm{h}\cdot\mathrm{kPa})]$$

$$k'_{L}a = \left[1+2.6\left(\frac{u}{u_{F}}-0.5\right)^{2.2}\right]k_{L}a = [1+2.6\times(0.84-0.5)^{2.2}]\times278.68$$

$$= 346.18\,[\mathrm{kmol}/(\mathrm{m}^{3}\cdot\mathrm{h}\cdot\mathrm{kPa})]$$

③ 传质总系数 k_{G} 和 k_{L} 的计算。根据化工原理中总吸收系数和分吸收系数的关系 $\dfrac{1}{k_{G}} = \dfrac{1}{Hk_{L}}+\dfrac{1}{k_{G}}$ 求总吸收系数。即用式（5-44）计算 $k_{G}a$。

溶解度系数：$H = \dfrac{\rho_{L}}{EM_{水}} = \dfrac{998.2}{0.355\times10^{4}\times18} = 0.0156$

$$k_{G}a = \frac{1}{1/(k'_{G}a)+1/(Hk'_{L}a)} = \frac{1}{1/40.71+1/(0.0156\times346.18)} = 4.7679\,[\mathrm{kmol}/(\mathrm{m}^{3}\cdot\mathrm{h}\cdot\mathrm{kPa})]$$

④ 传质单元高度的计算。根据化工原理中总吸收系数之间的关系 $pK_{G}=K_{Y}$ 和 $cK_{L}=K_{X}$ 求气相总体积传质系数 $K_{Y}a$ 和液相总体积传质系数 $K_{X}a$，即 $K_{Y}a = pK_{G}a$ 和 $K_{X}a = cK_{L}a$，然后

分别求以气相组成表示的传质单元高度 H_{OG} 和以液相组成表示的传质单元高度 H_{OL}。这里只求 H_{OG} 即可。

$$H_{OG} = \frac{V}{K_Y a\Omega} = \frac{V}{pK_G a\Omega} = \frac{1770.79}{101.325 \times 4.7679 \times \frac{\pi}{4} \times 3.0^2} = 0.52$$

（3）填料层高度计算

$$Z = H_{OG}N_{OG} = 0.52 \times 12.56 = 6.53(m)$$

计算出填料层高度后，还应留出一定的安全系数。根据设计经验，填料层的设计高度一般按式（5-30）选取，这里取 $Z'=1.22Z$，即

$$Z'=1.22Z=1.22\times6.53=7.967(m)$$

设计取填料层高度为 8.0m。

3. 填料层分段

对于散装填料，一般推荐的分段高度值见表 5-14。表中 h/D 为分段高度与塔径之比，h_{max} 为单段填料层的最大允许高度（即分段角度）。对于阶梯环填料，$h/D=8$，$h_{max} \leqslant 6m$，则 $h=8\times3.0=24(m)$。本设计填料层可分 2 段，按 4m 一段安装。

4. 填料层压降的计算

散装填料的压降值可由埃克特通用关联图（图 5-8）计算。先根据气液负荷及有关物性数据求出横坐标

$$\frac{W_L}{W_V}\left(\frac{\rho_V}{\rho_L}\right)^{0.5} = \frac{1780812.72}{57822.06} \times \left(\frac{1.28}{998.2}\right)^{0.5} = 1.10$$

再根据操作空塔气速及有关物性数据求出纵坐标

$$\frac{u^2\Phi\varphi}{g}\left(\frac{\rho_V}{\rho_L}\right)\mu_L^{0.2} = \frac{1.77^2 \times 116 \times 1.45}{9.81} \times \left(\frac{1.28}{998.2}\right) \times 0.001^{0.2} = 0.0173$$

最后通过作图得出交点，读出过交点的等压线数值即可得出每米填料层的压降

$$\Delta p/Z=100\times9.81=981(Pa/m)$$

则全塔填料层的压降

$$\Delta p=8\times981=7848(Pa)$$

六、塔内件的设计

1. 液体分布器简要设计与选型

（1）液体分布器的选型　该吸收塔液相负荷较大，气相负荷较小，且塔径为 3000mm。

溢流槽式液体分布器不易堵塞，可处理含固体粒子的液体，自由截面大，适应性好，处理量大，操作弹性也好。其分块结构尺寸以能否通过人孔安装拆卸为准，可用金属、塑料或陶瓷制造。故可选用溢流槽式液体分布器。

（2）液体分布器的设计　按 Eckert 建议值，$D \geqslant 1200mm$ 时，分布点密度为 42 点 $/m^2$。分布点数为

$$n=0.785 \times 3^2 \times 42=296.73$$

取 297。

按分布点集合均匀与流量均匀的原则，进行分布点设计。

2. 填料支撑装置设计

填料支撑装置用于支撑塔填料及其持有的气体、液体的质量，同时起着气液流道及气体均布作用。本次设计塔径较大，宜选用驼峰式填料支撑板。

查《化工设备设计全书：塔设备设计》得，塔径 3000mm，选支撑板外径 2962mm，支撑梁的条数为 9，承载能力 23520Pa，近似重量 3050N。支撑板特性：自由截面大于 100%，采用碳钢，常温工作。

3. 填料压紧装置设计

本次设计的填料塔塔径为 3000mm，故采用丝网床层限位板。

4. 除雾器设计

本次设计中采用材质为金属的丝网除雾器。

5. 封头

查《化工设备设计全书：塔设备设计》得，一般工业上 3000mm 塔径的椭圆形封头规格为曲面高度 750mm，直边高度 40mm，内表面积 $10.1m^2$，容积 $3.82m^3$。

6. 人孔的选择

根据 HG 20652—1998 和 HG/T 21515—2014，1600mm ＜塔器直径≤ 3000mm 时常压人孔直径应为 500mm。

七、塔高的计算

填料层高 8m，槽式液体分布器高于填料层 1m，塔底空间高度为 2m，塔顶空间取 1m（装了除雾器，可以相对低一些），液体再分布器、压紧装置、填料支撑结构的安装空间初步设计为 1m，封头 0.79m，裙座高度取 3m，则塔体总高度为 16.8m 左右。

八、填料吸收塔设计结果一览表

填料吸收塔设计结果汇总见表 5-19。

表 5-19　填料吸收塔设计结果汇总

序号	项目	数值	序号	项目	数值
1	混合气体的平均摩尔质量 /（kg/kmol）	30.89	9	塔径 /m	3.0
2	混合气体的平均密度 /（kg/m³）	1.28	10	全塔填料层压降 /Pa	7848
3	混合气体的黏度 /［kg/（m·h）］	6.12×10^{-2}	11	用气相组成表示的平均推动力	0.00453
4	液相密度 /（kg/m³）	998.2	12	传质单元数	12.56
5	液相黏度 /［kg/（m·h）］	3.6	13	实际气速 /（m/s）	1.77
6	液相表面张力 /（kg/h²）	940902	14	气相传质单元高度 /m	0.52
7	泛点气速 /（m/s）	2.11	15	填料层高度 /m	8
8	泛点率	0.85	16	塔体总高度 /m	16.8

九、填料吸收塔的工艺条件图

参照图 2-23。

拓展资料

填料吸收塔设计任务书两则

一、用水吸收空气中 SO_2 的填料吸收塔设计

1. 设计任务

用清水洗涤，以除去混于空气中的 SO_2。混合气入塔流量为 2000～6000m³/h，其中 SO_2 的摩尔分数为 0.04～0.06，要求 SO_2 的吸收率为 95%～98%。因该过程液气比很大，吸收温度基本不变，可近以取为清水的温度。

2. 设计条件

① 操作压力为常压。
② 操作温度为 25℃。
③ 填料类型选用聚丙烯阶梯环填料，填料规格自选。
④ 工作日每年 300 天，每天 24h 连续运行。
⑤ 厂址武汉地区。

3. 设计内容

① 确定设计方案和吸收流程；
② 物料衡算，确定塔顶、塔底的气液流量和组成；

③ 选择填料，计算塔径、填料层高度，填料层分层，确定塔高；

④ 流体力学特性的校核，包括液、气速度的求取，喷淋密度的校核，填料层压降 Δp 的计算；

⑤ 附属装置的选择与确定，包括液体喷淋装置、液体再分布器、气体进出口及液体进出口装置、栅板；

⑥ 绘制工艺流程图；

⑦ 绘制吸收塔工艺条件图；

⑧ 对设计过程的评述和有关问题的讨论。

二、用水吸收空气中丙酮气体的填料吸收塔设计

1. 设计任务

试设计一座填料吸收塔，用于脱除混于空气中的丙酮气体。混合气体的处理量为 $2000 \sim 5000\text{m}^3/\text{h}$，其中丙酮气体的含量为 4% ～ 6%（摩尔分数）。要求丙酮的回收率为 95% ～ 98%（摩尔分数），采用清水进行吸收，吸收剂的用量为最小用量的 1.1 ～ 2.0 倍。25℃下该系统的平衡关系为 $Y^* = 1.75X$。

2. 操作条件

① 操作平均压力：常压。

② 操作温度：25℃；

③ 每年生产时间：7200h。

④ 填料类型及规格自选。

⑤ 厂址河北地区。

3. 设计内容

① 确定吸收流程；

② 物料衡算，确定塔顶、塔底的气液流量和组成；

③ 选择填料，计算塔径、填料层高度，填料分段，确定塔高；

④ 流体力学特性的校核，包括液、气速度的求取，喷淋密度的校核，填料层压降 Δp 的计算；

⑤ 附属装置的选择与确定，包括液体喷淋装置、液体再分布器、气体进出口及液体进出口装置、填料支撑板等；

⑥ 绘制生产工艺流程图；

⑦ 绘制吸收塔工艺条件图；

⑧ 对设计过程的评述和有关问题的讨论。

附录

附录一
二元组分气液相平衡组成与温度（或压力）的关系

1. 乙醇 – 水（101.3kPa）

附表 1-1　乙醇 - 水的气液相平衡组成

乙醇的摩尔分数		温度 /℃	乙醇的摩尔分数		温度 /℃
液相	气相		液相	气相	
0.00	0.00	100	0.3273	0.5826	81.5
0.0190	0.1700	95.5	0.3965	0.6122	80.7
0.0721	0.3891	89.0	0.5079	0.6564	79.8
0.0966	0.4375	86.7	0.5198	0.6599	79.7
0.1238	0.4704	85.3	0.5732	0.6841	79.3
0.1661	0.5089	84.1	0.6763	0.7385	78.74
0.2337	0.5445	82.7	0.7472	0.7815	78.41
0.2608	0.5580	82.3	0.8943	0.8943	78.15

2. 苯 – 甲苯（101.3kPa）

附表 1-2　苯 - 甲苯的气液相平衡组成

苯的摩尔分数		温度 /℃	苯的摩尔分数		温度 /℃
液相	气相		液相	气相	
0.00	0.00	110.6	0.088	0.212	106.1

苯的摩尔分数		温度 /℃	苯的摩尔分数		温度 /℃
液相	气相		液相	气相	
0.200	0.370	102.2	0.700	0.853	86.8
0.300	0.500	98.6	0.803	0.914	84.4
0.397	0.618	95.2	0.903	0.957	82.3
0.489	0.710	92.1	0.950	0.979	81.2
0.592	0.789	89.4	1.00	1.00	80.2

3. 氯仿－苯（101.3kPa）

附表 1-3　氯仿－苯的气液相平衡组成

氯仿的质量分数		温度 /℃	氯仿的质量分数		温度 /℃
液相	气相		液相	气相	
0.10	0.136	79.9	0.60	0.750	74.6
0.20	0.272	79.0	0.70	0.830	72.8
0.30	0.406	78.1	0.80	0.900	70.5
0.40	0.530	77.2	0.90	0.961	67.0
0.50	0.650	76.0			

4. 二硫化碳－四氯化碳（101.3kPa）

附表 1-4　二硫化碳－四氯化碳的气液相平衡组成

二硫化碳的摩尔分数		温度 /℃	二硫化碳的摩尔分数		温度 /℃
液相	气相		液相	气相	
0.00	0.00	76.7	0.3908	0.6340	59.3
0.0296	0.0823	74.9	0.5318	0.7470	55.3
0.0615	0.1555	73.1	0.6630	0.8290	52.3
0.1106	0.2660	70.3	0.7574	0.8780	51.4
0.1435	0.3325	68.6	0.8604	0.9320	48.5
0.2585	0.4950	63.8	1.00	1.00	46.3

5. 丙酮－水（101.3kPa）

附表 1-5　丙酮 - 水的气液相平衡组成

丙酮的摩尔分数		温度 /℃	丙酮的摩尔分数		温度 /℃
液相	气相		液相	气相	
0.00	0.00	100.0	0.40	0.839	60.4
0.01	0.253	92.7	0.50	0.849	60.0
0.02	0.425	86.5	0.60	0.859	59.7
0.05	0.624	75.8	0.70	0.874	59.0
0.10	0.755	66.5	0.80	0.898	58.2
0.15	0.798	63.4	0.90	0.935	57.5
0.20	0.815	62.1	0.95	0.963	57.0
0.30	0.830	61.0	1.00	1.00	56.13

6. 水－醋酸（101.3kPa）

附表 1-6　水 - 醋酸的气液相平衡组成

水的摩尔分数		温度 /℃	水的摩尔分数		温度 /℃
液相	气相		液相	气相	
0.00	0.00	118.2	0.833	0.886	101.3
0.270	0.394	108.2	0.886	0.919	100.9
0.455	0.565	105.3	0.930	0.950	100.5
0.588	0.707	103.8	0.968	0.977	100.2
0.690	0.790	102.8	1.00	1.00	100.0
0.769	0.845	101.9			

7. 甲醇－水（101.3kPa）

附表 1-7　甲醇 - 水的气液相平衡组成

甲醇的摩尔分数		温度 /℃	甲醇的摩尔分数		温度 /℃
液相	气相		液相	气相	
0.0531	0.2834	92.9	0.0926	0.4353	88.9
0.0767	0.4001	90.3	0.1257	0.4831	86.6

甲醇的摩尔分数		温度/℃	甲醇的摩尔分数		温度/℃
液相	气相		液相	气相	
0.1315	0.5455	85.0	0.3513	0.7347	76.2
0.1674	0.5585	83.2	0.4620	0.7756	73.8
0.1818	0.5775	82.3	0.5292	0.7971	72.7
0.2083	0.6273	81.6	0.5937	0.8183	71.3
0.2319	0.6485	80.2	0.6849	0.8492	70.0
0.2818	0.6775	78.0	0.7701	0.8962	68.0
0.2909	0.6801	77.8	0.8741	0.9194	66.9
0.3333	0.6918	76.7			

8. 苯－氯苯（101.3kPa）

附表 1-8 苯－氯苯的气液相平衡组成

苯的摩尔分数		温度/℃	苯的摩尔分数		温度/℃
液相	气相		液相	气相	
1	1	80.02	0.129	0.378	120
0.69	0.916	90	0.0195	0.0723	130
0.447	0.785	100	0	0	131.8
0.267	0.61	110			

附录二

气体的扩散系数

附表 2-1 一些物质在水溶液中的扩散系数

溶质	浓度/（mol/L）	温度/℃	扩散系数 $D/10^9$（m^2/s）	溶质	浓度/（mol/L）	温度/℃	扩散系数 $D/10^9$（m^2/s）
HCl	9	0	2.7	NH_3	0.7	5	1.24
	7	0	2.4		1.0	8	1.36

溶质	浓度 /（mol/L）	温度/℃	扩散系数 $D/10^9$（m^2/s）	溶质	浓度 /（mol/L）	温度/℃	扩散系数 $D/10^9$（m^2/s）
HCl	4	0	2.1	NH_3	饱和	8	1.08
	3	0	2.0		饱和	10	1.14
	2	0	1.8		1.0	15	1.77
	0.4	0	1.6		饱和	15	1.26
	0.6	5	2.4			20	2.04
	1.3	5	1.9	C_2H_2	0	20	1.80
	0.4	5	1.8	Br_2	0	20	1.29
	9	10	3.3	CO	0	20	1.90
	6.5	10	3.0	C_2H_4	0	20	1.59
	2.5	10	2.5	H_2	0	20	5.94
	0.8	10	2.2	HCN	0	20	1.66
	0.5	10	2.1	H_2S	0	20	1.63
	2.5	15	2.9	CH_4	0	20	2.06
	3.2	19	4.5	N_2	0	20	1.90
	1.0	19	3.0	O_2	0	20	2.08
	0.3	19	2.7	SO_2	0	20	1.47
	0.1	19	2.5	Cl_2	0.138	10	0.91
	0	20	2.8		0.128	13	0.98
CO_2	0	10	1.46		0.11	18.3	1.21
	0	15	1.60		0.104	20	1.22
	0	18	1.71±0.03		0.099	22.4	1.32
	0	20	1.77		0.092	25	1.42
NH_3	0.686	4	1.22		0.083	30	1.62
	3.5	5	1.24		0.07	35	1.8

附表 2-2　一些气体和蒸气在空气中的扩散系数（25℃，101.3kPa）

扩散物质	扩散系数 $D/10^6$（ m^2/s ）	扩散物质	扩散系数 $D/10^6$（ m^2/s ）
氨 NH_3	28.0	戊酸 $C_2H_5CH_2CH_2COOH$	6.7
二氧化碳 CO_2	16.4	异己酸 $(CH_3)_2CH(CH_2)_2COOH$	6.0
氢 H_2	71.0	二乙胺 $(C_2H_5)_2NH$	10.5
氧 O_2	20.6	丁胺 $C_4H_9NH_2$	10.1
水 H_2O	25.6	苯胺 $C_6H_5NH_2$	7.2
二硫化碳 CS_2	10.7	氯苯 C_6H_5Cl	7.3
乙醚 $C_2H_5OC_2H_5$	9.3	氯甲苯 $CH_3C_6H_5Cl$	6.5
甲醇 CH_3OH	15.9	1-溴丙烷 $CH_3CH_2CH_2Br$	10.5
乙醇 C_2H_5OH	11.9	1-碘丙烷 $CH_3CH_2CH_2I$	9.6
丙醇 C_3H_7OH	10.0	苯 C_6H_6	8.8
丁醇 C_4H_9OH	9.0	甲苯 C_7H_8	8.4
戊醇 $C_5H_{11}OH$	7.0	二甲苯 C_8H_{10}	7.1
己醇 $C_6H_{13}OH$	5.9	乙苯 $C_2H_5C_6H_5$	7.7
甲酸 $HCOOH$	15.9	丙苯 $C_3H_7C_6H_5$	5.9
乙酸 CH_3COOH	13.3	联（二）苯 $(C_6H_5)_2$	6.8
丙酸 CH_3CH_2COOH	9.9	正辛烷 $CH_3(CH_2)_2CH_3$	6.0
异丁酸 $(CH_3)_2CHCOOH$	8.1	均三甲苯 C_9H_{12}	6.7

附录三

液体饱和蒸气压p^0的Antoine常数

附表 3-1　液体饱和蒸气压 p^0 的 Antoine 常数

液体	A	B	C	温度范围 /℃
甲烷（CH）	5.82051	405.42	267.78	$-181 \sim -152$
乙烷（C_2H_6）	5.95942	663.7	256.47	$-143 \sim -75$
丙烷（C_3H_8）	5.92888	803.81	246.99	$-108 \sim -25$
丁烷（C_4H_{10}）	5.93886	935.86	238.73	$-78 \sim 19$
戊烷（C_5H_{12}）	5.97711	1064.63	232.00	$-50 \sim 58$

续表

液体	A	B	C	温度范围 /℃
己烷（C_6H_{14}）	6.10266	1171.530	224.366	$-25 \sim 92$
庚烷（C_7H_{16}）	6.02730	1268.115	216.900	$-2 \sim 120$
辛烷（C_8H_{18}）	6.04867	1355.126	209.517	$19 \sim 152$
乙烯	5.87246	585.0	255.00	$-153 \sim 91$
丙烯	5.9445	785.85	247.00	$-112 \sim -28$
甲醇	7.19736	1574.99	238.86	$-16 \sim 91$
乙醇	7.33827	1652.05	231.48	$-3 \sim 96$
丙醇	6.74414	1375.14	193.0	$12 \sim 127$
乙酸	6.42452	1479.02	216.82	$15 \sim 157$
丙酮	6.35647	1277.03	237.23	$-32 \sim 77$
四氯化碳	6.01896	1219.58	227.16	$-20 \sim 101$
苯	6.03055	1211.033	220.79	$-16 \sim 104$
甲苯	6.07954	1344.8	219.482	$6 \sim 137$
水	7.07406	1657.46	227.02	$10 \sim 168$

附录四

塔板结构参数系列化标准

附表 4-1　单溢流型塔板

塔径 D/mm	塔截面积 A_T/m²	塔板间距 H_T/mm	弓形降液管		降液管面积 A_f/m²	A_f/A_T/%	l_W/D
			堰长 l_W[②]/mm	管宽 W_d[②]/mm			
600[①]	0.2610	300	406	77	0.0188	7.2	0.677
		350	428	90	0.0238	9.1	0.714
		450	440	103	0.0289	11.02	0.734
700[①]	0.3590	300	466	87	0.0248	6.9	0.666
		350	500	105	0.0325	9.06	0.714
		450	525	120	0.0395	11.0	0.750
800	0.5027	350	529	100	0.0363	7.22	0.661

塔径 D/mm	塔截面积 A_T/m²	塔板间距 H_T/mm	弓形降液管		降液管面积 A_f/m²	A_f/A_T/%	l_w/D
			堰长 l_w[②]/mm	管宽 W_d[②]/mm			
800	0.5027	450	581	125	0.0502	10.0	0.726
		500					
		600	640	160	0.0717	14.2	0.800
1000	0.7854	350	650	120	0.0534	6.8	0.650
		450	714	150	0.0770	9.8	0.714
		500					
		600	800	200	0.1120	14.2	0.800
1200	1.1310	350	794	150	0.0816	7.22	0.661
		450	876	190	0.1150	10.2	0.730
		500					
		600					
		800	960	240	0.1610	14.2	0.800
1400	1.5390	350	903	165	0.1020	6.63	0.645
		450	1029	225	0.1610	10.45	0.735
		500					
		600					
		800	1104	270	0.2065	13.4	0.790
1600	2.0110	450	1056	199	0.1450	7.21	0.660
		500	1171	255	0.2070	10.3	0.732
		600					
		800	1286	325	0.2918	14.5	0.805
1800	2.5450	450	1165	214	0.1710	6.74	0.647
		500	1312	284	0.2570	10.1	0.730
		600					
		800	1434	354	0.3540	13.9	0.797
2000	3.1420	450	1308	244	0.2190	7.0	0.654
		500	1456	314	0.3155	10.0	0.727
		600					
		800	1599	399	0.4457	14.2	0.799

续表

塔径 D/mm	塔截面积 A_T/m²	塔板间距 H_T/mm	弓形降液管		降液管面积 A_f/m²	A_f/A_T/%	l_w/D
			堰长 l_w[②]/mm	管宽 W_d[②]/mm			
2200	3.8010	450	1598	344	0.3800	10.0	0.726
		500	1686	394	0.4600	12.1	0.766
		600					
		800	1750	434	0.5320	14.0	0.795
2400	4.5240	450	1742	374	0.4524	10.0	0.726
		500	1830	424	0.5430	12.0	0.763
		600					
		800	1916	479	0.6430	14.2	0.798

① 整块式塔板，降液管为嵌入式，弓弧部分比塔的内径小一圈；
② l_w 和 W_d 为实际值。

附表 4-2　双溢流型塔板

塔径 D/mm	塔截面积 A_T/m²	塔板间距 H_T/mm	弓形降液管			降液管面积 A_f/m²	A_f/A_T/%	l_w/D
			堰长 l_w/mm	管宽 W_d/mm	管宽 W_d'/mm			
2200	3.8010	450	1287	208	200	0.3801	10.15	0.585
		500	1368	238	200	0.4561	11.8	0.621
		600						
		800	1462	278	240	0.5398	14.7	0.665
2400	4.5230	450	1434	238	200	0.4524	10.1	0.597
		500	1486	258	240	0.5429	11.6	0.620
		600						
		800	1582	298	280	0.6424	14.2	0.660
2600	5.3090	450	1526	248	200	0.5309	9.7	0.587
		500	1606	278	240	0.6371	11.4	0.617
		600						
		800	1702	318	320	0.7539	14.0	0.655
2800	6.1580	450	1619	258	240	0.6158	9.3	0.577
		500	1752	308	280	0.7389	12.0	0.626
		600						
		800	1824	338	320	0.8744	13.75	0.652

续表

塔径 D/mm	塔截面积 A_T/m²	塔板间距 H_T/mm	弓形陷液管			降液管面积 A_f/m²	A_f/A_T/%	l_W/D
			堰长 l_W/mm	管宽 W_d/mm	管宽 W_d'/mm			
3000	7.0690	450	1768	288	240	0.7069	9.8	0.589
		500	1896	338	280	0.8482	12.4	0.632
		600						
		800	1968	368	360	1.0037	14.0	0.655
3200	8.0430	600	1882	306	280	0.8043	9.75	0.518
			1987	346	320	0.9651	11.65	0.620
		800	2108	396	360	1.1420	14.2	0.660
3400	9.0790	600	2002	326	280	0.9079	9.8	0.594
			2157	386	320	1.0895	12.5	0.634
		800	2252	426	400	1.2893	14.5	0.661
3600	10.1740	600	2148	356	280	1.0179	10.2	0.597
			2227	386	360	1.2215	11.5	0.620
		800	2372	446	400	1.4454	14.2	0.659
3800	11.3410	600	2242	366	320	1.1340	9.94	0.590
			2374	416	360	1.3609	11.9	0.624
		800	2516	476	440	1.6104	14.5	0.662
4200	13.8500	600	2482	406	360	1.3854	9.88	0.584
			2613	456	400	1.6625	11.7	0.622
		800	2781	526	480	1.9410	14.1	0.662

附表 4-3　小直径整块式塔板

公称直径 DN/mm	塔内径 D_i/mm	塔截面积 A_T/m²	弓形降液管		l_W/D_i	降液管面积 A_f/m²	A_f/A_T/%
			堰长 l_W/mm	管宽 W_d/mm			
300	274	0.0706	164.4	21.4	0.60	20.9	2.96
			173.1	26.9	0.65	29.2	4.13
			191.8	33.2	0.70	39.7	5.62
			205.5	40.4	0.75	52.8	7.47
			219.2	48.8	0.80	69.3	9.80
350	324	0.0960	194.4	26.4	0.60	31.1	3.23

公称直径 DN/mm	塔内径 D_i/mm	塔截面积 A_T/m²	弓形降液管		l_w/D_i	降液管面积 A_f/m²	A_f/A_T/%
			堰长 l_w/mm	管宽 W_d/mm			
350	324	0.0960	210.6	32.9	0.65	43.0	4.47
			226.8	40.3	0.70	57.9	6.02
			243.0	48.3	0.75	76.4	7.94
			259.2	58.8	0.80	100.0	10.39
400	374	0.1253	224.4	31.4	0.60	43.4	3.45
			243.1	38.9	0.65	59.6	4.74
			261.8	47.5	0.70	79.8	6.35
			280.5	57.3	0.75	104.7	8.33
			299.2	68.8	0.80	236.3	10.85
450	424	0.1590	254.4	36.4	0.60	57.7	3.63
			275.6	44.9	0.65	78.8	4.95
450	424	0.1590	296.6	54.6	0.70	104.7	6.58
			318.0	65.8	0.75	137.3	11.63
			339.2	78.8	0.80	178.1	11.20
500	474	0.1960	284.4	41.4	0.60	74.3	3.78
			308.1	50.9	0.65	100.6	5.12
			331.8	61.8	0.70	133.4	6.79
			355.5	74.2	0.75	174.0	8.86
			379.2	88.8	0.80	225.5	11.48
600	568	0.2820	340.8	50.8	0.60	110.7	3.92
			369.2	62.2	0.65	148.8	5.26
			397.6	75.2	0.70	196.4	6.95
			426.0	90.1	0.75	255.4	9.03
			454.4	107.6	0.80	329.7	11.66
700	668	0.3840	400.8	60.8	0.60	157.5	4.09
			434.2	74.2	0.65	210.9	5.48
			467.6	89.5	0.70	276.8	7.19
			501.0	107.0	0.75	358.9	9.39
			534.4	127.6	0.80	462.4	12.02

续表

公称直径 DN/mm	塔内径 D_i/mm	塔截面积 A_T/m²	弓形降液管		l_w/D_i	降液管面积 A_f/m²	A_f/A_T/%
			堰长 l_w/mm	管宽 W_d/mm			
			460.8	70.8	0.60	212.3	4.22
			499.2	86.2	0.65	283.3	5.63
800	768	0.5030	537.6	102.8	0.70	371.2	7.38
			576.0	124.0	0.75	480.3	9.56
			614.4	147.6	0.80	517.2	12.28

注：1. 当塔径不超过 500mm 时，塔板间距为 200mm、250mm、300mm、350mm；

2. 当塔径为 600～800mm 时，塔板间距为 300mm、350mm、450mm。

附录五

常用散装填料特性参数

附表 5-1　金属拉西环（干装乱堆）

公称尺寸 /mm	外径×高×厚 /mm×mm×mm	填料数 /（个/m³）	堆积密度 /（kg/m³）	比表面积 /（m²/m³）	空隙率 /%	干填料因子 /m⁻¹
25	25×25×0.8	55000	640	220	95.0	257
38	38×38×0.8	19000	510	150	93.0	186
50	50×50×1.0	7000	430	110	92.0	141

附表 5-2　鲍尔环（干装乱堆）

材质	公称尺寸 /mm	外径×高×厚 /mm×mm×mm	填料数 /（个/m³）	堆积密度 /（kg/m³）	比表面积 /（m²/m³）	空隙率 /%	干填料因子 /m⁻¹
金属	25	25×25×0.8	55900	427	219	93.4	269
	38	38×38×0.8	13000	365	129	94.5	153
	50	50×50×1.0	6500	395	112.3	94.9	131
	76	76×76×1.2	1830	308	71.0	96.1	80
塑料	16	16.2×16.7×1.1	112000	114	188	91.1	249
	25	25.6×25.4×1.2	42900	150	174.5	90.1	239
	38	38.5×38.5×1.2	15800	98	155	89	220
	50	50×50×1.5	6100	73.7	92.1	90	127
	76	76×76×2.6	1930	70.9	73.2	92	94

附表 5-3 阶梯环（干装乱堆）

材质	公称尺寸 /mm	外径×高×厚 /mm×mm×mm	填料数 /（个/m³）	堆积密度 /（kg/m³）	比表面积 /（m²/m³）	空隙率 /%	干填料因子 /m⁻¹
金属	25	25×12.5×0.6	97160	439	220	93	273.5
	38	38×19×1.0	31890	475.5	154.3	94	185.8
	50	50×25×1.0	11600	400	103.9	95	127.4
	76	76×76×1.2	3540	306	72.0	96	81
塑料	16	16×8.9×1.1	299136	135.6	370	85	602.6
	25	25×12.5×1.4	81500	97.8	228	90	312.8
	38	38×19×1.0	27200	57.5	132.5	91	175.8
	50	50×25×1.5	10740	54.8	114.2	92.7	143.1
	76	76×37×3.0	3420	68.4	90	92.9	112.3

附表 5-4 矩鞍形（乱堆）

材质	公称尺寸 /mm	外径×高×厚 /mm×mm×mm	填料数 /（个/m³）	堆积密度 /（kg/m³）	比表面积 /（m²/m³）	空隙率 /%	干填料因子 /m⁻¹
陶瓷 （湿装）	16	25×12×2.2	269900	686	378	71	1055
	25	40×20×3.0	58230	544	200	77.2	433
	38	60×30×4.0	19680	502	131	80.4	252
	50	75×45×5.0	8710	538	103	78.2	216
塑料 （干装）	16	24×12×0.7	365100	167	461	80.6	879
	25	37×19×1.0	97860	133	288	84.7	473
	76	76×38×3.0	3700	104	200	88.5	289

附表 5-5 金属环矩鞍（干装乱堆）

公称尺寸 /mm	外径×高×厚 /mm×mm×mm	填料数 /（个/m³）	堆积密度 /（kg/m³）	比表面积 /（m²/m³）	空隙率 /%	干填料因子 /m⁻¹
25	25×20×0.6	101160	119.0	185.0	96.0	209.1
38	38×30×0.8	24680	365.0	112.0	96.0	126.6
50	50×40×1.0	10400	291.0	74.9	96.0	84.7
76	76×60×1.2	3230	244.7	57.6	97.0	63.1

附录六

常用规整填料特性参数

附表 6-1　金属丝网波纹填料

型号	波纹倾角 /（°）	比表面积 /（m²/m³）	空隙率 /%	堆积密度 /（kg/m³）	等板高度 /mm	每级压降 /Pa	操作压力 /Pa	最大 F 因子 /［kg⁰·⁵/（m⁰·⁵·s）］
250	30	250	95	70～125	355～400	10～40	10^2～10^5	2.5～3.5
500	30	500	90	140～250	200	40	10^2～10^5	2.0～2.4
700	45	700	85	180～350	100	67	$5×10^2$～10^5	1.5～2.0

附表 6-2　金属孔板波纹填料

型号	波纹倾角 /（°）	峰高 /mm	比表面积 /（m²/m³）	空隙率 /%	堆积密度 /（kg/m³）	理论级数 /m⁻¹	压降 /（mmHg/m）	最大 F 因子 /［kg⁰·⁵/（m⁰·⁵·s）］
125X	30	25.4	125	96～98.5	200	0.8～0.9	1.5	3
125Y	45					1～1.2		
250X	30	12.5	250	93～97	400	1.6～2	2.25	2.6
250Y	45					2～3		
350X	30	9	350	95	280	2.3～2.8	1.5	2.0
350Y	45					3.5～4		
500X	30	6.3	500	91～93	400	2.8～3.2	2.3	1.8
500Y	45					4～4.5		
700Y	45	4.2	700	85	500	6～8	3	1.6

注：125Y、250Y 的板厚为 0.4mm，350Y、500Y 的板厚为 0.2mm。

附表 6-3　塑料孔板波纹填料

型号	波纹倾角 /（°）	比表面积 /（m²/m³）	空隙率 /%	堆积密度 /（kg/m³）	理论级数 /m⁻¹	压降 /（mmHg/m）	最大 F 因子 /［kg⁰·⁵/（m⁰·⁵·s）］
125X	30	125	98.5	37.5	0.8～0.9	$1.4×10^{-4}$	3.5
125Y	45				1～2	$2×10^{-4}$	3
250X	30	250	97	75	1.5～2	$1.8×10^{-4}$	2.8
250Y	45				2～2.5	$3×10^{-4}$	2.6

续表

型号	波纹倾角 /（°）	比表面积 /（m²/m³）	空隙率 /%	堆积密度 /（kg/m³）	理论级数 /m⁻¹	压降 /（mmHg/m）	最大 F 因子 /［kg⁰·⁵/（m⁰·⁵·s）］
350X	30	350	95	105	2.3～2.8	1.3×10⁻⁴	2.2
350Y	45				3.5～4	3×10⁻⁴	2.0
500X	30	500	93	150	2.8～3.2	1.8×10⁻⁴	2.0
500Y	45				4～4.5	3×10⁻⁴	1.8

附表 6-4　陶瓷孔板波纹填料

型号	波纹倾角 /（°）	比表面积 /（m²/m³）	空隙率 /%	堆积密度 /（kg/m³）	水力直径 /mm	理论级数 /m⁻¹	压降 /（mmHg/m）	液体负荷 /（m³/m³）	最大 F 因子 /［kg⁰·⁵/（m⁰·⁵·s）］
100X	30	103	90	280	30	1	1.2	0.2～100	3.5
125Y	45	125	88	360	28	1.7	1.5	0.2～100	3
125X	30	125	86	370	28	1.5	1.5	0.2～100	3.2
160Y	45	160	85	370	15	2	2	0.2～100	2.8
160X	30	160	85	350	15	1.8	1.8	0.2～100	3.0
250Y	45	250	82	420	12	2.5～2.8	2.2	0.2～100	2.6
250X	30	250	82	400	12	2.3～2.7	2	0.2～100	2.8
300Y	45	300	81	450	11	3.25～3.5	2.5	0.2～100	2.25～2.3
350Y	45	350	80	470	10	3～4	2.5	0.2～100	2.6
400Y	45	400	79	480	8	2.8～3.2	3.5	0.2～100	2.0
400X	30	400	79	480	8	2.8	3	0.2～100	2.2
450Y	45	450	76	550	1	4	4.5	0.2～100	1.8
450X	30	450	76	550	7	3～4	4.4	0.2～100	2.0
470Y	45	470	75	560	6	5	4.5	0.2～100	1.9
500Y	45	500	73.5	600	7.5	7	4.6	0.2～100	2.1
700Y	45	700	72	650	5	5	4.8	0.2～100	2.3

附表 6-5　金属延压刺孔板波纹填料

型号	波纹倾角 /（°）	比表面积 /（m²/m³）	空隙率 /%	堆积密度 /（kg/m³）	理论级数 /m⁻¹	每级压降 /Pa
125Y	45	125	98	100	1～1.2	200
200Y	45	200	98	120～150	1.2～2	260
250Y	45	250	97	180～200	2～2.5	300

型号	波纹倾角 /（°）	比表面积 /（m²/m³）	空隙率 /%	堆积密度 /（kg/m³）	理论级数 /m⁻¹	每级压降 /Pa
350Y	45	350	94	280	3.5～4	350
500Y	45	500	92	360	4～4.5	400
700Y	45	700	85	450	4.5～5	450
125X	30	125	98	100	0.8～0.9	140
250X	30	250	97	200	1.6～2	180
350X	30	350	94	280	2.3～2.8	230
500X	30	500	92	360	2.8～3.2	280

附录七

常用钢管的规格型号一览表

附表 7-1　常用钢管的规格型号

序号	规格		壁厚 /mm	每米理论重量 /kg	通常长度
	通径	外径 /mm			
1. 热轧无缝钢管					
1	DN40	43	3	2.89	9m/ 根或 10m/ 根
2	DN50	57	3	4	
3		60	3	4.22	
4	DN65	73	3.5	6	
5		76	3.5	6.26	
6	DN80	89	3.5	7.38	
7	DN100	108	4	10.26	
8	DN125	133	4	12.73	
9	DN150	159	4.5	17.15	
10	DN200	219	6	31.52	
11	DN250	273	7	45.92	
12	DN300	325	8	62.54	

序号	规格		壁厚 /mm	每米理论重量 /kg	通常长度
	通径	外径 /mm			
2. 低压流体输送焊接钢管					
1	DN15(1/2in)	21.3	2.75	1.26	
2	DN20(3/4in)	26.8	2.75	1.63	
3	DN25(1in)	33.5	3.25	2.42	
4	DN32(1¼in)	42.3	3.25	3.13	
5	DN40(1½in)	48	3.5	3.84	
6	DN50(2in)	60	3.5	4.88	6m/根
7	DN65(2½in)	75.5	3.75	6.64	
8	DN80(3in)	88.5	4	8.34	
9	DN100(4in)	114	4	10.85	
10	DN125(5in)	140	4.5	15.04	
11	DN150(6in)	165	4.5	17.81	
3. 螺旋缝埋弧焊钢管					
1	DN200	219	6	32.03	
2	DN250	273	6	40.01	
3	DN300	325	6	47.54	
4	DN350	377	6	55.4	
5	DN400	426	6	62.65	
6	DN450	480	8	104.52	
7	DN500	529	8	115.62	12m/根
8	DN600	630	8	137.81	
9	DN700	720	10	175.6	
10	DN800	820	10	200.26	
11	DN900	920	10	224.92	
12	DN1000	1020	10	249.58	

注：钢管每米理论重量计算公式：

$$W = 3.1416 \rho \delta (D - \delta) / 1000$$

式中　W——钢管每米理论重量，kg/m；

　　　ρ——钢的密度，一般取 7.81kg/dm³、7.85kg/dm³、7.91kg/dm³；

　　　D——钢管的公称外径，mm；

　　　δ——钢管的公称壁厚，mm。

附录八

换热器设计常用数据

附表 8-1　浮头式内导流换热器和冷凝器的主要工艺参数

公称直径 (DN)/mm	管程数 (N)	换热管根数 (n) 换热管外径 (d)/mm		中心排管数 换热管外径 (d)/mm		管程流通面积 (A₂)/m² 换热管外径×换热管壁厚 (d×δ)/mm					计算换热面积 (A₁)/m² 换热管外径 (d)/mm							
											L=3000mm		L=4500mm		L=6000mm		L=9000mm	
		19	25	19	25	19×1.25	19×2	25×1.5	25×2	25×2.5	19	25	19	25	19	25	19	25
(325) 300	2	60	32	7	5	0.0064	0.0053	0.0060	0.0055	0.0050	10.5	7.4	15.8	11.1	—	—	—	25
	4	52	28	6	4	0.0028	0.0023	0.0026	0.0024	0.0022	9.1	6.4	13.7	9.7	—	—	—	—
(426) 400	2	120	74	8	7	0.0128	0.0106	0.0138	0.0126	0.0116	20.9	16.9	31.6	25.6	42.3	34.4	—	—
	4	108	68	9	6	0.0058	0.0048	0.0065	0.0059	0.0053	18.8	15.6	28.4	23.6	38.1	31.6	—	—
500	2	206	124	11	8	0.0220	0.0182	0.0235	0.0215	0.0194	35.7	28.3	54.1	42.8	72.5	57.4	—	—
	4	192	116	10	9	0.0103	0.0085	0.0110	0.0100	0.0091	33.2	26.4	50.4	40.1	67.6	53.7	—	—
600	2	324	198	14	11	0.0346	0.0286	0.0376	0.0343	0.0311	55.8	44.9	84.8	68.2	113.9	91.5	—	—
	4	308	188	14	10	0.0165	0.0136	0.0179	0.0163	0.0148	53.1	42.6	80.7	64.8	108.2	86.9	—	—

公称直径 (DN) /mm	管程数 (N)	换热管根数① (n) 换热管外径 (d)/mm		中心排管数 换热管外径 (d)/mm		管程流通面积② (A₂)/m² 换热管外径×换热管壁厚 (d×δ)/mm					计算换热面积③ (A₁)/m² 换热管外径 (d)/mm L=3000mm		L=4500mm		L=6000mm		L=9000mm	
		19	25	19	25	19×1.25	19×2	25×1.5	25×2	25×2.5	19	25	19	25	19	25	19	25
600	6	284	158	14	10	0.0100	0.0083	0.0100	0.0091	0.0083	48.9	35.8	74.4	54.4	99.8	73.1	—	—
700	2	468	268	16	13	0.0500	0.0414	0.0508	0.0464	0.0421	80.4	60.6	122.2	92.1	164.1	123.7	—	—
	4	448	256	17	12	0.0240	0.0198	0.0243	0.0222	0.0201	76.9	57.8	117.0	87.9	157.1	118.1	—	—
	6	382	224	15	10	0.0136	0.0112	0.0141	0.0129	0.0116	65.6	50.6	99.8	76.9	133.9	103.4	—	—
800	2	610	366	19	15	0.0652	0.0539	0.0694	0.0634	0.0575	104.3	62.6	158.9	125.4	213.5	168.5	—	—
	4	588	352	18	14	0.0315	0.0260	0.0335	0.0305	0.0276	100.6	60.2	153.2	120.6	205.8	162.1	—	—
	6	518	316	16	14	0.0184	0.0152	0.0199	0.0182	0.0165	88.6	54.0	134.9	108.3	181.3	145.5	—	—
900	2	800	472	22	17	0.0856	0.0707	0.0895	0.0817	0.0741	136.0	80.2	207.6	161.2	279.2	216.8	—	—
	4	776	456	21	16	0.0415	0.0343	0.0433	0.0395	0.0358	131.9	77.5	201.4	155.7	270.8	209.4	—	—
	6	720	426	21	16	0.0257	0.0212	0.0269	0.0246	0.0223	122.4	72.4	186.9	145.5	251.3	195.6	—	—
1000	2	1006	606	24	19	0.1077	0.0890	0.1150	0.1050	0.0952	170.5	102.7	260.6	206.6	350.6	277.9	—	—
	4	980	588	23	18	0.0524	0.0433	0.0557	0.0509	0.0462	166.1	99.7	253.9	200.4	341.6	269.7	—	—
	6	892	564	21	18	0.0318	0.0262	0.0357	0.0326	0.0295	151.2	95.6	231.1	192.2	311.0	258.7	—	—
1100	2	1240	736	27	21	0.1326	0.1096	0.1399	0.1275	0.1156	—	—	320.3	250.2	431.3	336.8	—	—

公称直径 (DN) /mm	管程数 (N)	换热管根数 (n) 换热管外径 (d)/mm 19	25	中心排管数 换热管外径 (d)/mm 19	25	管程流通面积 (A₂)/m² 换热管外径×换热管壁厚 (d×δ)/mm 19×1.25	19×2	25×1.5	25×2	25×2.5	计算换热面积 (A₁)/m² 换热管外径 (d)/mm L=3000mm 19	25	L=4500mm 19	25	L=6000mm 19	25	L=9000mm 19	25
1100	4	1212	716	26	20	0.0649	0.0536	0.0679	0.0620	0.0562	—	—	313.1	243.4	421.6	327.7	—	—
	6	1120	692	24	20	0.0398	0.0329	0.0437	0.0399	0.0362	—	—	289.3	235.2	389.6	316.7	—	—
1200	2	1452	880	28	22	0.1552	0.1283	0.1673	0.1520	0.1380	—	—	374.4	298.6	504.3	402.2	764.2	609.4
	4	1424	860	28	22	0.0761	0.0629	0.0815	0.0745	0.0675	—	—	367.2	291.8	494.6	393.1	749.5	595.6
	6	1348	828	27	21	0.0479	0.0396	0.0525	0.0478	0.0434	—	—	347.6	280.9	468.2	378.4	709.5	573.4
1300	4	1700	1024	31	24	0.0909	0.0751	0.0971	0.0887	0.0804	—	—	—	—	589.3	467.1	—	—
	6	1616	972	29	24	0.0576	0.0476	0.0613	0.0560	0.0509	—	—	—	—	560.2	443.3	—	—
1400	4	1972	1192	32	26	0.1054	0.0871	0.1133	0.1030	0.0936	—	—	—	—	682.6	542.9	1035.6	823.6
	6	1890	1130	30	24	0.0674	0.0557	0.0714	0.0652	0.0592	—	—	—	—	654.2	514.7	992.5	780.8
1500	4	2304	1400	34	29	0.1234	0.1020	0.1330	0.1210	0.1100	—	—	—	—	795.9	636.3	—	—
	6	2252	1332	34	28	0.0805	0.0663	0.0842	0.0769	0.0697	—	—	—	—	777.9	605.4	—	—
1600	4	2632	1592	37	30	0.1404	0.1160	0.1511	0.1380	0.1250	—	—	—	—	907.6	722.3	1378.7	1097.3
	6	2520	1518	37	29	0.0895	0.0742	0.0964	0.0876	0.0795	—	—	—	—	869.0	688.8	1320.0	1047.2
1700	4	3012	1856	40	32	0.1611	0.1330	0.1763	0.1610	0.1460	—	—	—	—	1036.1	840.1	—	—

续表

公称直径 (DN)/mm	管程数 (N)	换热管根数 (n) 19	换热管根数 (n) 25	中心排管数 (d)/mm 19	中心排管数 (d)/mm 25	A₂ 19×1.25	A₂ 19×2	A₂ 25×1.5	A₂ 25×2	A₂ 25×2.5	A₁ L=3000mm 19	A₁ L=3000mm 25	A₁ L=4500mm 19	A₁ L=4500mm 25	A₁ L=6000mm 19	A₁ L=6000mm 25	A₁ L=9000mm 19	A₁ L=9000mm 25
1700	6	2834	1812	38	32	0.1010	0.0835	0.1148	0.1046	0.0949	—	—	—	—	974.0	820.2	—	—
1800	4	3384	2056	43	34	0.1809	0.1495	0.1954	0.1780	0.1615	—	—	—	—	1161.3	928.4	1766.9	1412.5
1800	6	3140	1986	37	30	0.1119	0.0925	0.1259	0.1150	0.1040	—	—	—	—	1077.5	896.7	1639.5	1364.4
1900	4	3660	2228	42	36	0.1957	0.1617	0.2117	0.1929	0.1750	—	—	—	—	1251.8	1003.0	—	—
1900	6	3650	2172	40	34	0.1301	0.1075	0.1373	0.1254	0.1140	—	—	—	—	1248.4	977.5	—	—
2000	4	4204	2562	54	42	0.2247	0.1857	0.2435	0.2218	0.2012	—	—	—	—	1420.3	1138.9	2173.1	1742.6
2000	6	4130	2504	54	42	0.1472	0.1216	0.1586	0.1445	0.1311	—	—	—	—	1395.3	1113.1	2134.9	1703.1
2200	4	5064	3078	58	46	0.2707	0.2237	0.2925	0.2665	0.2417	—	—	—	—	1710.9	1368.3	2617.7	2093.5
2200	6	4978	3014	58	46	0.1774	0.1466	0.1910	0.1740	0.1578	—	—	—	—	1681.8	1339.8	2573.2	2050.0
2400	4	6028	3652	64	50	0.3222	0.2663	0.3471	0.3162	0.2868	—	—	—	—	2036.5	1623.4	3116.0	2483.9
2400	6	5936	3580	64	50	0.2115	0.1748	0.2268	0.2067	0.1874	—	—	—	—	2005.5	1591.4	3068.4	2435.0
2600	4	7072	4280	70	54	0.3780	0.3124	0.4067	0.3706	0.3362	—	—	—	—	2389.3	1902.6	3655.6	2911.1
2600	6	6970	4202	70	54	0.2484	0.2053	0.2662	0.2426	0.2200	—	—	—	—	2354.8	1867.9	3602.9	2858.0

① 换热管根数按转角正方形（45°）排列计算。
② 换热管采用其他壁厚度时，重新计算管程流通面积。
③ 计算换热面积按光管及公称压力 2.5MPa 管板厚度确定。

附表 8-2　固定管板换热器的主要工艺参数（19mm 管径）

公称直径（DN）/mm	公称压力（PN）/MPa	管程数（N）	管子根数（n）	中心排管数	管程流通面积/m²	计算换热面积（A₁）/m²						
						换热管长度（L）/mm						
						1500	2000	3000	4500	6000	9000	12000
168	≤ 6.40	1	19	5	0.0034	1.6	2.1	3.3	—	—	—	—
219		1	33	7	0.0058	2.8	3.7	5.7	—	—	—	—
273		1	65	9	0.0115	5.4	7.4	11.3	17.1	22.9	—	—
		2	56	8	0.0049	4.7	6.4	9.7	14.7	19.7	—	—
325		1	99	11	0.0175	8.3	11.2	17.1	26.0	34.9	—	—
		2	88	10	0.0078	7.4	10.0	15.2	23.1	31.0	—	—
		4	68	11	0.0030	5.7	7.7	11.8	17.9	23.9	—	—
377		1	135	13	0.0239	11.2	15.3	23.3	35.4	47.5	—	—
		2	126	12	0.0111	10.5	14.2	21.8	33.0	44.3	—	—
		4	104	13	0.0046	8.7	11.8	18.0	27.3	36.6	—	—
400		1	174	14	0.0307	14.5	19.7	30.1	45.7	61.3	—	—
		2	164	15	0.0145	13.7	18.6	28.4	43.1	57.8	—	—
		4	146	14	0.0065	12.2	16.6	25.3	38.3	51.4	—	—
450		1	237	17	0.0419	19.8	26.9	41.0	62.2	83.5	—	—
		2	220	16	0.0194	18.4	25.0	38.1	57.8	77.5	—	—
		4	200	16	0.0088	16.7	22.7	34.6	52.5	70.4	—	—
500		1	275	19	0.0486	—	31.2	47.6	72.2	96.8	—	—
		2	256	18	0.0226	—	29.0	44.3	67.2	90.2	—	—
		4	222	18	0.0098	—	25.2	38.4	58.3	78.2	—	—
600		1	430	22	0.0760	—	48.8	74.4	112.9	151.4	—	—
		2	416	23	0.0368	—	47.2	72.0	109.8	146.5	—	—
		4	370	22	0.0163	—	42.0	64.0	97.2	130.3	—	—
		6	360	20	0.0106	—	40.8	62.3	94.5	126.8	—	—
700		1	607	27	0.1073	—	—	105.1	159.4	213.8	—	—
		2	574	27	0.0507	—	—	99.4	150.8	202.1	—	—
		4	542	27	0.0239	—	—	93.8	142.3	190.9	—	—

公称直径（DN）/mm	公称压力（PN）/MPa	管程数（N）	管子根数（n）	中心排管数	管程流通面积/m²	计算换热面积（A₁）/m²						
						换热管长度（L）/mm						
						1500	2000	3000	4500	6000	9000	12000
700	≤6.40	6	518	24	0.0153	—	—	89.7	136.0	182.4	—	—
800		1	797	31	0.1408	—	—	138.0	209.3	280.7	—	—
		2	776	31	0.0686	—	—	134.3	203.8	273.3	—	—
		4	722	31	0.0319	—	—	125.0	189.8	254.3	—	—
		6	710	30	0.0209	—	—	122.9	186.5	250.0	—	—
900		1	1009	35	0.1783	—	—	174.7	265.0	355.3	536.0	—
		2	988	35	0.0873	—	—	171.0	259.5	347.9	524.9	—
		4	938	35	0.0414	—	—	162.4	246.4	330.3	498.3	—
		6	914	34	0.0269	—	—	158.2	240.0	321.9	485.6	—
1000		1	1267	39	0.2239	—	—	219.3	332.8	446.2	673.1	—
		2	1234	39	0.1090	—	—	213.6	324.1	434.6	655.6	—
		4	1186	39	0.0524	—	—	205.3	311.5	417.7	630.1	—
		6	1148	38	0.0338	—	—	198.7	301.5	404.3	609.9	—
1100		1	1501	43	0.2652	—	—	—	394.2	528.6	797.4	—
		2	1470	43	0.1299	—	—	—	386.1	517.7	780.9	—
		4	1450	43	0.0641	—	—	—	380.8	510.6	770.3	—
		6	1380	42	0.0406	—	—	—	362.4	486.0	733.1	—
1200		1	1837	47	0.3246	—	—	—	482.5	646.9	975.9	—
		2	1816	47	0.1605	—	—	—	476.9	639.5	964.7	—
		4	1732	47	0.0765	—	—	—	454.9	610.0	920.1	—
		6	1716	46	0.0505	—	—	—	450.7	604.3	911.6	—
1300		1	2123	51	0.3752	—	—	—	557.6	747.7	1127.8	—
		2	2080	51	0.1838	—	—	—	546.3	732.5	1105.0	—
		4	2074	50	0.0916	—	—	—	544.7	730.4	1101.8	—
		6	2028	48	0.0597	—	—	—	532.6	714.2	1077.4	—
1400		1	2557	55	0.4519	—	—	—	—	900.5	1358.4	—
		2	2502	54	0.2211	—	—	—	—	881.1	1329.2	—

公称直径（DN）/mm	公称压力（PN）/MPa	管程数（N）	管子根数（n）	中心排管数	管程流通面积/m²	计算换热面积（A₁）/m²						
						换热管长度（L）/mm						
						1500	2000	3000	4500	6000	9000	12000
1400		4	2404	55	0.1062	—	—	—	—	846.6	1277.1	—
		6	2378	54	0.0700	—	—	—	—	837.5	1263.3	—
1500		1	2929	59	0.5176	—	—	—	—	1031.5	1555.0	—
		2	2874	58	0.2539	—	—	—	—	1012.1	1526.8	—
		4	2768	58	0.1223	—	—	—	—	974.8	1470.5	—
		6	2692	56	0.0793	—	—	—	—	948.0	1430.1	—
1600		1	3339	61	0.5901	—	—	—	—	1175.9	1773.8	—
		2	3282	62	0.3382	—	—	—	—	1155.8	1743.5	—
		4	3176	62	0.1403	—	—	—	—	1118.5	1687.2	—
		6	3140	61	0.0925	—	—	—	—	1105.8	1668.1	—
1700	≤6.40	1	3721	65	0.6576	—	—	—	—	1310.4	1976.1	—
		2	3646	66	0.3131	—	—	—	—	1284.0	1936.9	—
		4	3544	66	0.1566	—	—	—	—	1248.1	1882.7	—
		6	3512	63	0.1034	—	—	—	—	1236.8	1869.7	—
1800		1	4247	71	0.7505	—	—	—	—	1495.7	2256.2	—
		2	4186	70	0.3699	—	—	—	—	1474.2	2223.8	—
		4	4070	69	0.1798	—	—	—	—	1433.3	2162.2	—
		6	4048	67	0.1192	—	—	—	—	1425.6	2150.5	—
1900		1	4673	75	0.8258	—	—	3317.6	—	1644.0	2480.8	3317.6
		2	4618	75	0.4080	—	—	—	—	1624.7	2451.6	3278.6
		4	4566	75	0.2017	—	—	—	—	1606.4	2424.0	3241.7
		6	4528	74	0.1334	—	—	—	—	1593.0	2403.8	3214.7
2000		1	5281	79	0.9332	—	—	—	—	1857.9	2803.6	3749.3
		2	5200	79	0.4595	—	—	—	—	1829.4	2760.6	3691.8
		4	5084	79	0.2246	—	—	—	—	1788.6	2699.0	3609.4
		6	5042	78	0.1485	—	—	—	—	1773.8	2676.7	3579.6
2100	≤2.50	1	5739	83	1.0142	—	—	—	—	2019.1	3046.8	4074.4

公称直径（DN）/mm	公称压力（PN）/MPa	管程数（N）	管子根数（n）	中心排管数	管程流通面积/m²	计算换热面积（A_1）/m²						
						换热管长度（L）/mm						
						1500	2000	3000	4500	6000	9000	12000
2100		2	5680	83	0.5019	—	—	—	—	1998.3	3015.4	4032.5
		4	5628	83	0.2486	—	—	—	—	1980.0	2987.8	3995.6
		6	5580	82	0.1643	—	—	—	—	1963.1	2962.3	3961.6
2200		1	6401	87	1.1312	—	—	—	—	2252.0	3398.2	4544.4
		2	6336	87	0.5598	—	—	—	—	2229.1	3363.7	4498.3
		4	6186	87	0.2733	—	—	—	—	2176.3	3284.1	4391.8
		6	6144	86	0.1810	—	—	—	—	2161.5	3261.8	4362.0
2300		1	6927	91	1.2241	—	—	—	—	2437.0	3677.4	4917.9
		2	6828	91	0.6033	—	—	—	—	2402.2	3624.9	4847.6
		4	6762	91	0.2987	—	—	—	—	2379.0	3589.8	4800.7
		6	6746	90	0.1987	—	—	—	—	2373.3	3581.8	4789.4
2400	≤ 2.50	1	7649	95	1.3517	—	—	—	—	2691.0	4060.7	5430.5
		2	7564	95	0.6683	—	—	—	—	2661.1	4015.6	5370.1
		4	7414	95	0.3275	—	—	—	—	2608.4	3936.0	5263.6
		6	7362	94	0.2168	—	—	—	—	2590.1	3908.4	5226.7
2500		1	8113	99	1.4337	—	—	—	—	2830.1	4282.9	5735.7
		2	8040	99	0.7104	—	—	—	—	2804.6	4244.3	5684.0
		4	7936	98	0.3506	—	—	—	—	2768.3	4189.4	5610.5
2600		1	8815	103	1.5577	—	—	—	—	3074.9	4653.4	6231.9
		2	8702	103	0.7689	—	—	—	—	3035.5	4593.8	6152.1
		4	8608	102	0.3803	—	—	—	—	3002.7	4544.2	6085.6
2700		1	9509	107	1.6804	—	—	—	—	3317.0	5019.8	6722.6
		2	9412	107	0.8316	—	—	—	—	3283.2	4968.6	6654.0
		4	9316	106	0.4116	—	—	—	—	3249.7	4917.9	6586.1
2800		1	10235	111	1.8087	—	—	—	—	3570.3	5403.1	7235.8
		2	10158	111	0.8975	—	—	—	—	3543.4	5362.4	7181.4
		4	10044	110	0.4437	—	—	—	—	3503.6	5302.2	7100.8

公称直径（DN）/mm	公称压力（PN）/MPa	管程数（N）	管子根数（n）	中心排管数	管程流通面积/m²	计算换热面积（A₁）/m²						
						换热管长度（L）/mm						
						1500	2000	3000	4500	6000	9000	12000
2900	≤2.50	1	11029	115	1.9490	—	—	—	—	3847.2	5822.2	7797.2
		2	10908	115	0.9638	—	—	—	—	3805.0	5758.3	7711.6
		4	10784	114	0.4764	—	—	—	—	3761.8	5692.9	7624.0
3000		1	11803	119	2.0858	—	—	—	—	4117.2	6230.8	8344.4
		2	11698	119	1.0336	—	—	—	—	4080.6	6175.4	8270.1
		4	11588	118	0.5119	—	—	—	—	4042.2	6117.3	8192.4
3100	≤1.00	1	12625	123	2.2310	—	—	—	—	4404.0	6664.7	8925.5
		2	12516	123	1.1059	—	—	—	—	4366.0	6607.2	8848.4
		4	12392	122	0.5475	—	—	—	—	4322.7	6541.7	8760.8
3200		1	13463	127	2.3791	—	—	—	—	4696.3	7107.1	9517.9
		2	13350	127	1.1796	—	—	—	—	4656.9	7047.5	9438.1
		4	13216	126	0.5839	—	—	—	—	4610.1	6976.7	9343.3
3300		1	14341	131	2.5343	—	—	—	—	5002.6	7570.6	10138.7
		2	14200	131	1.2547	—	—	—	—	4953.4	7496.2	10039.0
		4	14100	130	0.6229	—	—	—	—	4918.5	7443.4	9968.3
3400		1	15087	135	2.6661	—	—	—	—	5262.8	7964.4	10666.1
		2	15118	135	1.3358	—	—	—	—	5273.6	7980.8	10688.0
		4	14984	134	0.6620	—	—	—	—	5226.9	7910.1	10593.3
3500		1	15997	139	2.8269	—	—	—	—	5580.2	8444.8	11309.4
		2	16044	139	1.4176	—	—	—	—	5596.6	8469.6	11342.6
		4	15888	138	0.7019	—	—	—	—	5542.2	8387.3	11232.4
3600		1	16959	143	2.9969	—	—	—	—	5915.8	8952.7	11989.5
		2	16820	143	1.4862	—	—	—	—	5867.3	8879.3	11891.2
		4	16700	142	0.7378	—	—	—	—	5825.5	8815.9	11806.4
3700		1	17921	147	3.1669	—	—	—	—	6251.4	9460.5	12669.6

公称直径（DN）/mm	公称压力（PN）/MPa	管程数（N）	管子根数（n）	中心排管数	管程流通面积/m²	计算换热面积（A₁）/m² 换热管长度（L）/mm						
						1500	2000	3000	4500	6000	9000	12000
3700	≤1.00	2	17814	147	1.5740	—	—	—	—	6214.1	9404.0	12594.0
		4	17668	146	0.7805	—	—	—	—	6163.1	9326.9	12490.8
3800		1	18923	151	3.3440	—	—	—	—	6600.9	9989.5	13378.0
		2	18812	151	1.6622	—	—	—	—	6562.2	9930.9	13299.5
		4	18656	150	0.8242	—	—	—	—	6507.8	9848.5	13189.2
3900		1	19973	155	3.5295	—	—	—	—	6967.2	10543.8	14120.3
		2	19822	155	1.7514	—	—	—	—	6914.5	10464.0	14013.6
		4	19680	154	0.8694	—	—	—	—	6865.0	10389.1	13913.2
4000		1	21031	159	3.7165	—	—	—	—	7336.2	11102.3	14868.3
		2	20896	159	1.8463	—	—	—	—	7289.1	11031.0	14772.9
		4	20736	158	0.9161	—	—	—	—	7233.3	10946.5	14659.7

注：管程流通面积为各程平均值。管程流通面积以碳素钢管尺寸计算。

附表 8-3 固定管板换热器的主要工艺参数（25mm 管径）

公称直径（DN）/mm	公称压力（PN）/MPa	管程数（N）	管子根数（n）	中心排管数	管程流通面积/m²	计算换热面积（A₁）/m² 换热管长度（L）/mm						
						1500	2000	3000	4500	6000	9000	12000
168	≤6.40	1	11	3	0.0035	1.2	1.6	2.5	—	—	—	—
219			25	5	0.0079	2.7	3.7	5.7	—	—	—	—
273		1	38	6	0.0119	4.2	5.7	8.7	13.1	17.6	—	—
		2	32	7	0.0050	3.5	4.8	7.3	11.1	14.8	—	—
325		1	57	9	0.0179	6.3	8.5	13.0	19.7	26.4	—	—
		2	56	9	0.0088	6.2	8.4	12.7	19.3	25.9	—	—
		4	40	9	0.0031	4.4	6.0	9.1	13.8	18.5	—	—
377		1	77	9	0.0242	8.4	11.5	17.5	26.6	35.6	—	—
		2	68	9	0.0107	7.4	10.1	15.5	23.5	31.5	—	—

公称 直径 （DN） /mm	公称 压力 （PN） /MPa	管程 数 （N）	管子 根数 （n）	中心排 管数	管程流 通面积 /m²	计算换热面积（A₁）/m²						
						换热管长度（L）/mm						
						1500	2000	3000	4500	6000	9000	12000
377		4	64	9	0.0050	7.0	9.5	14.5	22.1	29.6	—	—
400		1	98	12	0.0308	10.8	14.6	22.3	33.8	45.4	—	—
		2	94	11	0.0148	10.3	14.0	21.4	32.5	43.5	—	—
		4	76	11	0.0060	8.4	11.3	17.3	26.3	35.2	—	—
450		1	135	13	0.0424	14.8	20.1	30.7	46.6	62.5	—	—
		2	126	12	0.0198	13.9	18.8	28.7	43.5	58.4	—	—
		4	106	13	0.0083	11.7	15.8	24.1	36.6	49.1	—	—
500		1	174	14	0.0546	—	26.0	39.6	60.1	80.6	—	—
		2	164	15	0.0257	—	24.5	37.3	56.6	76.0	—	—
		4	144	15	0.0113	—	21.4	32.8	49.7	66.7	—	—
600	≤ 6.40	1	245	17	0.0769	—	36.5	55.8	84.6	113.5	—	—
		2	232	16	0.0364	—	34.6	52.8	80.1	107.5	—	—
		4	222	17	0.0174	—	33.1	50.5	76.7	102.8	—	—
		6	216	16	0.0113	—	32.2	49.2	74.6	100.0	—	—
700		1	355	21	0.1115	—	—	80.0	122.6	164.4	—	—
		2	342	21	0.0537	—	—	77.9	118.1	158.4	—	—
		4	322	21	0.0253	—	—	73.3	111.2	149.1	—	—
		6	304	20	0.0159	—	—	69.2	105.0	140.8	—	—
800		1	467	23	0.1466	—	—	106.3	161.3	216.3	—	—
		2	450	23	0.0707	—	—	102.4	155.4	208.5	—	—
		4	442	23	0.0347	—	—	100.6	152.7	204.7	—	—
		6	430	24	0.0225	—	—	97.9	148.5	119.2	—	—
900		1	605	27	0.1900	—	—	137.8	209.0	280.2	422.7	—
		2	588	27	0.0923	—	—	133.9	203.1	272.3	410.8	—
		4	554	27	0.0435	—	—	126.1	191.4	256.6	387.1	—
		6	538	26	0.0282	—	—	122.5	185.8	249.2	375.9	—
1000		1	749	30	0.2352	—	—	170.5	258.7	346.9	523.3	—

公称直径（DN）/mm	公称压力（PN）/MPa	管程数（N）	管子根数（n）	中心排管数	管程流通面积/m²	计算换热面积（A₁）/m²						
						换热管长度（L）/mm						
						1500	2000	3000	4500	6000	9000	12000
1000	≤6.40	2	742	29	0.1165	—	—	168.9	256.3	343.7	518.4	—
		4	710	29	0.0557	—	—	161.6	245.2	328.8	496.0	
		6	698	30	0.0365	—	—	158.9	241.1	323.3	487.7	
1100		1	931	33	0.2923	—	—		321.6	431.2	650.4	
		2	894	33	0.1404	—	—		308.8	414.1	624.6	
		4	848	33	0.0666	—	—		292.9	392.8	592.5	
		6	830	32	0.0434	—	—		286.7	384.4	579.9	
1200		1	1115	37	0.3501	—	—	—	385.1	516.4	779.0	
		2	1102	37	0.1730	—	—	—	380.6	510.4	769.9	
		4	1052	37	0.0826	—	—	—	363.4	487.2	735.0	
		6	1026	36	0.0537	—	—	—	354.4	475.2	716.8	
1300		1	1301	39	0.4085	—	—	—	449.4	602.6	908.9	
		2	1274	40	0.2000	—	—	—	440.0	590.1	890.1	
		4	1214	39	0.0953	—	—	—	419.3	562.3	848.2	
		6	1192	38	0.0624	—	—	—	411.7	552.1	832.8	
1400		1	1547	43	0.4858	—	—	—	—	716.5	1080.8	—
		2	1510	43	0.2371	—	—	—	—	699.4	1055.0	
		4	1454	43	0.1141	—	—	—	—	673.4	1015.8	
		6	1424	42	0.0745	—	—	—	—	659.5	994.9	
1500		1	1753	45	0.5504	—	—	—	—	811.9	1224.7	—
		2	1700	45	0.2669	—	—	—	—	787.4	1187.7	
		4	1688	45	0.1325	—	—	—	—	781.8	1179.3	
		6	1590	44	0.0832	—	—	—	—	736.4	1110.9	
1600		1	2023	47	0.6352	—	—	—	—	937.0	1413.4	—
		2	1982	48	0.3112	—	—	—	—	918.0	1384.7	
		4	1900	48	0.1492	—	—	—	—	880.0	1327.4	
		6	1884	47	0.0986	—	—	—	—	872.6	1316.3	

公称直径（DN）/mm	公称压力（PN）/MPa	管程数（N）	管子根数（n）	中心排管数	管程流通面积/m²	计算换热面积（A₁）/m² 换热管长度（L）/mm						
						1500	2000	3000	4500	6000	9000	12000
1700	≤6.40	1	2245	51	0.7049	—	—	—	—	1039.8	1568.5	—
		2	2216	52	0.3479	—	—	—	—	1026.3	1548.2	—
		4	2180	50	0.1711	—	—	—	—	1009.7	1523.1	—
		6	2156	53	0.1128	—	—	—	—	998.6	1506.3	—
1800		1	2559	55	0.8035	—	—	—	—	1185.3	1787.7	—
		2	2512	55	0.3944	—	—	—	—	1163.4	1755.1	—
		4	2424	54	0.1903	—	—	—	—	1122.7	1693.2	—
		6	2404	53	0.1258	—	—	—	—	1113.4	1679.6	—
1900		1	2899	59	0.9107	—	—	—	—	1342.0	2025.0	2708.1
		2	2854	59	0.4483	—	—	—	—	1321.2	1993.6	2666.1
		4	2772	59	0.2177	—	—	—	—	1283.2	1936.3	2589.5
		6	2742	58	0.1436	—	—	—	—	1269.3	1915.4	2561.4
2000		1	3189	61	1.0019	—	—	—	—	1476.2	2227.6	2979.0
		2	3120	61	0.4901	—	—	—	—	1444.3	2179.4	2914.6
		4	3110	61	0.2443	—	—	—	—	1439.7	2172.4	2905.2
		6	3078	60	0.1612	—	—	—	—	1424.8	2150.1	2875.3
2100	≤2.50	1	3547	65	1.1143	—	—	—	—	1642.0	2477.7	3313.4
		2	3494	65	0.5488	—	—	—	—	1617.4	2440.7	3263.9
		4	3388	65	0.2661	—	—	—	—	1568.4	2366.6	3164.9
		6	3378	64	0.1769	—	—	—	—	1563.7	2359.6	3155.6
2200		1	3853	67	1.2104	—	—	—	—	1783.6	2691.4	3599.3
		2	3816	67	0.5994	—	—	—	—	1766.4	2665.6	3564.7
		4	3770	67	0.2961	—	—	—	—	1745.2	2633.5	3521.8
		6	3740	68	0.1958	—	—	—	—	1731.3	2612.5	3493.7
2300		1	4249	71	1.3349	—	—	—	—	1966.9	2968.1	3969.2
		2	4212	71	0.6616	—	—	—	—	1949.8	2942.2	3934.7
		4	4096	71	0.3217	—	—	—	—	1896.1	2861.2	3826.3

公称直径（DN）/mm	公称压力（PN）/MPa	管程数（N）	管子根数（n）	中心排管数	管程流通面积/m²	计算换热面积（A₁）/m²						
						换热管长度（L）/mm						
						1500	2000	3000	4500	6000	9000	12000
2300		6	4076	70	0.2134	—	—	—	—	1886.8	2847.2	3807.6
2400		1	4601	73	1.4454	—	—	—	—	2129.9	3214.0	4298.0
		2	4548	73	0.7144	—	—	—	—	2105.3	3176.9	4248.5
		4	4516	73	0.3547	—	—	—	—	2090.5	3154.6	4218.6
		6	4474	74	0.2342	—	—	—	—	2071.1	3125.2	4179.4
2500		1	4973	77	1.5623	—	—	—	—	2282.5	3454.3	4626.0
		2	4894	77	0.7687	—	—	—	—	2246.3	3399.4	4552.5
		4	4852	76	0.3811	—	—	—	—	2227.0	3370.2	4513.5
2600		1	5349	79	1.6804	—	—	—	—	2455.1	3715.4	4975.8
		2	5270	79	0.8278	—	—	—	—	2418.9	3660.6	4902.3
		4	5212	80	0.4093	—	—	—	—	2392.2	3620.3	4848.3
2700	≤ 2.50	1	5787	83	1.8180	—	—	—	—	2656.2	4019.7	5383.2
		2	5748	83	0.9029	—	—	—	—	2638.3	3992.6	5346.9
		4	5664	82	0.4448	—	—	—	—	2599.7	3934.2	5268.8
2800		1	6203	87	1.9487	—	—	—	—	2847.1	4308.6	5770.2
		2	6150	87	0.9660	—	—	—	—	2822.8	4271.8	5720.9
		4	6064	86	0.4763	—	—	—	—	2783.3	4212.1	5640.9
2900		1	6715	89	2.1096	—	—	—	—	3082.1	4664.3	6246.5
		2	6640	89	1.0430	—	—	—	—	3047.7	4612.2	6176.7
		4	6560	88	0.5152	—	—	—	—	3011.0	4556.6	6102.3
3000		1	7153	93	2.2472	—	—	—	—	3283.1	4968.5	6653.9
		2	7048	93	1.1071	—	—	—	—	3234.9	4895.6	6556.2
		4	6992	92	0.5491	—	—	—	—	3209.2	4856.7	6504.1
3100	≤ 1.00	1	7685	95	2.4143	—	—	—	—	3527.3	5338.0	7148.8
		2	7598	95	1.1935	—	—	—	—	3487.4	5277.6	7067.8
		4	7528	96	0.5912	—	—	—	—	3455.2	5229.0	7002.7
3200		1	8121	99	2.5513	—	—	—	—	3727.4	5640.9	7554.4

公称直径（DN）/mm	公称压力（PN）/MPa	管程数（N）	管子根数（n）	中心排管数	管程流通面积/m²	计算换热面积（A_1）/m²						
						换热管长度（L）/mm						
						1500	2000	3000	4500	6000	9000	12000
3200	≤1.00	2	8060	99	1.2661	—	—	—	—	3699.4	5598.5	7497.6
		4	7964	98	0.6255	—	—	—	—	3655.4	5531.8	7408.3
3300		1	8713	101	2.7373	—	—	—	—	3999.1	6052.1	8105.0
		2	8634	101	1.3562	—	—	—	—	3962.9	5997.2	8031.6
		4	8548	102	0.6714	—	—	—	—	3923.4	5937.5	7951.6
3400		1	9203	105	2.8912	—	—	—	—	4224.1	6392.5	8560.9
		2	9110	105	1.4310	—	—	—	—	4181.4	6327.9	8474.3
		4	9028	104	0.7091	—	—	—	—	4143.7	6270.9	8398.1
3500		1	9813	109	3.0828	—	—	—	—	4504.0	6816.2	9128.3
		2	9716	109	1.5262	—	—	—	—	4459.5	6748.8	9038.1
		4	9640	108	0.7571	—	—	—	—	4424.6	6696.0	8967.4
3600		1	10327	111	3.2443	—	—	—	—	4740.0	7173.2	9606.4
		2	10230	111	1.6069	—	—	—	—	4695.4	7105.8	9516.2
		4	10140	110	0.7964	—	—	—	—	4654.1	7043.3	9432.5
3700		1	10973	115	3.4473	—	—	—	—	5036.5	7621.9	10207.4
		2	10884	115	1.7097	—	—	—	—	4995.6	7560.1	10124.6
		4	10768	114	0.8457	—	—	—	—	4942.4	7479.5	10016.7
3800		1	11513	117	3.6169	—	—	—	—	5284.3	7997.0	10709.7
		2	11424	117	1.7945	—	—	—	—	5243.5	7935.2	10626.9
		4	11312	118	0.8884	—	—	—	—	5192.1	7857.4	10522.7
3900		1	12203	121	3.8337	—	—	—	—	5601.0	8476.3	11351.5
		2	12110	121	1.9022	—	—	—	—	5558.3	8411.7	11265.0
		4	12008	120	0.9431	—	—	—	—	5511.5	8340.8	11170.1
4000		1	12777	123	4.0140	—	—	—	—	5864.5	8875.0	11885.5
		2	12664	123	1.9893	—	—	—	—	5812.6	8796.5	11780.4
		4	12576	124	0.9877	—	—	—	—	5772.2	8735.4	11698.5

注：管程流通面积为各程平均值。管程流通面积以碳素钢管尺寸计算。

参考文献

［1］柴诚敬，贾绍义. 化工原理：下册［M］. 3 版. 北京：高等教育出版社，2017.

［2］田维亮. 化工原理课程设计［M］. 北京：化学工业出版社，2019.

［3］张文林，李春利. 化工原理课程设计［M］. 北京：化学工业出版社，2018.

［4］王要令. 化工原理课程设计［M］. 北京：化学工业出版社，2016.

［5］付家新. 化工原理课程设计［M］. 2 版. 北京：化学工业出版社，2016.

［6］王卫东，庄志军. 化工原理课程设计［M］. 2 版. 北京：化学工业出版社，2015.

［7］朱开宪. 塔设备结构与维护［M］. 北京：化学工业出版社，2002.

［8］中石化上海工程有限公司. 化工工艺设计手册［M］. 5 版. 北京：化学工业出版社，2018.

［9］GB/T 151—2014 热交换器.

［10］GB/T 28712—2023 热交换器型式与基本参数.

［11］GB/T 25198—2023 压力容器封头.

［12］贾原媛. 化工原理课程设计［M］. 北京：化学工业出版社，2021.

［13］贾冬梅，李长海. 化工原理课程设计［M］. 北京：科学出版社，2016.